"十三五"国家重点出版物
出版规划项目

国家出版基金项目

现代生物质能高效利用技术丛书

生物质发电技术

张晓东　等编著

Efficient Utilization Technology of Modern Biomass Energy

POWER
GENERATION
TECHNOLOGY
FROM
BIOMASS

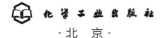

·北京·

本书为"现代生物质能高效利用技术丛书"中的一个分册,在简述生物质能及其转化、发电、产业现状的基础上,介绍了生物质原料,生物质气化发电技术,生物质氢能发电技术,垃圾焚烧发电技术,沼气发电技术,农林生物质直燃发电技术等内容。

本书具有较强的技术性、实用性和针对性,可供可再生能源领域从事生物质能发电方向的科研人员、工程技术人员和管理人员参考,也可供高等学校资源循环科学与工程、能源工程、环境工程及相关专业师生参阅。

图书在版编目(CIP)数据

生物质发电技术/张晓东等编著. —北京:化学工业出版社,2020.5(2025.2重印)
(现代生物质能高效利用技术丛书)
ISBN 978-7-122-36271-1

Ⅰ.①生… Ⅱ.①张… Ⅲ.①生物能源-发电 Ⅳ.①TM619

中国版本图书馆 CIP 数据核字(2020)第 031540 号

责任编辑:刘 婧 刘兴春　　装帧设计:尹琳琳
责任校对:王 静

出版发行:化学工业出版社
　　　　　(北京市东城区青年湖南街 13 号　邮政编码 100011)
印　装:北京建宏印刷有限公司
787mm×1092mm　1/16　印张 16½　字数 343 千字
2025 年 2 月北京第 1 版第 2 次印刷

购书咨询:010-64518888
售后服务:010-64518899
网　　址:http://www.cip.com.cn

凡购买本书,如有缺损质量问题,本社销售中心负责调换。

定　价:138.00 元　　　　版权所有　违者必究

"现代生物质能高效利用技术丛书" 编委会

主　任： 谭天伟

副主任： 蒋剑春　袁振宏

秘书长： 雷廷宙

编委会成员：

马隆龙	曲音波	朱锡锋	刘荣厚	刘晓风	刘德华
许　敏	孙　立	李昌珠	肖　睿	吴创之	张大雷
张全国	陈汉平	陈　放	陈洪章	陈冠益	武书彬
林　鹿	易维明	赵立欣	赵　海	骆仲泱	

《生物质发电技术》 编著人员名单

陈　雷	陈　花	华栋梁	李　岩	梁晓辉	牧　辉	
司洪宇	孙来芝	谢新苹	许海鹏	许　敏	伊晓路	
杨双霞	张晓东	赵玉晓				

前言 PREFACE

在能源安全、生态环境保护、低碳减排等的迫切要求下，新能源与可再生能源开发引起了国际社会的广泛关注和产业热情，我国也相继制定并出台了一系列的相关政策法规，以促进新能源产业的快速发展。生物质资源丰富、储量大、可再生，而且处理利用过程低碳、清洁，有望发展成一种重要的替代传统化石燃料的资源。在众多生物质能利用技术路线中，生物质发电技术作为目前应用综合效益较好、应用面最广、产业化最为成熟的利用方式，其技术和产业发展对于可再生能源开发、环境生态保护以及乡村振兴战略实施、发展低碳经济都具有非常重要的意义。

《中华人民共和国可再生能源法》和《可再生能源中长期发展规划》《能源技术革命创新行动计划（2016—2030年）》等都对生物质发电的开发利用提出了明确的要求，同时国家对生物质发电产业的发展也提供了积极的政策和财税方面的支持。因此，近年来生物质发电产业在我国得到了快速发展，很多地方都在新增或者改扩建一大批生物质绿色发电项目，生物质发电装机容量和供电量连年持续增长，相关的产业、科研机构以及政府、金融、投资等机构对生物质发电都表现出极高的热情。

作为一项新兴的产业，生物质发电在经历快速发展和产业扩张的同时，相关的学科知识、技术、装备以及过程工程等也得到了长足的发展。在总结相关学科和产业经验的基础上，本书对生物质发电技术及工程体系进行了系统的诠释，包括生物质燃料化学、原料预处理及不同发电工艺中转化特性、转化设备、过程排放、技术应用以及技术经济评价等诸方面，构建起较为系统的生物质发电技术知识体系。本书系统介绍了农林废弃物直接燃烧发电、气化发电、垃圾焚烧发电、沼气发电以及生物质氢能发电等多种技术类型，在对工艺流程进行介绍的基础上，侧重于从技术原理、工艺设计、设备设计及选型以及工程应用等方面全面说明技术实质、应用工程实际及未来发展需求。本书内容翔实，覆盖面宽，实用性强，可供从事生物质发电等的工程技术人员、科研人员及管理人员参考，也供高等学校资源、循环科学与工程、能源工程、环境工程及相关专业师生参阅。

本书的编著者均为从事生物质能开发的一线科研和工程技术人员，在该领域具备扎实的专业知识和工程技术经验。山东省科学院能源研究所和集美大学的诸位同事对本书内容做出了重要贡献，其中谢新苹、华栋梁、陈花参加了第 1 章和书稿整理方面的工作，赵玉晓、梁晓辉参加了第 2 章的编著，孙来芝、杨双霞、许敏参加了第 3、第 4 章的编著，陈雷、陈花参加了第 5 章的编著，许海鹏、李岩、牧辉参加了第 6 章的编著，司洪宇、伊晓路参加了第 7 章内容的编著；全书最后由张晓东统稿并定稿。另外，本书在编著过程中参考了部分书籍文献和相关企业工程应用的信息，对相关信息提供者在此一并表示感谢。

我国经济社会发展已经进入新时代，创新、协调、绿色、开放、共享的发展理念深入人心。面对生态文明建设和低碳清洁能源的巨大需求，可以预见，生物质发电等绿色电力在国家电力体系中的比例必将持续增长，生物质发电产业在能源技术革新和低碳可持续发展中将发挥更大的作用。希望本书的出版发行，能够为可再生能源、生物质发电领域创新技术装备的开发和产业的健康发展提供有益的支持。

由于编著时间和编著者水平的限制，书中不足或疏漏之处在所难免，敬请读者批评指正。

编著者

2019 年 11 月

第1章 绪论 ——001

1.1 生物质能概述 002
1.1.1 引言 002
1.1.2 生物质资源与生物质能 002
1.1.3 生物质能的利用意义 003

1.2 生物质能转化利用的方式 004
1.2.1 直接燃烧技术 004
1.2.2 压缩成型技术 006
1.2.3 气化技术 006
1.2.4 热解技术 007
1.2.5 直接液化技术 008
1.2.6 厌氧沼气技术 009
1.2.7 燃料乙醇技术 009
1.2.8 生物柴油技术 010

1.3 生物质发电的主要形式 010
1.3.1 农林业生物质燃烧发电 011
1.3.2 垃圾焚烧发电 011
1.3.3 沼气发电 012
1.3.4 生物质气化发电 012
1.3.5 生物质氢能发电 013

1.4 生物质发电技术产业发展现状及相关政策 013
1.4.1 国外生物质发电产业发展现状 013
1.4.2 国内生物质发电产业发展现状 015
1.4.3 生物质发电产业相关支持政策 017
1.4.4 生物质发电产业化存在的问题分析 019

参考文献 020

第2章 生物质原料 ——023

2.1 生物质原料的分类与特性 024
2.1.1 农业生物质 024
2.1.2 林业生物质 024
2.1.3 城市固体废弃物 024
2.1.4 动物废弃物 025
2.1.5 海洋生物质 025

2.2 我国生物质原料特点 025
2.2.1 我国生物质原料总量和分布情况 025

2.2.2　生物质原料的收储运　028
2.3　生物质原料预处理　030
2.3.1　发电工艺对原料的一般要求　030
2.3.2　原料筛选与分级　032
2.3.3　原料的干燥　033
2.3.4　原料切割与粉碎　035
2.3.5　原料混合　035
2.3.6　压缩成型　035
参考文献　037

第 3 章
生物质气化发电技术 ———039

3.1　生物质气化发电概述　040
3.1.1　气化发电原理与分类　040
3.1.2　气化过程原理　041
3.1.3　生物质气化方式　043
3.1.4　气化过程的主要指标参数　044
3.2　生物质气化装置　045
3.2.1　固定床气化炉　045
3.2.2　流化床气化炉　049
3.2.3　气化装置的结构设计　051
3.2.4　新型气化装置　057
3.3　生物质气化发电产业化应用　064
3.3.1　技术产业应用情况　064
3.3.2　生物质气化发电机组　069
3.3.3　产业应用面临的挑战　070
参考文献　073

第 4 章
生物质氢能发电技术 ———077

4.1　生物质氢能发电概述　078
4.1.1　氢与氢能　078
4.1.2　生物质氢能发电基本方式　078
4.2　生物质制氢技术　079
4.2.1　生物质热化学法制氢　080
4.2.2　生物法制氢　085
4.3　生物质氢能发电系统　087

4.3.1　发电系统构成　087
4.3.2　燃料电池发电系统　088
4.3.3　燃料电池对于氢源的要求　093
4.3.4　生物质氢能发电系统　094

参考文献　096

第5章
垃圾焚烧发电技术　101

5.1　垃圾焚烧发电概况　102
5.1.1　垃圾焚烧发电工艺　102
5.1.2　垃圾焚烧发电应用状况　104

5.2　垃圾焚烧过程与设备　105
5.2.1　垃圾焚烧过程　105
5.2.2　垃圾焚烧影响因素　105
5.2.3　垃圾焚烧过程评价指标　107
5.2.4　垃圾焚烧发电设备　108

5.3　垃圾焚烧发电污染物防控　112
5.3.1　烟气污染物形成与控制　113
5.3.2　灰渣处理与利用　116
5.3.3　废水处理　117

5.4　垃圾焚烧发电工程建设与运营　118
5.4.1　工程总体规划及建设原则　118
5.4.2　工程运营实例　121

参考文献　124

第6章
沼气发电技术　127

6.1　沼气生产技术　128
6.1.1　发酵原料　128
6.1.2　原料特性及产气潜力　131
6.1.3　厌氧消化工艺　133
6.1.4　厌氧发酵装置　137
6.1.5　厌氧发酵过程参数控制　144
6.1.6　垃圾填埋气生产　148

6.2　沼气净化与储存　150
6.2.1　沼气组成与净化要求　150
6.2.2　沼气脱水　151
6.2.3　沼气脱硫　152
6.2.4　沼气储存　156

6.3　沼气发电及联产系统　159

6.3.1　沼气发动机　161
6.3.2　发电机组　162
6.3.3　余热回收与利用　163
6.3.4　沼气发电工程实例　165

参考文献　168

第 7 章
农林生物质直燃发电技术　171

7.1　生物质燃烧特性　172
7.1.1　农林生物质燃料　172
7.1.2　生物质燃烧过程　173
7.1.3　燃烧过程计算　176

7.2　生物质燃烧方式和装置　184
7.2.1　燃烧装置的类型　184
7.2.2　生物质燃烧设备的基本要求　185
7.2.3　炉排炉燃烧　186
7.2.4　流化床燃烧　195

7.3　生物质燃烧发电系统　201
7.3.1　发电系统原理概述　201
7.3.2　生物质燃烧发电燃料系统　203
7.3.3　生物质燃烧锅炉　205
7.3.4　汽轮机发电系统　209
7.3.5　环保系统　212
7.3.6　消防系统　212

7.4　农林废弃物直燃发电工程应用　214
7.4.1　应用情况概述　214
7.4.2　固定床锅炉发电工程应用　215
7.4.3　流化床锅炉发电工程应用　216

7.5　农林生物质直燃发电面临的主要问题　217
7.5.1　生物质燃烧中的碱金属腐蚀及结渣　217
7.5.2　床料聚团及烧结　220
7.5.3　燃烧污染物排放及处理　221

7.6　生物质混燃发电技术及应用　231
7.6.1　生物质混合燃烧技术　231
7.6.2　生物质混燃发电产业应用　233
7.6.3　生物质混燃对于燃煤系统的影响　240

参考文献　242

附录
《火电厂大气污染物排放标准》（**GB 13223—2011**）（节选）　246

索引　248

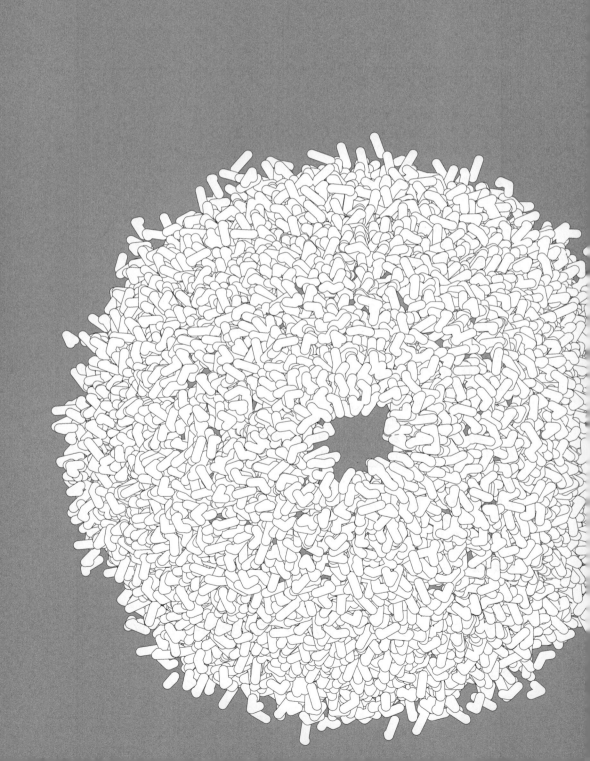

第 1 章

绪论

1.1 生物质能概述

1.2 生物质能转化利用的方式

1.3 生物质发电的主要形式

1.4 生物质发电技术产业发展现状及相关政策

参考文献

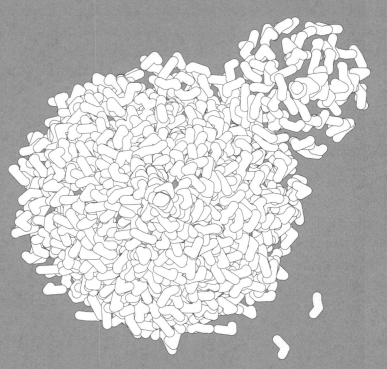

1.1 生物质能概述

1.1.1 引言

地球上所有的生命活动都是直接或者间接由来自太阳的能量驱动的。太阳的核心有极度的高温和高压，可发生从氢到氦的核聚变反应，产生巨大的能量。这些能量以光子的形式照射到地球空间，一部分被直接吸收利用，另一部分会被某种载体吸收、转化和储存起来，古老的载体包括经历亿万年转化储存的煤炭、石油、天然气等化石能源，年轻的载体则是各种植物、动物和各种其他生命体所形成的生物质，除此之外还有即时转化和利用的太阳能、风能、潮汐能、波浪能等[1]。

能源与环境问题，始终是世界经济社会可持续发展面临的挑战。随着社会生产力的飞速增长，人类对于能源的消耗不断增加，而常规能源资源储量有限，其短缺也导致能源成本的持续增长和对资源占有的争夺，严重影响了经济社会的可持续发展，甚至在特定区域还成为地区不稳定和战争的根源。同时，大量化石燃料的利用还引起了严重的环境和生态问题。多种大气污染物如硫氧化物、氮氧化物、挥发性有机化合物、颗粒物、重金属等的排放呈指数级增长，造成酸雨、雾霾等，严重影响生态环境，损害人类健康；CO_2、氯氟烃、甲烷等温室气体大量释放进入大气，导致温室效应加剧，荒漠化面积增加，全球气候变化，极端天气比例增加，威胁生态平衡甚至人类的生存[2]。开发可再生、清洁低碳的能源是解决环境生态问题与可持续发展的重要战略。利用可再生能源资源的清洁性和可再生性，替代化石燃料的使用，是未来可持续能源模式的重要发展方向，生物质就是一种重要的可再生能源资源。

1.1.2 生物质资源与生物质能

广义上讲，生物质是指通过生命过程而产生的各种有机体，包括所有的动物、植物、微生物以及由这些生命体排泄和代谢的所有有机物质。植物通过光合作用固定太阳能和二氧化碳，转化为有机质，而动物、微生物等再通过食物链、生命代谢等进行有机质和能量的转移和再利用。因此，生物质就是直接或间接地把太阳能转化为化学能后固定和储藏在生物体内，是太阳能的一种载体[2,3]。将生物质中蕴藏的能量释放出来，即为生物质能。植物的光合作用形成了巨量的生物质，也就储存了丰富的生物质能，生物质能的利用就是通过技术手段将这些能量释放出来为人类所用。

地球上生物质能资源非常丰富，种类繁多，分布广泛。据估计，全球每年的生物质净产量换算为能量接近世界能源年消耗量的10倍[3]。按原料的化学性质分类，生物质能资源主要分为糖类、淀粉类、油脂类和木质纤维素类生物质；按生物类型分，可分为植物类和非植物类，常见的植物类有木材、农作物、杂草、藻类等，非植物类主要有动物粪便、尸体、废水中的有机成分、垃圾中的有机成分等。按原料的来源分，则主要包括：农业生产废弃物，主要为玉米秸秆、稻草、麦秸、豆秆、棉花秆等；薪材、枝杈柴和柴草；农林加工废弃物，如木屑、谷壳和果壳；人畜粪便和生活有机垃圾等；工业有机废弃物，有机废水和废渣等；能源植物，如油料植物、速生草等专门作为能源用途的农作物、林木和水生植物资源等；藻类，包括大型藻类和微藻，如红藻、绿藻、小球藻等。

作为一种重要的可再生能源，生物质能具有其特色的优势：资源分布广泛，数量巨大、廉价、容易获得，不存在地域限制；可再生，永远不会枯竭。同时，相比于太阳能、风能、地热能、水能、波浪能、潮汐能等过程性可再生能源，生物质能具有可以储存、输送的特点。生物质能是含碳能源，相比于其他类型的可再生能源只能转化为热、电，生物质还可以转化为固体、液体、气体形式的燃料，是唯一可以真正实现对化石燃料进行替代的能源。

生物质是一种清洁的低碳资源，氮和硫含量均较低，燃烧后SO_2等污染物排放量比化石燃料要少得多。普遍认为生物质能是碳中性能源，因为植物生长过程需要吸收二氧化碳，生物质能利用过程释放出的二氧化碳将被抵消，从而不会对大气中温室气体的排放产生较大影响。如果再结合二氧化碳的捕集和利用，则二氧化碳排放效应可能为负值。因此从总体和生命周期角度，生物质能开发对能源、环境和生态多方有利。

1.1.3 生物质能的利用意义

虽然生物质资源储量巨大，但目前生物质作为能源开发利用的比例仍然十分有限。据英国石油公司（BP）和世界银行的统计数据，在全球的能源供应中约12%来自于生物质能，全世界范围内约有25亿人口依赖于生物质能[4]。但是，目前的生物质能，很大部分是用在世界欠发达国家和地区的贫困人口家庭炊事或者取暖的炉灶中，生物质在工业化能源设备中的规模化利用非常有限。

远古的时候，人类就学会利用生物质燃烧来产生热量，取暖，烧制器物材料，烹制食物，制造工具和武器等。人类历史上，生物质能也曾经是最为主要的能源形式。以我国为例，作为人口众多的农业国家，生物质能在我国的能源结构中曾经占有相当重要的地位，尤其在广大农村地区，生物质能曾经是最重要的能源。近代以来，由于化石燃料和其他形式能源的利用，社会生产力大为提高，原始的、落后的生物质能利用方式正在逐渐退出历史舞台，生物质能在能源结构中的比例逐渐下降。但是，在未来，随着化石能源短缺和环境保护要求的提升，科学技术的发展和进步将实现生物质能的高效、高值转换利用，生物质能的利用将会以更为精细、现代化的方式出现，而且重要性更为提高。

对我国而言，生物质能的开发利用对于建立可持续的能源系统，促进国民经济发展和环境保护具有重大意义。中国是一个人口大国，面临着经济增长和环境保护的双重压力。改变传统的能源生产和消费方式，优化调整能源结构，提高非化石能源的消费比重，并降低碳排放，是能源和资源供应体系面临的重大战略任务。我国已经确定了到2020年非化石能源比重达到15%和碳减排40%~45%的战略目标，开发利用生物质能等可再生清洁能源势在必行。中国的生物质能资源量十分巨大，每年产生的农林废弃物以几十亿吨计，转化为能源产品，可以大规模替代石油天然气和煤炭等化石能源，显著减少温室气体排放和环境污染，并有利于实现低碳发展的目标。同时，开发利用生物质能对中国农村更是具有特殊意义：一是为农村提供优质能源的供应，改善生活质量；二是实现大量的农林废弃物的处理和转化，有利于美丽乡村建设；三是促进农村新兴产业的发展，并利于培育生物质能化工的新兴产业；四是促进农民增收和农业增效，也成为乡村振兴的重要内容。因此，国家的中长期能源发展规划将生物质能开发提高到了重要的战略地位，而且生物质能产业也作为重要的战略新兴产业获得了快速的发展。

1.2 生物质能转化利用的方式

生物质原料在组成、结构上与煤炭等化石资源具有相似性，常规化石燃料的转化利用方式均可用于生物质。但鉴于生物质资源的多样性，不同原料具有不同的组成特点，因此其利用技术远比化石燃料复杂。

目前，开发利用的生物质能转化利用方式主要有热化学转换、生物化学转换、物理化学转化等，如图1-1所示[2,3]。

1.2.1 直接燃烧技术

直接燃烧是最为古老的生物质能利用方式，而且仍然是目前最为主要的方式。自古以来农牧民就直接燃烧柴草生物质用来做饭和取暖，直到现在，包括我国在内的发展中国家广大农村，基本上还是沿用着这种传统的用能方式。传统的炉灶燃烧，直接燃用秸秆、薪柴、干粪、野草，几乎没有任何的燃烧控制措施，因而效率非常低，旧式炉灶热效率只有10%~15%，并可能产生严重的室内空气污染和人体健康损害问题。我国自20世纪70年代以来推广应用省柴灶、节柴炉以及新型炕灶、暖

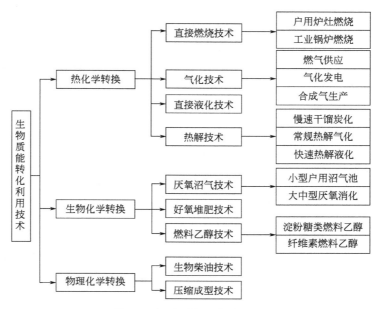

图 1-1 主要的生物质能转化技术

池等，极大地提高了能量利用效率，并减轻了室内污染。在一些燃料缺乏地区，仍普遍存在着砍伐林木、割搂野草用于家用炊事燃烧的现象，严重时致使森林及草原植被破坏、土壤退化、水土流失，给生态环境造成了严重损害。而在生活燃料不缺乏的农业地区，在粮食收获季节，因忙于换茬复种倒地，大量的作物秸秆短时间内无法处理，因此出现露天焚烧大量秸秆，浓烟滚滚的现象，严重影响了周边陆路、航空交通和城镇大气环境，造成火灾隐患并危害人们的健康，同时也造成了大量资源的浪费。

现代化的生物质燃烧技术，利用燃烧器、锅炉等设备实现生物质原料与空气的良好接触和充分燃烧，极大地提高了燃烧的效率和燃烧释放能量的利用效率，并有效地控制了污染物的排放。在工业锅炉、电站锅炉中的生物质燃烧，燃烧设备的形式主要是炉排炉，后期也采用了流化床燃烧炉。燃烧产生的热量和烟气中携带的热量通常被用于供热、采暖或者生产蒸汽，然后通过蒸汽机、蒸汽轮机等产生动力或者发电。在现代的大型燃烧设备中，主要的燃烧组织工作包括调整燃烧负荷、温度分布、实现对生物质与燃烧空气之间的良好接触的精确控制以及抑制燃烧过程一些副产物的形成和排放，同时还要实现燃烧释放热量和烟气中热量回收的可控。燃烧前，一般需要将生物质原料破碎，提高其流动性和燃烧过程的自动化程度，并能有效提高燃烧速度和效率。燃烧室内需要根据燃烧需求进行配风，一般多采用二次或者三次配风以实现高挥发分生物质的充分燃烧。近年来，将生物质在煤粉锅炉中进行混合燃烧获得了重视，原因是其对二氧化碳减排、保证燃料的多样性、利用现有设备以及改善燃烧性能、降低污染物排放等具有明显的效果。但是，生物质混燃的利用，仍然需要注意并采取有效措施来避免换热设备积灰结渣、腐蚀、飞灰底灰性质改变等可能出现的不利影响[5,6]。

在民用方面，近年来在奥地利、瑞典、丹麦等一些西欧、北欧国家，生物质直接燃烧用于家庭供暖取得了成功的应用。使用现代化的中小功率燃烧设备，燃烧尺寸均一的颗粒成型燃料或者木屑燃料，并通过传感器、自控仪表等设备对燃烧过程进行自动控制，燃料加料、燃烧调整、负荷调节以及排灰清理等过程均自动进行，安全、卫生、方便[6]。

1.2.2 压缩成型技术

生物质成型燃料是将秸秆、稻壳、锯末、木屑等生物质废弃物，用机械加压的方法，将原来松散、无定形的原料压缩成具有一定形状、密度较大的固体成型燃料，包括块状、棒状和颗粒状等[7]。成型燃料具有密度大、储运方便、燃烧稳定、燃烧效率高、燃烧灰渣及烟气中污染物含量小等优点。成型过程提高了生物质燃料的能量密度，大大改善了其输送储运性能和燃料性能，特别是颗粒燃料，其流动性好，易于实现燃烧装置的自动化操作。

生物质成型燃料技术及产业开始于20世纪70年代，我国国内通过自主研发与创新形成了适合国情的发展模式和产业链，研制出了螺旋挤压式、活塞冲压式和环模、平模压辊式等压缩成型设备，延长了设备使用寿命，降低了燃料成型能耗和成本。截至2012年，我国有生物质成型燃料生产厂500余家，其中万吨级的生产厂近百家，成型燃料每年产量约350万吨。农业秸秆成型燃料主要分布在华北、华中和东北，林业木质颗粒燃料主要集中在华东、华南、东北等地[2,8]。

但是，针对生物质成型燃料燃烧设备的研制还较为薄弱。传统的燃煤燃烧设备改烧生物质成型燃料，普遍存在燃烧热效率低、易结渣等问题。虽然欧美等国的燃烧设备较为成熟，但是国外主要燃烧以木质材料为主的成型颗粒或者成型棒，燃料灰分含量较低，这与我国生物质资源以秸秆燃料为主的特点差异较大[7]。近年来，我国生物质成型燃料家用燃烧炉具和工业燃烧设备的研究开发有了长足的进步，并成立有相关的行业协会为产业发展提供技术支持和产业规范，部分产品也在政府的支持下获得了产业推广应用。

1.2.3 气化技术

生物质气化是以氧气（空气、富氧或纯氧）、水蒸气或氢气等作为气化剂，在高温的条件下通过热化学反应将生物质中可燃部分转化为可燃气的热化学反应。气化过程产生的燃气可作为民用燃气直接用于居民生活，或者直接用作锅炉、工业窑炉、燃气机等的燃料，用于产生热量或电力。对燃气进行净化、调整等处理，可形成以氢气和一氧化碳为主要成分的合成气，用于生产合成氨，或者进一步通过间接液化生产甲醇、二甲醚、汽柴油、航空煤油等液体燃料或化工品，提升产品的价值。

生物质气化有多种形式,如按照是否使用气化介质分,可将生物质气化分为使用气化介质和不使用气化介质两大类,不使用气化介质的过程一般称为干馏气化;使用气化介质的过程又可按照气化介质不同,分为空气气化、氧气气化、水蒸气气化、水蒸气-氧气混合气化和氢气气化等[9]。

生物质气化技术的多样性决定了其应用类型的多样性。在不同的应用需求下,根据燃气的终端应用产品而选用不同的气化设备和不同的工艺路线是非常重要的。生物质气化技术的基本应用方式主要有供热、供气、发电和化学品合成四个方面。生物质气化供热是指生物质经过气化炉气化后,生成的生物质燃气送入下一级燃烧器中燃烧,为终端用户提供热能。此类系统相对简单,热利用率较高。

生物质气化集中供气是指气化炉生产的生物质燃气,通过相应的配套设备,为居民提供炊事用气。其基本模式为:以自然村为单元,系统规模为数十户至数百户,设置气化站,敷设管网,通过管网输送和分配生物质燃气到用户家中。

生物质气化发电技术是生物质清洁能源利用的一种重要方式,几乎不排放任何有害气体。在很多地区普遍存在缺电、远离电网、电价高等问题,在电力紧张的区域这一状况更加严重,生物质发电可以在很大程度上解决电力供应补充和矿物燃料燃烧发电所带来的环境污染问题。近年来,生物质气化发电的设备和技术日趋完善,无论是固定床还是流化床气化装置,从小规模到大规模,均有实际运行的工程应用。

合成气是能源化工中重要的基础原料气,通过化工合成过程可以生产甲醇、合成氨、含氧燃料、汽柴油、石蜡等多种燃料和化学品。生物质气化过程中,通过反应条件的调控可以提高燃气中氢气的产量,获得以氢气和一氧化碳为主要成分且比例合适的合成气,合成气再经过催化剂作用下的合成工艺生产液体燃料或者化学品,这也是一种生物质的间接液化方式。间接液化虽然过程工艺较为复杂,但是产品定向性较好,所获得液体燃料产品质量高,因此受到广泛关注。目前,国内外均进行了广泛的研究,并建立了相关的示范。生物质基合成气的生产对于化石燃料的清洁替代和生物质能化工产业的建立具有重要意义。

1.2.4 热解技术

热解是在隔绝空气条件下,利用热能实现原料的深度分解,切断生物质大分子中的化学键,使之转变为低分子物质的热化学反应。从加热速率和反应时间的角度,生物质热解工艺基本上可以分为慢速热解、常速热解和快速热解,而在快速热解中,当完成反应时间<0.5s时,又称为闪速热解。热解的产物包括永久性气体、醋酸、甲醇、木焦油、木炭等产物。

(1) 慢速热解

慢速热解(又称干馏炭化工艺、传统热解)工艺具有上千年的历史,是一种以生成木炭为目的的炭化过程,低温干馏的加热温度为500~580℃,中温干馏的加热温度为660~750℃,高温干馏的加热温度为900~1100℃。将木材放在干馏窑内,在隔绝空气的情况下加热，可以得到占原料质量 30%～35% 的木炭产量。过程副产物木醋液、木焦油等可进行进一步加工利用。

(2) 常速热解

常速热解是介于干馏炭化和快速热解液化之间的热解方式，其加热速度一般在 100℃/s 以内，热解持续时间长（几分钟以内），热解最终温度高（800℃以上），即在高温下实现热解中间产物的充分分解和反应，得到永久性气体为主要产物，副产木炭和部分少量液体产物，因此常速热解有时也称为热解气化。由于常速热解所产气体中没有空气气化过程中大量氮气的影响，因而热值较高，可用于燃气供应或者合成气生产。但是，热解过程中难以彻底分解的焦油等少量的液体产物的处理，是该工艺设计和应用中需要注意的问题。

(3) 快速热解

快速热解是严格控制加热速率（一般为 100～200℃/s）和反应温度（控制在 500℃左右）的过程，生物质原料被快速加热到较高温度，使生物质中的有机高聚物分子在隔绝空气的条件下迅速断裂为短链分子，产生小分子气体和可凝性挥发分以及少量焦炭产物。可凝性挥发分被快速冷却成可流动的液体生物油，其比例一般可达原料质量的 40%～60%。生物油为棕黑色黏性液体，热值达 20～22MJ/kg，可作为燃料使用，也可经进一步精制生产多种化石燃料和化工产品的替代物。与慢速热解相比，快速热解的传热反应过程发生在极短的时间内，强烈的热效应直接产生热解产物，再迅速淬冷，通常在 0.5s 内急冷至 350℃以下，最大限度地增加了液态产物（油）。随着化石燃料资源的逐渐减少和能源化工产品需求的持续增长，生物质快速热解液化的研究在国际上引起了广泛的兴趣。自 20 世纪 80 年代以来，生物质快速热解技术取得了很大进展，成为最有开发潜力的生物质液化技术之一[9]。

1.2.5 直接液化技术

液化是固体状态的生物质经过一系列化学加工过程，转化成液体燃料。液化过程可以分为直接液化和间接液化，以得到高比例生物油为目的的快速热解也属于一种液化工艺。生物质加压液化是在较高压力下实现生物质的 CO、H_2 合成热转化过程，温度一般低于快速热解，一般还需采用溶剂[9,10]。20 世纪 70 年代，Appell 等将木片、木屑放入 Na_2CO_3 溶液中，用 CO 加压至 28MPa，使原料在 350℃下反应，结果得到 40%～50% 的液体产物，即著名的 PERC 法。采用 H_2 加压，使用溶剂（如四氢萘、醇、酮等）及催化剂（如 Co-Mo、Ni-Mo 系加氢催化剂）等手段，使液体产率大幅度提高，甚至可以达 80% 以上，液体产物的高位热值可达 25～30MJ/kg，明显高于快速热解液化。超临界液化是利用超临界流体良好的渗透能力、溶解能力和传递特性而进行的生物质液化，欧美国家正积极开展这方面的研究工作。生物质直接液化技术由于液化产物的成分过于复杂，而且过程工艺要求高温高压以及腐蚀性的条件，因此仍处于实验室中间试验的阶段，产业化应用仍需时日。

1.2.6 厌氧沼气技术

沼气是一些有机物质（如秸秆、杂草、树叶、人畜粪便等废弃物）在一定的温度、湿度、酸度条件下，隔绝空气经微生物作用（发酵）而产生的可燃性气体。沼气中含 50%～70% 甲烷，其他成分主要是二氧化碳，还含有少量硫化氢、氮气和一氧化碳等。沼气技术就是在厌氧设备内，利用多种微生物菌群的共同作用，实现有机物生物质分解产甲烷的过程。因此，沼气技术的关键就在于保证厌氧环境、控制有机物的分解速度和转化途径[11]。

农村户用沼气技术在我国和世界很多发展中国家和地区获得了广泛的推广应用。20 世纪 90 年代以来，我国农村沼气建设一直处于稳定发展的势态，基本建设单元为"一池三改"，即户用沼气池和改圈、改厕、改厨，有的把沼气生产与种植养殖结合起来，沼液沼渣用作肥料，发展生态农业。

大中型沼气工程技术采用更为现代化的设备和控制手段，实现工业有机废水、畜禽养殖粪污、生活有机垃圾以及农业废弃物等快速、稳定消化。近年来，由于环保和生态环境治理要求的提高，大中型的厌氧处理工程得到了快速发展。沼气工程所产沼气，可以经过低压管网输送至家庭和集体用户作为炊事、采暖燃气利用，或者在沼气发电机组中转化为电力。近年来，生物天然气产业受到重视，即将工业沼气经过净化提纯处理，获得甲烷含量 90% 以上、品质类似石化天然气的生物天然气产品，可以并入天然气管网输送和使用，也可经压缩罐装后作为车用燃料。

1.2.7 燃料乙醇技术

燃料乙醇是纯度达到 99.5% 以上的无水乙醇，其中加入了一定比例的变性剂，因而不能食用，只能作为燃料使用。燃料乙醇由生物质原料通过发酵过程生产，属于生物燃料，具有可再生性。其辛烷值较高，在专用的乙醇发动机或者与汽油以一定比例混合在汽油发动机中使用，可以改善燃烧性能并降低污染物排放。生物质制取乙醇最主要的原料是糖、淀粉和木质纤维素类原料。美国生产燃料乙醇主要采用玉米作为原料，我国早期的燃料乙醇生产也是采用陈化粮，巴西等国则采用甘蔗作为主要原料。利用淀粉、糖类生产燃料乙醇，受到资源的限制。我国目前发展的燃料乙醇生产原料主要包括木薯、甘薯、甜高粱、菊芋、浮萍等非粮作物及秸秆、林业废弃物等纤维素原料。据统计，截至 2015 年中国的燃料乙醇年产量约为 210 万吨[8,12]。

生物技术制备乙醇的生产过程为先将生物质碾碎，通过化学（一般为酸）或者催化酶作用将淀粉（或者纤维素、半纤维素）转化为糖，再用微生物发酵将糖转化为乙醇，蒸馏除去水分和其他一些杂质，最后浓缩的乙醇（一步蒸馏过程可得到体积分数为 95% 的乙醇）冷凝得到液体。利用木质纤维素生物质（木材、秸秆等）的转化较为复杂，由于木质纤维素难以降解的结构，其预处理较为复杂且成本较高，需将纤维素经过酸或者酶的水解才能转化为微生物可以利用的单糖,然后再经过发酵生产乙醇。化学水解转化技术能耗高,生产过程污染严重、成本高,缺乏经济竞争力。酶法水解,由于预处理和酶成本高,目前尚处于技术攻关和示范阶段。

1.2.8 生物柴油技术

生物柴油是以含油植物、动物油脂以及废食用油为主要原料制成的柴油产品的清洁替代品。与矿物柴油相比,生物柴油具有环境友好特点,其柴油车尾气中有毒有机物排放量仅为使用矿物柴油的1/10,颗粒物为20%,CO排放量仅为10%。生物柴油生产主要有化学法和生物酶法。

① 化学法主要是借助酸、碱催化剂的作用,利用低碳醇进行酯化、转酯化反应,获得低碳醇酯。

② 生物酶法则是利用生物酶作为过程催化剂,同化学方法相比,生物酶法合成生物柴油具有反应条件温和、醇用量小、无污染物排放等优点,但酶失活、使用寿命过短以及副产物甘油的影响等问题尚待解决。

生物柴油的生产原料,欧洲国家主要以菜籽油为主,美国则以大豆为主要原料来源,东南亚国家的棕榈油也是一种重要原料。我国主要以废弃动植物油脂、地沟油为主要原料,并通过发展麻疯树、文冠果等林木、扩大微藻培养等拓展油料来源。据统计,我国生物柴油生产能力曾超过每年300万吨,但后期由于市场产品需求和产品与石化柴油竞争经济性等方面原因,实际生物柴油市场出现了萎缩[2]。

1.3 生物质发电的主要形式

生物质能的转化方式多种多样,但最终的能源产品形式还是表现为热力、电力和气体、固体、液体燃料。同其他能源转化利用途径相比,生物质发电技术具有直接、成熟度高且产业化水平高的特点,因此就利用量来说,目前电力生产是生物质能利用最为主要的形式,而其他形式的能源利用方式在整个能源消费体系中所占比例还很小。保障可靠的电力供应是经济社会发展的必备条件,因地制宜地利用当地生物质能资源,建立分散、独立的离网或并网电站拥有广阔的市场前景。

此外,生物质能发电也是绿色电力的可靠保障之一。我国是一个以煤炭发电为主的国家,燃煤发电在整个电力供应中所占比例超过80%,这给大气环境保护带来了沉重的负担,我国的温室气体排放已经居于世界前列,实现绿色清洁发电来部分替代燃煤发电已经迫在眉睫。从整个生命周期来看,生物质发电接近二氧化碳零排放,环境污染物排放少,因此生物质发电是绿色低碳、节能减排、保护大气和生态环境的有效途径。

1.3.1 农林业生物质燃烧发电

我国生物质发电产业以农林生物质直燃发电为主,即将农作物秸秆、林业加工剩余物等生物质在大型锅炉中直接燃烧,生产蒸汽带动蒸汽轮机及发电机发电。国能生物发电集团与丹麦公司合作,投资建设了单县秸秆直燃发电电站,这是我国第一家生物发电示范项目,在此基础上后续国内又规划和建设了超过200家以上的农林生物质直燃发电项目。

直燃发电主要采用固定床或流化床燃烧方式。固定床燃烧对生物质原料的预处理要求较低,生物质经过简单处理甚至无需处理就可投入炉排炉内燃烧,国内大部分的生物质电厂都采用了水冷振动炉排技术。流化床燃烧要求将大块的生物质原料预先粉碎至易于流化的粒度,其燃烧效率和强度都比固定床高,浙江大学等单位研制的燃用生物质燃料的循环流化床燃烧锅炉也已经在多个项目中取得了广泛应用[5,12]。直燃发电虽然技术已经较为成熟,产业应用取得了长足进步,但是仍然存在一些问题需要解决。农林生物质直接燃烧发电的关键技术包括生物质原料预处理、锅炉防腐、锅炉的原料适用性及燃烧效率、蒸汽轮机效率等。

生物质还可以与煤混合作为燃料发电,称为生物质混合燃烧发电技术。混合燃烧方式主要有3种:

① 生物质直接与煤混合后投入燃烧,该方式对于燃料处理和燃烧设备要求较高,生物质的混燃比例也受到限制;

② 生物质气化产生的燃气与煤混合燃烧,这种混合燃烧方式通用性较好,对原燃煤系统影响较小;

③ 生物质与燃煤在独立的燃烧系统中燃烧,产生的蒸汽一同送入汽轮机发电机组。

混合燃烧方式对生物质原料预处理的要求都较高,在技术方面混燃发电一般是通过改造现有的燃煤电厂实现的,只需在厂内增加储存和加工生物质燃料的设备和系统,同时对原有燃煤锅炉燃烧系统进行适当改造[6]。

1.3.2 垃圾焚烧发电

垃圾主要是指城镇、农村生产生活中产生的固体废弃物,其中含有大量的有机质,具有一定的热值利用价值,可以作为生物质资源利用。将垃圾用于发电,包括垃圾焚烧发电和垃圾气化发电,不仅可以解决垃圾处理的问题,同时还可以回收利用垃圾中的能量,节约资源。垃圾焚烧发电是利用垃圾在焚烧锅炉中燃烧放出的热量将水加热获得过热蒸汽，推动汽轮机带动发电机发电。垃圾焚烧技术主要有层状燃烧技术、流化床燃烧技术、旋转燃烧技术（也称回转窑式），近年来发展的气化熔融焚烧技术，包含垃圾在450~640℃温度下的气化和含碳灰渣在1300℃以上的熔融燃烧两个过程，垃圾处理彻底，过程洁净，并可以回收部分资源，被认为是最具前景的垃圾发电技术。垃圾气化发电是指直接将垃圾制成可燃气体作为燃料进行发电。垃圾气化技术有固定床气化、流化床气化、回转窑热解气化等形式。垃圾热解气化技术有利于垃圾的清洁处理，可以从一定程度上避免二噁英等有害物质的释放[13,14]。

1.3.3 沼气发电

沼气发电是随着沼气综合利用技术的不断发展而出现的一项沼气利用技术，主要原理是利用工农业或城镇生活中的大量有机废弃物经厌氧发酵处理产生的沼气驱动发电机组发电。目前用于沼气发电的设备主要为内燃机，初期主要由柴油机组或者天然气机组改造而成。相比于燃油和燃煤发电，沼气发电适用于中、小功率的发电动力设备。沼气发电的关键技术主要是高效厌氧发酵技术、沼气内燃机和沼液沼渣综合利用技术。

1.3.4 生物质气化发电

经过近三十多年的研究、试验、示范，我国的生物质气化技术已基本成熟，气化设备也实现了系列化开发，气化效率一般可达70%以上，气化产品燃气的利用也从单纯的炊事、供热而扩展到发电领域。生物质气化发电技术是指生物质在气化炉中转化为气体燃料，经净化后直接进入燃气机中燃烧来发电或者直接进入燃料电池发电。气化发电的关键技术之一是燃气净化，气化所生产的粗燃气中都含有灰分、焦炭和焦油等，需经过净化系统方可送入燃气机，以保证发电设备的正常运行。根据燃气机的不同，生物质气化发电可以分为内燃机发电、燃气轮机发电、燃气-蒸汽联合循环发电系统等。内燃机一般由柴油机或天然气机改造而成，以适应生物质燃气热值较低的要求；燃气轮机适于燃烧低热值并且规模较大的生物质燃气；燃气-蒸汽联合循环发电可以提高系统发电效率。就气化炉类型而言，早期气化发电多采用固定床气化炉，规模较小，以稻壳为原料进行气化发电，一般发电容量都在数百千瓦，主要用于稻米加工厂等的厂内用电。现在，随着流化床气化技术的发展，已经建立了多个采用稻壳、锯末乃至粉碎的秸秆为原料的兆瓦级流化床气化发电项目，发电也已经并入电网。到2010年，我国已建成气化发电装置容量约40MW，最大规模5.5MW。由于建设规模较小，单位造价高，关键技术需要改进，部分发电项目的商业化运行仍存在一定困难[2]。

1.3.5 生物质氢能发电

燃料电池是将气体燃料的化学能直接转化为电能的电化学连续发电装置，其发电效率不受热力学第二定律的限制，因而远高于常规火力发电装置的效率，热电联产的总热效率甚至可达80%以上。生物质氢能发电，即将生物质首先转化为氢气，然后氢气在燃料电池中进行转化，实现发电和供热，具有发电效率高（可达40%以上）、系统灵活、过程清洁无排放等特点。生物质制氢可以通过热化学转化的手段，即热解或者气化，也可以通过微生物的手段，通过光合生物产氢、发酵细菌产氢等，获得氢气含量高的富氢燃气，然后富氢燃气通过提纯获得纯氢送入燃料电池发电，富氢燃气也可以不经过提纯而送入对氢气含量要求不高的高温燃料电池发电。作为一种未来很有前景的发电方式，生物质氢能发电受到了广泛重视，该领域的科学研究较为活跃，但是就产业化开发而言尚需时日[5,6]。

1.4 生物质发电技术产业发展现状及相关政策

1.4.1 国外生物质发电产业发展现状

全球范围内生物质发电目前处于快速发展的阶段，2013年全球生物质及垃圾发电新增装机量5.5GW，累计装机规模达到76.4GW。在欧美等发达国家，生物质发电已形成非常成熟的产业，成为一些国家重要的发电和供热方式。美国能源部预测，到2025年前，可再生能源中生物质发电将占主导地位[8,11]。

生物质发电起源于20世纪70年代，世界性的石油危机爆发后，欧美国家开始积极开发清洁的可再生能源，大力推行农林业剩余物等生物质发电。近年来，生物质发电产业保持持续稳定的增长，主要集中在发达国家，印度、巴西和东南亚等发展中国家也积极研发或者引进技术建设生物质直燃发电项目。

国外以高效直燃发电为代表的生物质发电在技术上已经成熟。据资料显示，目前在丹麦、瑞典、芬兰、荷兰等欧洲国家，以农林生物质为燃料的发电厂已有300多座，其中最大的燃烧农作物秸秆的是英国的Ely生物质发电厂，装机容量为38MW，年耗秸秆约20万吨。丹麦在生物质直燃发电方面成绩显著，1988年丹麦建成世界上第一座秸秆生物燃烧发电厂，BWE公司率先研究开发了生物质直燃发电技术，被联合国列为重点推广项目。近十几年来丹麦新建的热电联产项目都是以生物质资源为燃料，还将过去许多燃煤供热厂改为了燃烧生物质的热电联产项目，目前已建成15座大型生物质直燃发电厂。秸秆发电等可再生能源占到丹麦全国能源消费总量的24%以上，其中生物质直燃发电年消耗农林废弃物约150万吨，提供全国5%的电力供应。丹麦在金融税收方面规定，可再生能源项目最高可以得到30%的初始投资补贴，生物质电力还可以享受二氧化碳税收返还的优惠。此外，丹麦对生物质发电的上网电价进行充分保护，生物质发电的上网电价为4.1欧分/(kW·h)，并给予10年的保证期。奥地利成功推行了建立燃烧林业剩余物的区域供电站的计划，生物质能在总能耗中的比例增长迅速，已拥有装机容量1~2MW的区域供热站近百座。芬兰在利用林业废料、造纸废弃物等生物质发电方面的技术和装备处于世界领先的水平，其最大的能源企业福斯特惠勒公司，拥有世界一流水平的循环流化床锅炉生产技术和装备，可提供容量为3~47MW的生物质发电机机组，产品运行稳定、效率高，在世界范围内有广泛的应用。在荷兰，生物质直燃发电在可再生能源发电中也占有很大的比例，到2010年生物质发电量达1500GW·h。巴西2002年生物质直燃发电装机容量为1675MW，其中以甘蔗渣为主要燃料的机组占生物质直燃发电总装机的94%。印度2010年蔗渣发电装机容量达到710MW，近年来也建立了多家以农作物秸秆为燃料的生物质直燃发电厂。另外，东南亚国家在以稻壳、甘蔗渣和棕榈壳等为燃料的生物质直燃发电方面也得到一定发展[2,5]。

生物质混燃发电由于技术简单且可以迅速减少温室气体排放，具有很大潜力。混燃发电技术在挪威、瑞典、芬兰和美国得到了广泛应用，根据国际能源署（IEA）统计，现全球已有200多座混燃电站。从1991年美国能源部提出生物质发电计划，截至2011年年底，美国生物质发电装机容量约为13700MW，约占可再生能源发电装机容量的10%，发电量约占全国总发电量的1%，主要采用生物质能与煤炭混合燃料技术，混燃比例一般在3%~12%。芬兰的Oy Alholmens Kraft电厂是世界上最大的生物质混燃发电厂，装机容量550MW，主要采用树皮、树枝、泥炭以及城市垃圾等为原料。英国主要的13个装机容量在1000MW左右的燃煤电厂实现了混燃发电，还有一个4000MW的电厂也进行了混燃改造。Fiddlers Ferry电厂4台500MW机组采用了生物质燃煤混燃，混燃比例为锅炉总输入热量的20%，主要采用废木颗粒、橄榄核等生物质。

生物质气化发电方面，欧美国家相继开展了生物质气化发电方面的探索，但商业化的项目较少，大多处于示范阶段。美国Battelle的63MW电站，利用生物质气化反应中剩余的残炭，提供气化所需的热量，净化后的产品气进入燃气轮机系统中发电。从燃烧器出来的烟气进入余热回收利用装置中，产生的高温高压蒸汽带动蒸汽轮机发电，整个系统发电效率可达45%以上。由于焦油处理技术与燃气轮机改造技术难度很高，生物质气化发电仍存在很多问题，系统尚未成熟，造价也很高，限制了其应用推广。意大利12MW生物质整体气化联合循环（BIGCC）示范项目，发电效率约为31.7%，但建设成本高达2.5万元/kW，发电成本约1.2元/(kW·h)，实用性还有待提高。比利时和奥地利为了发展适合于中小规模生物质气化发电技术，分别研制了容量为2.5MW和6MW的生物质气化与外燃机发电技术结合的装置，采用该装置生物质气化后不需进行除尘除焦就可以直接在外燃机中燃烧，燃烧后产生的烟气用来加热空气,所产生的高温高压空气可以推动涡轮机组发电。利用外燃机燃用生物质气,可以避开高温气化气的除尘除焦难题,目前还需解决高温空气供热设备的材料和工艺问题,造价也有待降低。

沼气发电在发达国家已受到广泛重视和积极推广,沼气发电并网利用,在欧洲如德国、丹麦、奥地利、芬兰、法国、瑞典等国家较为普遍,并且比例一直在持续增加。欧洲可再生能源协会的报告显示,2010 年欧盟生物燃气总量相当于 1000 万吨石油当量,沼气发电量为 303 亿千瓦时[14]。特别值得一提的是德国的沼气产业,从 20 世纪 90 年代初开始大规模建设沼气工程,德国《可再生能源法》实施后,通过示范工程建设,沼气工程建设更是出现快速增长。2010 年德国生物燃气总产量约为 20.7 亿立方米,已建成 7200 多个大型沼气工程,遍布整个德国,97% 的生物燃气工程实现了热电联产,沼气发电总装机容量 2559MW,年发电量约为 150 亿千瓦时。据估计,到 2020 年生物燃气发电总装置容量将达到 9500MW。德国沼气工程普遍采用"混合厌氧发酵、沼气发电上网、余热回收利用、沼渣沼液施肥、全程自动化控制"的技术模式,实现发酵原料全方位综合利用,并通过电、热以及沼渣沼液外售给工程运行带来收益。而且,德国实行固定电价机制,生物质发电的上网电价根据电站装机规模不同而设置不同的固定电价,规模小于 500kW 的为 10.1 欧分/(kW·h),500~5000kW 的为 8.9 欧分/(kW·h),5000kW 以上的为 8.4 欧分/(kW·h)[5]。

20 世纪 70 年代以来,由于资源和能源危机的影响,发达国家对垃圾采取了"资源化"方针,垃圾电站在发达国家发展迅猛。从 20 世纪 70 年代起,一些发达国家便着手运用焚烧垃圾产生的热量进行发电,垃圾发电发展较快的包括欧盟、美国和日本等,建设的垃圾焚烧发电厂占全世界的 80% 以上。德国已有 50 余座从垃圾中提取能源的装置及 10 多家垃圾发电厂用于热电联产,并有效地对城市进行供暖或提供工业用气,国内 95% 以上的可焚烧垃圾都用于垃圾发电,除此之外还就近从周边国家进口垃圾用来发电以减少对煤炭和石油的需求量。美国焚烧处理废弃物的技术也得到了迅速发展,从 20 世纪 80 年代起美国政府陆续投资近 70 亿美元兴建了 90 余座垃圾焚烧厂,每年处理垃圾超过 3000 万吨。90 年代用于建设垃圾焚烧厂的总投资超过 200 亿美元,至今美国有 1600 余台焚烧设备,最大的垃圾发电厂日处理垃圾近 4000t,发电容量可以达到 65MW。新加坡的垃圾焚烧处理率更是达 100%。法国 1992 年的环境保护法规定,2000 年以后禁止生活垃圾直接填埋,必须先经焚烧处置减量,因此法国目前有生活垃圾焚烧厂 220 余座,部分附有发电设备。日本由于土地资源紧缺,更是大力发展垃圾焚烧技术,因此成为垃圾焚烧发电建厂最多的国家,约有 1370 座,垃圾焚烧占垃圾处理总量的 85%,垃圾焚烧发电容量超过 2000MW,并采用了先进的燃烧技术和污染物控制工艺,技术水平国际先进[15]。

1.4.2 国内生物质发电产业发展现状

我国生物质发电主要是利用农业、林业和工业废弃物及城市垃圾,采取直接燃烧或气化的发电方式。《中华人民共和国可再生能源法》(后简称《可再生能源法》)等一系列法律法规的颁布实施,以及对于包括生物质发电在内的可再生能源开发的财政支持措施,直接推动了我国生物质发电产业的快速发展。目前,我国的生物质发电产业在世界上处于领先的地位,如图1-2所示,据中国国家可再生能源中心发布的报告,2006~2013年,我国生物质及垃圾发电装机容量逐年增加,由2006年的4.8GW增加至2012年的9.8GW(1GW=1000MW),年均复合增长率达12%,2012年中国生物质总发电量为36000GW·h,步入快速发展期[8]。

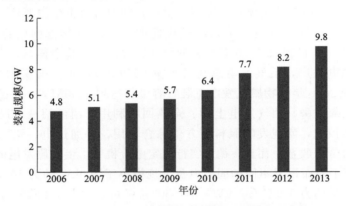

图1-2 2006—2013年中国生物质直燃及垃圾发电装机规模

截至2015年年底,我国生物质发电总装机容量已位居世界第二位,仅次于美国。并网装机总容量1031万千瓦,其中,农林生物质直燃发电并网装机容量约530万千瓦,垃圾焚烧发电并网装机容量约为468万千瓦,两者总共占比在97%以上,还有少量沼气发电、生物质气化发电项目。

我国生物质发电具有近30年的历史。2006年之前蔗渣发电为主要的生物质发电方式,总装机容量已经达到1700MW以上,主要是蔗糖厂的蔗渣发电。近些年来,我国一直把秸秆资源的综合利用作为重点工作,积极寻求秸秆资源的高效处理和利用方式。生物质直燃发电这一简洁高效的利用方式受到高度重视,因此发展了一大批秸秆直燃发电厂,取得了良好的社会效益和环境效益。2006年12月,国能单县生物发电厂正式投产,这是中国第一个生物质直燃发电项目,采用丹麦BWE公司的技术,国内生产,总装机容量25MW。到2012年年底,农林废弃物直燃发电项目累计核准容量8.8GW,国家和地方政府累计核准、建设的农林生物质发电项目近200多个。

生物质气化发电是一种适合生物质原料分散度高特点的技术。在生物质气化及发电项目上,已开发出多种固定床和流化床小型气化炉,以秸秆、木屑、稻壳、树枝等为原料生产燃气,热值(标)为$4\sim10MJ/m^3$。兆瓦级生物质气化发电系统已推广应用20余套,已经投产的技术主要是中国科学院广州能源所研发的循环流化床气化炉配套燃气内燃发电机组。

由于我国环保要求的提高,生物质沼气发电从2005年开始得到较快发展,截至2012年,全国规模化的沼气工程已达80000多处,年产气量150亿立方米,沼气发电并网容量已达到206MW，其中轻工行业（酒精及酿酒业、淀粉、柠檬酸、造纸业等）、市政（垃圾填埋气、污水处理沼气）装机占了70%以上，畜禽养殖场沼气装机容量占不到20%。全国养殖场沼气发电的并网项目主要有蒙牛集团装机容量1MW项目、北京德清源装机容量2MW项目和山东民和牧业装机容量3MW项目等。

随着我国城镇化程度的增加，城镇人口数量和占比持续增长，城市生活垃圾产生量也逐渐增长，目前的年垃圾产生量超过1.5亿吨。由于环保要求的日益提高和垃圾填埋受到场地、卫生等的限制，城镇生活垃圾的焚烧处理受到重视。1988年投入运营的深圳市政环卫综合处理厂是我国第一个垃圾发电厂，主要设备有引进三菱重工的3×150t/d马丁焚烧炉，3×13t/h双锅筒自然循环锅炉，汽轮发电机组，垃圾日处理能力为400t，装机容量为12MW。截至2013年年底，我国垃圾发电装机容量达到3400MW，全国建设运行的垃圾焚烧发电厂超过150座，超过70%集中在东部经济发达、人口稠密地区，而且投资运营管理日益规范，形成了一批专业从事垃圾焚烧厂投资建设运行的龙头企业[15]。在建成的垃圾焚烧发电厂中，炉排炉等传统技术仍占有较大比例，新建发电厂中也已经有约1/3采用了循环流化床垃圾焚烧炉。对于垃圾发电厂的运行，垃圾收集和分类、燃烧过程中二噁英等污染物的抑制以及清洁燃烧排放等是产业发展中需要解决的问题。

1.4.3　生物质发电产业相关支持政策

我国在生物质能开发利用方面取得了显著成绩。2006年正式发布实施《可再生能源法》，并于2009年进行了修订。《可再生能源法》中明确指出"国家鼓励和支持可再生能源并网发电"，为我国可再生能源的发展提供了法律保证和发展根基。一系列法律法规的颁布实施，以及对于包括生物质发电在内的可再生能源开发的财政支持措施，直接推动了我国生物质发电产业的快速发展。

《可再生能源法》规定，电网企业应当与依法取得行政许可或者报送备案的可再生能源发电企业签订并网协议，全额收购其电网覆盖范围内可再生能源并网发电项目的上网电量，并为可再生能源发电提供上网服务。国家电力监管委员会发布了《电网企业全额收购可再生能源电量监管办法》，再次重申了电网企业全额收购可再生能源电量和优先上网的政策，并对相关事宜做出详细的规定。

《可再生能源发电管理办法》对可再生能源发电的行政管理体制、项目管理和发电上网等做了进一步明确的规范。《可再生能源上网电价及费用分摊管理试行办法》对法律规定的上网电价和费用分摊制度作了相对比较具体的规定。财政部已将可再生能源发展专项资金列入预算，并已制定了《可再生能源专项资金管理办法》，财政贴息和税收优惠政策也按照可再生能源产业指导目录要求进行制定。

《可再生能源电价附加收入调配暂行办法》落实了可再生能源发电企业的电价补贴，并要求电网企业应当与依法取得行政许可或者报送备案的可再生能源发电企业签订并网协议，全额收购其电网覆盖范围内可再生能源并网发电项目的上网电量，并为可再生能源发电提供上网服务。针对专为可再生能源发电项目上网而发生的输变电投资和运行维护费，办法规定了可再生能源发电项目接网费用补贴，费用标准按线路长度制定，50km及以内为每千瓦时1分钱，50～100km为每千瓦时2分钱，100km及以上为每千瓦时3分钱。

国家发改委颁布《可再生能源发电价格和费用分摊管理试行办法》规定，各地生物质发电价格标准由各省（自治区、直辖市）2005年脱硫燃煤机组标杆上网电价加补贴电价组成，补贴电价标准为每千瓦时0.25元，补贴时限为15年（自投产之日计算）。2010年国家发改委《关于完善农林生物质发电价格政策的通知》进一步规定，对农林生物质发电项目实行标杆上网电价政策，未采用招标确定投资人的新建农林生物质发电项目，统一执行标杆上网电价每千瓦时0.75元（含税）。通过招标确定投资人的，上网电价按中标确定的价格执行，但不得高于全国农林生物质发电标杆上网电价。农林生物质发电上网电价在当地脱硫燃煤机组标杆上网电价以内的部分，由当地省级电网企业负担；高出部分，通过全国征收的可再生能源电价附加分摊解决。脱硫燃煤机组标杆上网电价调整后，农林生物质发电价格中由当地电网企业负担的部分要相应调整。

《关于生物质发电项目建设管理的通知》要求，生物质发电厂应布置在粮食主产区秸秆丰富的地区，且每个县或100km半径范围内不得重复布置生物质发电厂；一般安装2台机组，装机容量不超过3万千瓦。《关于加强和规范生物质发电项目管理有关要求的通知》中，鼓励具备条件的新建和已建生物质发电项目实行热电联产或热电联产改造，提高生物质资源利用效率，并严禁已投产和新建农林生物质发电项目掺烧煤炭等化石能源。同时，要求规范项目管理，农林生物质发电非供热项目由省级政府核准，农林生物质热电联产项目、城镇生活垃圾焚烧发电项目由地方政府核准。

对于垃圾焚烧等资源综合利用电厂，《关于进一步加强生物质发电项目环境影响评价管理工作的通知》规定，现阶段采用流化床焚烧炉处理生活垃圾作为生物质发电项目申报的，其掺烧常规燃料质量应控制在入炉总质量的20%以下。其他新建的生物质发电项目原则上不得掺烧常规燃料。国家鼓励对常规火电项目进行掺烧生物质的技术改造，当生物质掺烧量按照质量换算低于80%时，应按照常规火电项目进行管理。《关于资源综合利用及其他产品增值税政策的通知》对销售以垃圾为燃料生产的电力或者热力，且垃圾用量占发电燃料的比重达到不低于80%的规定，并且生产排放达到《火电厂大气污染物排放标准》（GB 13223—2011）第1时段标准或者《生活垃圾焚烧污染控制标准》（GB 18485—2014）的有关规定，实行增值税即征即退政策。

《关于完善垃圾焚烧发电价格政策的通知》明确了垃圾发电上网电价标准：以生活垃圾为原料的垃圾焚烧发电项目，均先按其入厂垃圾处理量折算成上网电量进行结算，每吨生活垃圾折算上网电量暂定为280kW·h，并执行全国统一垃圾发电标杆电价每千瓦时0.65元（含税）。其余上网电量执行当地同类燃煤发电机组上网电价。垃圾焚烧发电上网电价高出当地脱硫燃煤机组标杆上网电价的部分实行两级分摊。其中，当地省级电网负担每千瓦时0.1元，电网企业由此增加的购电成本通过销售电价予以疏导；其余部分纳入全国征收的可再生能源电价附加解决。同时指出，当以垃圾处理量折算的上网电量低于实际上网电量的50%时，视为常规发电项目，不得享受垃圾发电价格补贴；当折算上网电量高于实际上网电量的50%且低于实际上网电量时，以折算的上网电量作为垃圾发电上网电量；当折算上网电量高于实际上网电量时，以实际上网电量作为垃圾发电上网电量。

关于税收优惠，根据《中华人民共和国企业所得税法实施条例》，生物质发电企业享受企业所得税减免。根据条例，企业从事条款规定的符合条件的环境保护、节能节水项目的所得，自项目取得第一笔生产经营收入所属纳税年度起，第一年至第三年免征企业所得税，第四年至第六年减半征收企业所得税；以《资源综合利用企业所得税优惠目录》规定的资源作为主要原材料，生产国家非限制和禁止并符合国家和行业相关标准的产品取得的收入，减按90%计入收入总额。

与此同时，国务院有关部门也发布了涉及生物质能的中长期发展规划，生物质能的政策框架和目标体系基本形成。这些政策的出台为生物质发电技术在我国的推广利用提供了有力的保障。

1.4.4 生物质发电产业化存在的问题分析

生物质发电行业虽然有了较大的发展，但还存在着制约行业发展的许多问题，主要有成本问题、技术问题、政策支持问题等[16,17]。

（1）建设和运营成本相对较高

相比产业化成熟的燃煤发电，生物质发电厂的单位投资仍然偏高，目前单位千瓦造价均在万元以上。原料成本高，生物质发电的燃料成本除了秸秆等原料的购买成本之外，由于燃料分散在农村的千家万户，加工成本、储运费用以及损耗占燃料成本较大比重。原料的稳定供应是制约生物质发电大规模发展的一个重要因素。农民普遍缺乏将秸秆作为商品出售的意识，并且农作物秸秆的收购往往在农村大忙季节，收集秸秆的力量不足。秸秆收购具有很强的季节性，无法全年均衡收购，要维持企业的正常运转，必须有半年甚至更长时间的储存量。同时，秸秆质量轻、体积大、堆入存储场地广大，还需一系列的防雨、防潮、防火等配套设备，投资建设和维护费用大。另外，生物质发电相对于常规燃煤火力发电来说规模显著小得多，在并网以及设备维护方面费用较大。

生物质资源丰富，但分布较分散，收集、运输和储存困难，需要在资源评价和环境评估的基础上，根据区域总体规划及生物质能资源分布特点，合理规划生物质能发电的选址和规模，与电网的建设和其他能源发电方式相配合，做到因地制宜，协调发展。

（2）技术开发能力和产业体系薄弱

作为新兴产业，生物质能发电产业与上下游配套产业发展不协调，支撑生物质能发电产业发展的技术服务体系较为薄弱。生物质发电技术方面存在壁垒，所用设备大部分是专用设备,技术密集程度高,生产流程控制严密。生物质发电技术是一个跨度较大的综合性新领域,国内在基础性科学、工程设计、机械设备等方面的研究都滞后于产业的发展水平,科研和技术支撑不够。

我国生物质能利用正处于发展的关键时期,根据国家《可再生能源中长期发展规划》,到2020年,中国生物质能产量达到120TW·h,生物质发电装机容量30GW,占全国总发电量2.6%,这为生物质发电产业的发展提供了良好的机遇。国家的相关法律法规规定生物质电力优先上网,不参与调峰,这种优先调度政策保证了生物质能发电销售不存在障碍。因此,产业发展需要做的工作就是通过技术的进步提升产业的竞争力。

积极开发生物质能发电上下游产业链,并重点开展关键技术和相关设备的自主研发。整合现有技术资源,支持国内研究机构和企业在生物质发电核心技术方面提高创新能力,在引进国外先进技术基础上,加强消化吸收和再创造。同时,还需要完善技术和产业服务体系,全面提高生物质发电技术创新能力和服务水平。

(3) 国内与生物质发电相关政策和措施尚待加强

财税和补贴政策与实际发展不相适宜,生物质发电税收优惠政策尚待明确。标准、规范规程体系尚未建立,在环境政策和经济政策上面缺乏标准、法规和激励措施。生物质能发电项目从立项、建设到发电上网的验收都需要专门的管理办法。

国家应鼓励发电企业进入生物质发电领域,通过上网电价政策、绿色电力配额等政策措施,积极引导现有大型发电企业发展生物质能,提高绿色电力的比例。同时,还可通过电价补贴、生物质原料补贴以及税收优惠等措施,鼓励和支持多种融资渠道进入生物质能发电行业,促进产业的快速发展。

参考文献

[1] 环境科学杂志社. 能源与环境. 北京: 电子工业出版社, 2011.
[2] 贾敬敦, 马隆龙, 蒋丹平, 等. 生物质能源产业科技创新发展战略. 北京: 化学工业出版社, 2014.
[3] 袁振宏. 生物质能高效利用技术. 北京: 化学工业出版社, 2014.
[4] International Energy Agency. WE 0-2013 Traditional biomass use database.
[5] 孙立, 张晓东. 生物质发电产业化技术. 北京: 化学工业出版社, 2011.
[6] Sjaakvan Loo, Jaap Koppejan. The Handbook of biomass combustion and co-firing. London: Earthscan, 2008.
[7] 张百良. 生物质成型燃料技术与工程化. 北京: 科学出版社, 2012.
[8] 国家可再生能源中心. 中国可再生能源产业发展报告2015. 北京: 中国经济出版社, 2015.
[9] 孙立, 张晓东. 生物质热解气化原理与技术. 北京: 化学工业出版社, 2013.
[10] 常杰. 生物质液化技术的研究进展. 现代化工, 2003, 23 (9): 13-17.
[11] 李建昌. 沼气技术理论与工程. 北京: 清华大学出版社, 2016.
[12] 国家能源局. 生物质能发展"十三五"规划. 2016.

[13] Wim van Swaaij, Sascha Kersten, Wolfgang Palz. Biomass Power for the World: Transformations to Effective Use. Boca Raton: CRC Press, 2015.

[14] Biogas Barometer 2012. https://www.eurobserv-er.org/biogas-barometer-2012/.

[15] 刘军伟, 雷廷宙, 杨树华, 等. 浅议我国垃圾焚烧发电的现状及发展趋势. 中外能源, 2012, 17 (6): 35-40.

[16] 范丽艳, 张瑜. 我国生物质发电行业存在的问题及对策. 华北电力大学学报, 2010, (1): 11-13.

[17] 檀勤良. 生物质能发电环境效益分析及其燃料供应模式. 北京: 石油工业出版社, 2014.

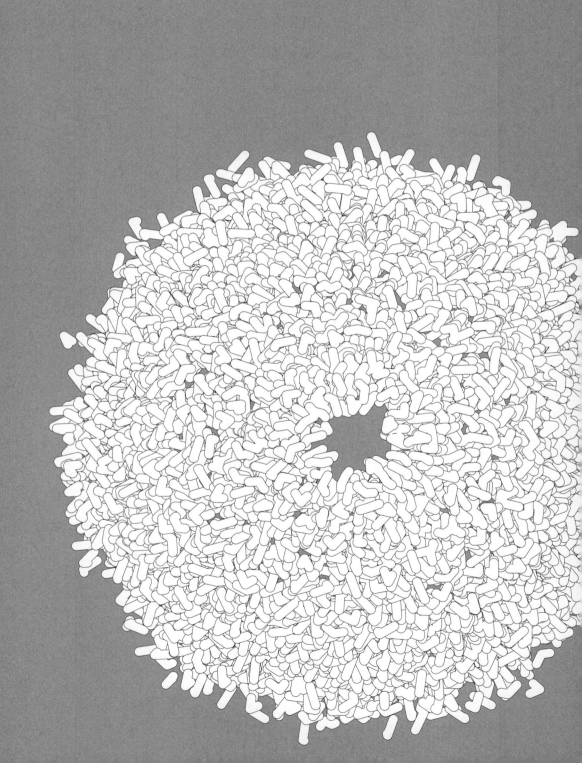

第 2 章

生物质原料

2.1 生物质原料的分类与特性

2.2 我国生物质原料特点

2.3 生物质原料预处理

参考文献

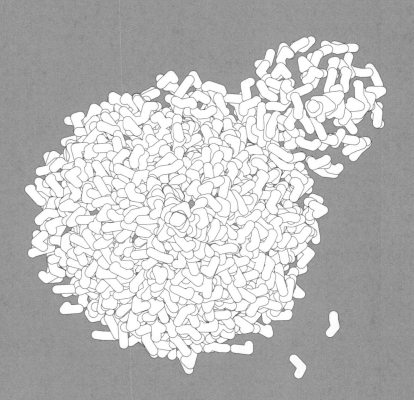

2.1 生物质原料的分类与特性

生物质是指一切直接或间接利用植物光合作用形成的有机物质,包括除化石燃料之外的植物、动物和微生物以及由这些生命体排泄与代谢所产生的有机物质等[1]。自然界中生物质种类繁多,分布广泛,且数量巨大。按照生物质原料来源可分为农业生物质、林业生物质、城市固体废弃物、动物废弃物以及海洋生物质等。

2.1.1 农业生物质

农业生物质指农业生产和加工过程中产生的生物质,主要包括农业作物、农业剩余物(如玉米秸、高粱秸、麦秸、稻草、豆秸、棉秆和稻壳等)、能源植物(如草本能源作物、油料作物)等[2]。我国是一个农业大国,农业生物质资源数量巨大,分布面广。据统计,2015年我国农业生物质已达17.5亿吨。农业生物质在生物质资源中占有相当大的比例,对其加以转化利用对于国民经济的可持续发展具有重要的现实意义。同时,农业生物质也普遍存在结构松散、体积密度小、热值相对较低等特点,而且分布分散,季节性强,供应不稳定,原料成本在很大程度上受到产地的限制[3]。

2.1.2 林业生物质

林业生物质是指林业生产和加工过程中产生的生物质。主要包括林产品(如木材、竹材、藤材等)、林业剩余物(如枝丫、锯末、木屑、梢头、板皮和截头、果壳和果核等采伐剩余物和加工剩余物、造纸废弃物以及废弃木材)、能源林等[4]。我国林业生物质资源丰富,拥有种类繁多的能源树种、尚未充分利用的能源林以及大量林业生产剩余物,并拥有大量的可用于发展林业生物质的荒山荒地、沙化土地和盐碱地等,林木生物质资源潜力超过180亿吨[5]。林木生物质热值较高,燃烧灰渣量少,但现有资源分布不均,资源利用率低。林业生物质原料密度低、单位面积产出低、林区交通条件差,直接影响转化利用的成本和竞争力。

2.1.3 城市固体废弃物

城市固体废弃物主要指城镇消费者消费后产生的固体、半固体废弃物,主要包括餐饮消费废弃物、生活与办公垃圾、畜禽粪便、食品加工废弃物以及建筑与装修、拆迁产生的废弃木材等。城市固体废弃物的组成和特点受各地生活习惯、生活水平、季节等因素的影响,变化波动较大[6]。各类固体废弃物混杂现象比较突出,成分复杂,含水率较高,一般都在30%以上[3]。

2.1.4 动物废弃物

动物废弃物指畜牧渔业生产和加工过程中产生的废弃物，包括畜禽粪便、死禽死畜、残剩饲料、动物产品加工下脚料和冲洗用水等，其中畜禽粪便占据了其主要份额。动物粪便含有大量有机质、氮磷钾以及其他微量元素，易于生物处理。对于动物废弃物的处理，主要是无害化，其次考虑资源化利用。常用的处理利用方式为好氧堆肥腐熟后作为肥料利用，或者经过厌氧发酵处理生产沼气，近年来也出现了以热化学手段处理动物废弃物并生产能源产品的工程应用。

2.1.5 海洋生物质

海洋占地球面积的71%，其中蕴含着丰富的生物资源，也为生物质能的开发提供了潜在的资源。海洋生物质即为海洋中能利用光合作用将太阳能固定在体内而产生能量的生物，目前可用的海洋生物质能资源主要是藻类、盐生植物以及海洋水产加工剩余物等。藻类包括微藻和大型藻类，各种海洋藻类曾经是地球上石油天然气等化石资源的古老贡献者，目前也一直是国际生物质能开发领域的重点，并被一些学者认为是未来世界能源与环境问题的最终解决者。微藻种质资源丰富，生长速度快，光合效率高，环境适应性强，同时还具备减排二氧化碳的功效。大型藻类如各种海带、裙带菜、马尾藻、浒苔等，产量高，便于大规模生产和利用。盐生植物如碱蓬、柽柳等，则具备较强的抗逆性，能够适应沿海滩涂、盐碱地等较恶劣的生长环境，生物产量高。海洋生物质资源的生产可以不占用土地，不会出现与粮食争地、争水等问题，每年海洋中仅水生植物通过光合作用所产生的生物质量就有超过550亿吨，因此成为生物质资源开发的新领域[8]。

2.2 我国生物质原料特点

2.2.1 我国生物质原料总量和分布情况

2.2.1.1 农业生物质

我国农业生物质资源巨大，分布广泛。2018年，全国粮食、棉花、油料、甘蔗、甜菜、烟叶等主要农作物产量约为8.2亿吨，并呈逐年增加趋势。根据《中国统计年鉴》《中国农业年鉴》等公布的数据，对农业生物质资源量进行测算分析，如表2-1所列。

表 2-1 2015 年全国主要农业剩余物生物质分类产量

农业剩余物生物质类别	产量/万吨	占农业生物质总产量/%
粮食作物生物质	103091.9	58.88
谷物生物质	97679.4	55.78
稻谷生物质	29421.16	16.80
稻草	23799.09	13.59
稻壳	5622.075	3.21
小麦秸秆	17372.72	9.92
玉米生物质	44392.75	25.35
玉米秸秆	38776.95	22.15
玉米芯	5615.8	3.21
其他谷物	6492.768	3.71
豆类作物秸秆	2354.744	1.34
薯类蔓藤	3057.705	1.75
棉秆	2057.647	1.18
油料作物生物质	5843.278	3.34
花生生物质	2683.948	1.53
花生秧	2169.376	1.24
花生壳	514.572	0.29
油菜秆	3018.53	1.72
芝麻秸	140.8	0.08
麻秆	89.07	0.05
黄红麻秆	10.07	0.01
其他麻类作物秸秆	79	0.05
甘蔗生物质	3509.04	2.00
甘蔗渣	2807.232	1.60
甘蔗叶梢	701.808	0.40
甜菜生物质	144.576	0.08
甜菜渣	64.256	0.04
甜菜茎叶	80.32	0.05

注：占农业生物质总产量比例为四舍五入结果。

2015 年全国农业生物质总产量约为 17.5 亿吨，其中农业剩余物生物质资源约 11.47 亿吨，主要分布在华北平原、长江中下游平原、东北平原等 13 个粮食主产省（自治区）。粮食作物生物质依然是中国最主要的农业生物质，2015 年其占比为 58.88% 左右，玉米秸秆、稻草、小麦秸秆是最主要的三大作物秸秆，分别占全国农业生物质总产量的 22.15%、13.59% 和 9.92%。全国粮食加工副产物（米糠、稻壳、玉米芯、糟类）总量约 2.1 亿吨，这些副产品多源自粮食加工厂，不仅具有巨大的开发潜力，而且产地相对集中，便于收集利用，具有可观的能源开发前景。果蔬加工废弃物总量约 2.6 亿吨，占全国农业生物质总量的 14.84%，成为不容忽视的另一主要农业生物质。农村有机生活垃圾总量约 0.8 亿吨，其他有机废弃物可利用量共 1.64 亿吨。

从地理分布来看，我国玉米秸秆主要分布在黑龙江、吉林、山东、内蒙古、河南、河北、辽宁七省区，七省区玉米秸秆产量占全国玉米秸秆产量的73.42%；稻草主要分布在湖南、黑龙江、江西、江苏、湖北、四川、安徽、广西、广东九省区，九省区稻草产量占全国稻草产量的78.62%；小麦秸秆主要分布在河南、山东、安徽、河北、江苏五省，五省小麦秸秆产量占全国小麦秸秆产量的76.7%；果蔬废弃物主要分布在山东、河南、河北、广东、广西等地。

2.2.1.2 林业生物质

我国发展林业生物质能具有良好的资源基础，根据第八次全国森林资源清查，全国森林面积2.08亿公顷，活立木总蓄积164.33亿立方米，森林蓄积151.37亿立方米。现有林木资源中可作为能源利用的主要是木质资源、木本油料植物和淀粉植物[9]。

（1）木质资源

木质资源主要是薪炭林、木竹生产的剩余物、灌木林平茬和森林抚育间伐产生的枝条、小径材、经济林和城市绿化修剪枝桠等。我国现有薪炭林170多万公顷（1hm^2＝10000m^2，下同），蓄积量3900万立方米，集中分布于云南、辽宁、陕西、湖北、贵州等15个省区，占全国薪炭林面积和蓄积量的97%。年森林采伐量约2.5亿立方米，可产生采伐、造林剩余物1.1亿吨；现有灌木林地总面积5300多万公顷，每年灌木平茬复壮可采集木质燃料1亿吨左右；全国大约7000多万公顷的中幼龄林，通过正常抚育间伐每年可获取0.2亿～0.4亿吨原料；另外，经济林修剪、城市绿化修枝还能提供一些原料。总体而言，现有林木资源可用作木质能源的潜力约为3.5亿吨，能源利用可替代2亿吨标准煤。

（2）木本油料植物

油料植物是种子或者果实中含有大量脂肪，是用来提取油脂供食用或作工业、医药原料等的一类作物。木本油料植物，产量比较大的包括油棕、油茶、核桃、无患子、盐肤木、小桐子、光皮树、文冠果、黄连木、山桐子、欧李、乌桕等树种。我国已查明的油料植物中，种子含油量40%以上的植物有150多种，能够规模化培育的乔灌木树种有30多种，其中油棕、无患子等9个树种相对成片分布面积超过100万公顷，年果实产量100万吨以上，全部加工利用可获得40余万吨生物燃油。

（3）淀粉植物

淀粉是植物体内储藏的高分子碳水化合物，可分解成葡萄糖、麦芽糖等成分而作为生物燃料生产原材料。淀粉在不同植物中富存的部位是不同的，主要有种子、果实、茎、根、皮层等。我国淀粉类植物资源更为丰富，木本原料中果实含淀粉的有锥栗、茅栗、苦槠、绵槠、青冈、麻栎、栓皮栎、槲栎、金樱子、田菁、马棘、芡实、薏苡、铁树籽等，根茎含淀粉的有葛根、野山药、百合、土茯苓、金刚刺、贯丛、魔芋、芒萁、石蒜、狗脊、蕉芋、木薯、黄精、玉竹、山猪肝等。木本淀粉植物包括苏铁、银杏、红豆杉、防己、梧桐、大戟、蔷薇、壳斗、榆、桑、忍冬、棕榈等20多个科200多个品种，全国栎类树种现有面积约1600万公顷，主要分布在内蒙古自治区、吉林省、黑龙江省，栎类林可年产种子1000万吨以上。葛类原料总种植面积约40万公顷，年资源总量150万吨以上[10]。

2.2.1.3 城市固体废弃物

随着城镇化的快速发展和人民生活水平的提高，城市固体废弃物产生量不断增加，其中可作为能源利用的主要为城市生活垃圾。据统计，2015年我国246个大中城市生活垃圾产生量达18564.4万吨，产生量最大的是北京市，为790.3万吨，其次是上海、重庆、深圳和成都；前10位城市产生的生活垃圾总量为5078.6万吨，占246个大中城市生活垃圾产生总量的27.4%[11]。城市垃圾产生量受到诸多因素的影响，主要与城市人口数量、城市规模、居民收入、居民消费水平和城市居民燃气化率有关。

2.2.1.4 动物废弃物

可作为生物质能利用的动物废弃物主要为畜禽粪便，包括牛、生猪、肉鸡、蛋鸡等畜禽的粪便。2015年，全国饲养牛10817.3万头，出栏肉猪70825.0万头，家禽176亿只，畜禽养殖规模化率已达54%，全国现有猪、牛、鸡三大类畜禽粪便资源量为19亿吨。目前，粪便堆肥化处理量约为8.4亿吨，可供沼气生产利用的畜禽粪便资源量约10.6亿吨，沼气生产潜力约640亿立方米。山东、黑龙江、河北、辽宁、河南、内蒙古6个省区的畜禽粪便产生量占全国50%左右[12]。

2.2.2 生物质原料的收储运

生物质原料种类繁多，每种类型的原料产生时间、产量、分布各不相同，收储运模式也存在差异。

对于林业生物质、城市固体废弃物及动物废弃物，虽然其产生时间、产量、分布各不相同，但其产地较为集中。林业生物质主要来源于伐木场、木材加工厂等，易于收集；城市固体废弃物由于具有相对完善的城市垃圾收集系统，收集较为便利；动物废弃物主要来源于规模化畜禽养殖场、畜禽屠宰场，收集相对集中。

农业生物质由于原料分布较为分散，自然密度低，收集量大，同时收集时间季节性强且难以控制。目前我国农业生物质收储运模式主要有分散型和集中型两种。

2.2.2.1 分散型收储运模式

分散型收储运模式以农户、收购站、农民经纪人为核心。农户负责收集并打捆，将原料送至收购站或农民经纪人处，收购站或农民经纪人将原料按收购方要求进行粉碎或破碎后将物料销售给收购方[13]。

这种分散型的模式将原料的分散问题转移到广大农户来解决，收购企业不需投资建设庞大的收储运系统，大大降低了企业的投资、管理和维护成本。这种模式的主要缺点在于：由于收购站或农民经纪人技术水平有限，导致原料质量参差不齐，原料品质难以把控；收购站或农民经纪人组织松散，导致原料供应量难以得到保障，原料收购价格可能会不断增高。

2.2.2.2 集中型收储运模式

集中型收储运模式以合资合作方式建立专业收储运公司或农场，以其为主体，负责原料的收集、晾晒、储存、保管和运输。专业收储运公司或农场按收购企业要求，控制农户或秸秆经纪人交售秸秆的质量，统一打捆、堆垛、储存。

集中型模式避免了收购过程中层级过多造成的成本累加及原料掺杂问题，降低了原料供应的随意性和风险，确保原料的长期和稳定供应。同时，收储运公司或农场采用较为先进的设备和技术对秸秆原料进行质检、粉碎、打捆等，也确保了原料的质量，有利于提高生物质加工工厂的生产效率。但是，采用集中型收储运模式需建设大型收储站，占地面积较大，需进行防雨、防潮、防火和防雷等设施建设，日常维护费用较高，一次性投资较大，因此比较适于规模化的农业生物质利用项目。

2.2.2.3 生物质原料堆放场

国家能源局发布的《电力设备典型消防规程》（DL 5027—2015），从消防安全的角度对生物质发电厂中生物质原料（主要是农作物秸秆、林业加工剩余物）的储存场地布置进行了部分规定。电厂内生物质原料可采用堆场和仓库的方式，半露天堆场和露天堆场宜集中布置在厂区边缘，远离重要公共建筑，单堆不宜超过20000t，超过20000t时应采取分堆布置，堆场之间的防火间距不应小于较大堆场与四级建筑的间距。原料仓库宜集中成组布置，仓库内设置自动喷水灭火系统，仓库净空高度超过一定高度时还应选择具有自动探测、自动定位功能的主动灭火系统。仓库内防火墙上开设的洞口采用防火卷帘或防火水幕进行分隔，以防止火灾快速蔓延。仓库、堆场应有完备的消防系统和防止火灾快速蔓延的措施，消火栓位置应考虑防撞击和防自燃影响使用的措施。厂外收储站宜设置在天然水源充足的地方，四周宜设置实体围墙，警卫岗楼位置要便于观察警卫区域，并应安装消防专用电话或报警设备。

原料堆场内严禁吸烟，严禁使用明火，严禁焚烧物品。在出入口和适当地点必须设立醒目的防火安全标志牌和"禁止吸烟"的警示牌。门卫对入场人员和车辆要严格检查、登记并收缴火种。秸秆堆场内因生产必须使用明火，应当经单位消防管理、安监部门批准，必须采取可靠的安全措施。

原料调配使用应做到先进先出，以防止长时间存放而引起自燃和热值损失。另外，油菜籽秸秆、油松加工废弃物、玉米芯等易自燃的原料不得储存，进场后应及时加工并入炉燃烧。原料入场前，应当设专人进行严格的原料检查，确认无火种隐患后方可进入原料区。码垛时要严格控制水分，稻草、麦秸、芦苇含水量不应超过20%，并做好记录。稻草、麦秸等易发生自燃的原料，堆垛时需留有通风口或散热洞、散热沟，并要设有防止通风口、散热洞塌陷的措施。发现堆垛出现凹陷变形或有异味时应当立即拆垛检查，并清除霉烂变质的原料。秸秆码垛后，要定时测温，当温度上升到40~50℃时，需要采取预防措施并做好测温记录；当温度达到60~70℃时必须折垛散热，并做好灭火准备。

原料储存场地车辆、船舶进出频繁。汽车、拖拉机等机动车进入原料场时易产生火花部位要加装防护装置，排气管必须戴性能良好的防火帽。常年在秸秆堆场内装卸作业的车辆要经常清理防火帽内的积炭，确保性能安全可靠。配备有催化换流器的车辆禁止在场内使用，同时严禁机动车在场内加油。秸秆运输船上所设生活用火炉必须安装防飞火装置，并且当船只停靠秸秆堆场码头时不得生火。秸秆堆场内装卸作业结束后，一切车辆不准在秸秆堆场内停留或保养、维修。发生故障的车辆应当拖出场外修理。

生物质原料破碎及散料输送过程中产生细纤维状粉尘，粉尘量大、浓度高、温度高、易燃易爆。因此需要考虑堆放和处理场地的粉尘防爆，在仓库、破碎及散料输送系统应设置通风、喷雾抑尘或除尘装置，宜采用自然通风方式，当采用机械通风时通风设备应采用防爆型电机。粉尘飞扬、积粉较多的场所宜选用防尘灯、探照灯等带有护罩的安全灯具，并对镇流器采取隔热、散热等防火措施。

秸秆堆场应当设置避雷装置，使整个堆垛全部置于保护范围内。避雷装置的冲击接地电阻应当不大于10Ω，与堆垛、电器设备、地下电缆等应保持3.0m以上距离，且支架上不准架设电线。堆场内各种电器设备的金属外壳和金属隔离装置必须接地或接零保护，门式起重机、装卸桥的轨道至少应当有两处接地，并且电器设备必须由持有效操作证的电工负责安装、检查和维护。

在场地配电方面，堆场内应当采用直埋式电缆配电，埋设深度应当不小于0.7m，其周围架空线路与堆垛的水平距离应当不小于杆高的1.5倍，堆垛上空严禁拉设临时线路。堆场内机电设备的配电导线，应当采用绝缘性能良好、坚韧的电缆线。堆场内严禁拉设临时线路和使用移动式照明灯具，因生产必须使用时，应当经安全技术、消防管理部门审查并采取相应的安全措施，用后立即拆除。照明灯杆与堆垛最近水平距离应当不小于灯杆高的1.5倍。堆场内的电源开关、插座等，必须安装在封闭式配电箱内，配电箱应当采用非燃材料制作并设置防撞设施。当使用移动式用电设备时，其电源应当从固定分路配电箱内引出。秸秆堆场内作业结束后，应拉开除消防用电以外的电源。秸秆堆场消防用电设备应当采用单独的供电回路，并在发生火灾切断生产、生活用电时仍能保证消防用电。

2.3 生物质原料预处理

2.3.1 发电工艺对原料的一般要求

用于生物质发电的原料主要是各种农林剩余物、城市固体废弃物和动物废弃物，具有密度低、含水率高、吸湿性强、结构松散和燃烧值低等特点，需要进行预处理以提高其燃烧性能。生物质原料因其来源、成分不同，质量稳定性较差。虽然生物质发电工艺之间存在差异，但均要求原料质量尽可能稳定、均一，从而避免设备运行过程产生的异常波动。目前对生物质原料的质量主要从含水率、灰分及粒度等方面予以考虑和分类筛选。

(1) 含水率

高含水率会使原料在燃烧过程中消耗过多能量用于蒸发水分，降低原料的燃烧放热量，故水分对于生物质燃烧极为不利。生物质原料收获或者收集时其含水率通常高于30%，长期储存也容易导致变质，因此干燥是生物质预处理中首先要考虑的问题。生物质原料的干燥程度与生物质发电的经济性密切相关，选择合理的干燥方式是提高生物质发电效率的关键[14]。

(2) 灰分

生物质原料（主要为农林废弃物）中碱金属含量高，是灰分的主要来源，该类物质在燃烧或气化过程中转化为飞灰、炉渣等，会对设备产生腐蚀作用，影响生物质燃烧状况以及设备的性能，并会产生安全隐患。因此，生物质原料灰分、灰渣的去除以及资源化利用也是需要考虑的问题[15]。

(3) 粒度

生物质发电系统主要采用固定床燃烧（如层燃）、动态床燃烧（流化床燃烧和悬浮燃烧）等方式，由于燃烧方式不同，其对原料尺寸及密度的要求也不同。对于固定床（层燃炉）而言，其所用的生物质颗粒不能太小，以避免炉排漏料，且密度也不能太小，因为炉膛中密度太小的燃料燃烧会导致烟尘含量激增，引发严重的管道堵塞、碱腐蚀及大气污染等问题。对于固定床而言，其合适的原料是大颗粒燃料、硬质燃料、成型燃料和打捆料等。对于动态床燃烧方式，因其结构独特，对原料的适应性较为广泛，但对颗粒大小要求较为严格。一般而言，其粒度要求低于20mm，故对较大的原料需要进行粉碎处理[16]。

一般农林业废弃物生物质原料形式松散，尺寸形状差异大，对于工业化的处理利用装置而言，原料的均一性差。同时，考虑到原料的收集、储存、运输等环节，生物质原料的体积能量密度需要提高。将松散、无定形的生物质原料通过机械加工方法压缩成具有一定形状且密度较高的固体燃料（密度600~1200kg/m³），可以大幅度提高能量密度、均一性和燃料质量，并可大幅度提升生物质的燃烧性能。

利用生物质通过厌氧发酵途径转化为沼气或者生物天然气后再进行发电也是目前国家大力推广的一种发电技术。沼气发酵原料主要为粪便、作物秸秆、厨余垃圾及有机质含量较高的工业废水、生活污水等。为了提供合适的厌氧发酵条件，主要考虑原料的碳氮比、pH值、生物可及性等，从而利于厌氧发酵过程的启动和沼气的生产。由于厌氧消化在液态条件下进行，故对原料的水分一般不做要求，只需将大尺寸原料进行粉碎以提高生物可及性。为了避免发电设备的腐蚀，需要对沼气进行脱硫处理。垃圾填埋气的主要成分也是沼气，主要是由填埋场中有机废弃物厌氧发酵产生。利用填埋气进行发电主要考虑的是其中甲烷的含量，其利用方式与沼气类似[17]。

垃圾燃烧发电技术目前也比较成熟，主要是对有机质（热值）含量较高的垃圾进行高温焚烧或者气化燃烧发电。由于垃圾分类制度不完备，城镇生活垃圾成分较为复杂多变，其预处理手段主要是分拣和粉碎。部分容易被生物利用的垃圾可以采用沼气发电技术，不易生物利用的则干燥处理后采取燃烧方式发电。目前我国垃圾焚烧主要是用炉排炉，原料适用范围较宽，流化床焚烧炉虽然具有燃烧充分的优势，但其对原料破碎、热值和均一性方面要求较高，且烟尘量大、操作复杂、维护费用高，目前应用范围相对有限[7]。

2.3.2 原料筛选与分级

生物质原料在收集过程中经常混入砂石、泥土、建筑垃圾、金属及塑料等杂物。这些杂物不仅影响原料的利用率，且会损坏机械设备，故需要进行筛选分级后才能利用。该过程直接关系到发电效率，是生物质发电过程中的重要环节之一。

一般而言，筛选是将物料从筛的一端加入，并通过重力、机械力作用使其移向另一端。尺寸小于筛孔的物料穿过成为筛下物，而尺寸大于筛孔的物料经过筛面从筛的另一端引出。筛选分级所用设备有振动筛、圆筒分级筛、精选机（通常为滚筒精选机和碟片精选机）等[18]。

2.3.2.1 振动筛

振动筛是利用振子激振所产生的往复旋型振动而工作的。振子的上旋转重锤使筛面产生平面回旋振动，而下旋转重锤则使筛面产生锥面回转振动，其联合作用的效果则使筛面产生复旋型振动。振动筛电动机经三角皮带带动激振器主轴回旋，由于激振器上不平衡重物的离心惯性力作用，使筛箱获得振动，改变激振器偏心重锤可获得不同的振幅。振动筛构造简单、拆换筛面方便；对于干物料，由于筛箱振动强烈，减少了物料堵塞筛孔的现象，使筛子具有较高的筛分效率和生产率；但水分高、有黏附性的物料易黏附于筛面，造成物料拥堵或停机，同时能耗相对较高，工作噪声和粉尘较重。

2.3.2.2 圆筒分级筛

圆筒分级筛又叫滚筒筛、回转筛，主体结构为筛分筒，由若干个圆筒状筛网组成，筛网孔从进料端到出料端由细变粗。筛分筒与地平面呈倾斜状态，在一定转速下旋转，物料自上而下通过筛分筒而得到分离，细料从筛分筒前端下部排出，而粗料则从筛分筒下端尾部排出。可设梳型清筛机构或振打装置，在筛分过程中对筛体进行不间断清理，使筛分筒在整个工作过程中始终保持清洁，不影响筛分效果。圆筒分级筛运转平稳可靠，工艺布置简便，安装、维护、操作方便，筛分效率高，对物料的适应性强，黏性、湿度大等各种性质物料均能筛分，但是筛面易磨损，对物料的粉碎作用较大。

2.3.2.3 精选机

精选机利用物料长度不同而进行筛选，主要分为滚筒精选机和碟片精选机。滚筒精选机的主要工作构件为内表面形成一定形状袋孔的旋转滚筒，在传动机构的带动下，滚筒逆时针转动，当物料进入，短物料嵌入袋孔被带到较高的位置，落入V

形收集槽中,并由螺旋输送器排出;长物料无法进入袋孔或进入袋孔后很快落下,无法到达高位落入 V 形收集槽,在进料压力和滚筒本身倾斜度的作用下,沿滚筒内壁滑移至出料端排出滚筒。为适应不同物料的精选要求,可根据物料更换表面袋孔尺寸不同的滚筒,收集槽与滚筒内壁间距可调,一般通过蜗轮蜗杆装置调节收集槽在滚筒内的高低位置,从而实现精选。

碟片精选机的主要工作构件为两侧均布袋孔的圆形碟片,工作过程中,碟片在物料中转动,宽度、厚度小于袋孔的物料可嵌入袋孔。嵌入孔内的物料被带离料层,随碟片的转动转过保持段,通过最高点进入收集槽。碟片与水平面垂直,碟片辐条上设有与碟片平面呈一定夹角的导向推进叶片,随着碟片的转动,推进叶片沿轴向推进碟片间的物料,实现连续性的分选,最后将长物料推出设备。

2.3.3 原料的干燥

生物质原料存在的一个突出问题就是含水量高,这对原料的储存、运输以及燃烧发电都是不利的。产沼气原料对水分含量要求虽然不高,但高含水量原料仍面临储存难度大、收集成本高等问题。原料干燥可分为自然干燥和人工干燥两种方式。自然干燥过程主要利用一定范围的场地进行晾晒通风等,因不需要外部热源动力等;其成本较低,因此是目前大部分生物质干燥处理的主要方式。但自然干燥受气候、天气状况、场地面积等因素限制较大,故效率很低。人工干燥需要外加热源、机械挤压等方式去除水分,成本较高,但处理速度快、水分含量可控,对场地面积要求低,是一种高效的生物质干燥方式。目前生物质人工脱水干燥设备有板框式压滤机、隔膜压滤机、流化床干燥机以及回转圆筒干燥机等。考虑到经济性,压滤机一般处理含水量比较高(80%及以上)接近流体的生物质原料,干燥机通常处理含水量较低(80%以下)的固体生物质原料[19]。

2.3.3.1 板框式压滤机

板框式压滤机由交替排列的滤板和滤框共同构成一组滤室,滤框和滤板通过两个支耳,架在水平的两个横梁上,一端是固定板,另一端的压紧板在工作时通过压紧装置压紧或拉开。压滤机通过在板和框角上的通道或板与框两侧伸出的挂耳通道加料和排出滤液,滤饼在框内集聚。

板框式压滤机结构较简单,操作和保养方便,运行稳定,过滤面积选择范围灵活,占地少,并且对物料适应性强。其不足之处在于,滤框给料口容易堵塞,滤饼不易取出,不能连续运行,处理量小,工作压力低,同时普通材质的方板不耐压、易破板,滤布消耗大,而且滤布常常需要人工清理。

2.3.3.2 隔膜压滤机

隔膜压滤机是在板框式压滤机的基础上,在滤板与滤布之间加装了一层弹性膜。使用过程中,当入料结束,可将高压流体或气体介质注入隔膜板中,隔离膜鼓起压迫滤饼，实现滤饼的进一步脱水。隔膜压滤机工作过程中，首先是进浆脱水，即一定数量的滤板在强机械力的作用下被紧密排成一列，滤板面和滤板面之间形成滤室，过滤物料在强大的正压下被送入滤室，进入滤室的过滤物料其固体部分被过滤介质（如滤布）截留形成滤饼，液体部分透过过滤介质而排出滤室，从而达到固液分离的目的；随着正压压强的增大，固液分离则更彻底。进浆脱水之后，配备了橡胶挤压膜的压滤机，压缩介质（如气、水）进入挤压膜的背面推动挤压膜使挤压滤饼进一步脱水。进浆脱水或挤压脱水之后，压缩空气进入滤室滤饼的一侧透过滤饼，携带液体水分从滤饼的另一侧透过滤布排出滤室而脱水，即为风吹脱水过程。若滤室两侧面都敷有滤布，则液体部分均可透过滤室两侧面的滤布排出滤室，为滤室双面脱水。脱水完成后，解除滤板的机械压紧力，单块逐步拉开滤板，分别敞开滤室进行卸饼，即完成一个主要工作循环。根据过滤物料性质不同，压滤机可分别设置进浆脱水、挤压脱水、风吹脱水或单面、双面脱水，目的就是最大限度地降低滤饼水分并能节约能耗。相比传统的板框式压滤机，隔膜压滤机滤饼含固量最高可提高 2 倍以上。

2.3.3.3 流化床干燥机

流化床干燥机是将粉粒状、膏状（乃至悬浮液和溶液）等流动性物料放在多孔板等气流分布板上，由其下部送入具有相当速度的干燥介质。当介质流速较低时，气体由物料颗粒间流过，整个物料层不动；逐渐增大气流速度，料层开始膨胀，颗粒间间隙增大；再增大气流速度，大部分物料呈悬浮状，形成气-固混合床，即流化床。一般情况下，黏性大、含水率高的泥糊状物料难以在干燥介质流中分散和流态化，但是通过在干燥器底部放入一些惰性载体（例如石英砂、氧化铝的小球、颗粒盐等），当它们在一定流速的气流作用下流化时就会将湿物料黏附在其表面，继而使之成为一层干燥的外壳。由于惰性载体互相碰撞、摩擦，又会使干外壳脱落，被气流介质带走，而载体自身又与新的湿物料接触，再形成干外壳。如此循环，使细的湿黏物料也可在流化床式干燥机中得到充分的干燥。气流速度是流化床干燥机最根本的控制因素，适宜的气流速度应介于使料层开始呈流态化和将物料带出空间之间。

2.3.3.4 回转圆筒干燥机

回转圆筒干燥机是一种处理大量物料的干燥设备，运转可靠，操作弹性大，物料适应性强，可以烘干各种物料。回转圆筒干燥机主要由回转体、扬料板、传动装置、支撑装置及密封圈等部件组成。干燥机主体是一个与水平方向倾斜一定角度的圆筒，物料从较高的一端加入，高温热烟气与物料并流进入筒体，随着筒体转动，物料运行到较低一端。在圆筒内壁上的扬料板把物料扬起又洒下，使物料与气流的接触表面增大，以提高干燥速率并促进物料前行。干燥后的产品从底端下部收集。回转圆筒干燥机具有耐高温的特点，能够使用高温热风对物料进行快速干燥；具有良好的可扩展能力，设计考虑了生产余量，即使产量小幅度增加，也无需更换设备；抗过载能力强，筒体运行平稳，可靠性高，处理能力大，干燥成本低。同时，回转圆筒干燥机设备庞大，一次性投资较大；小颗粒物料在机内停留时间较长，不适于对品质均匀性及质量要求严格的物料，多用于水分较多而受热变性影响较小的物料干燥。

2.3.4 原料切割与粉碎

切割与粉碎主要用于将生物质原料的尺寸处理到利用设备所需要的范围。切割用于细长农作物秸秆及木本生物质原料的处理。其目的是将该类原料截成小段以便于储存、运输，以及干燥、粉碎等。用于切割的机械设备主要有铡草机、削片机及切片机等。

粉碎指将尺寸较大的生物质原料破碎成小块物料，或将小块原料进一步破碎成粉末状物料。按照粉碎方式，主要有挤压粉碎、冲击粉碎、劈碎、磨碎和剪碎几种方式。按照粒径范围有粗碎（原料粒度40～1500mm，成品粒度5～50mm）、中细碎（原料粒度5～50mm，成品粒度0.1～5mm）、微粉碎（原料粒度5～10mm，成品粒度<100μm）和超微粉碎（原料粒度0.5～5mm，成品粒度10～25μm）等[18]。粉碎所用设备主要有颚式破碎机、辊式粉碎机、爪式破碎机、锤式粉碎机、湿式粉碎机、球磨机、超细粉碎机、压片机、碾盘式破碎机和圆筒式破碎机等。

2.3.5 原料混合

为了保证燃料热值的稳定性、原料供应的持续性，有时需要将不同种类的生物质原料进行复配。生物质原料的混合依靠机械作用实现，目前物料混合设备有两种：一种是固定型混合机；另一种是回旋型混合机。

① 固定型混合机主要有搅拌槽式混合机、锥形混合机、回转圆板型混合机、流动型混合机等；

② 回旋型混合机主要有水平圆筒形、倾斜圆筒形、V形、双锥形、立方体形等。

上述机械设备可以根据场地需求、技术标准、原料特性等进行选用[20]。

2.3.6 压缩成型

生物质压缩成型是一种高值化的生物质处理和利用技术，其在一定的温度和压力作用下将形态各异的生物质废弃物原料压制成具有一定形状、密度较大的成型体。由于生物质本身具有密度小、收缩比大的特点，可以在一定温度、湿度和压力下实现大比例压缩以提高其体积密度。由于生物质本身内部具有黏结功能的纤维素、水分和木质素作用，理论上也具备通过压缩获得成型的可能。此外，通过加热方式也可以促进原料的成型，其主要原因是由于原料中的木质素在一定温度下（200～300℃）软化加剧，促进其与纤维素紧密黏结。成型后的生物质燃料的化学组成通常没有太大变化，而其物理性质如形状、密度、颜色等则会在一定程度上发生改变[21,22]。

生物质成型燃料具有加工成本低、便于储存和运输、燃烧性能好、质量密度和能量密度大为提升以及尺寸规格均一、质量稳定等优势，可以作为燃煤的替代品用于锅炉、炉灶等的燃料。我国从20世纪80年代开始致力于生物质压缩成型技术的研究开发，主要引进韩国、日本等国的成套设备，并以螺杆挤压机为主，国内的科研院所和企业也开始对成型设备和成型理论进行了研究，先后开发了机械冲压式成型机、液压驱动活塞式成型机、电加热螺杆成型机等多种机型[23,24]。

目前商品化的生物质成型燃料主要有颗粒状、棒状、块状等。

① 颗粒状成型燃料密度大，尺寸均一，流动性好，非常适合工业上自动化设备的应用，但是其生产过程对于原料粉碎粒度、水分以及能耗等均要求提高，造成成本高。

② 棒状成型燃料主要由冲压式成型设备生产，其密度大、尺寸大，因此多用于木炭等的生产。

③ 块状成型燃料尺寸介于颗粒状和棒状燃料之间，成型能耗相对较低，成本适中，比较适合电厂等规模化燃料利用。

生物质成型燃料的生产方式主要有湿压成型、热压成型和炭化成型3种。

① 湿压成型工艺中，原料经浸泡湿润并部分降解后，从湿压成型机进料口进入成型室，在压辊或压模的转动作用下，进入压模之间然后被挤入成型孔，通过摩擦作用加热原料并将水分蒸发。从成型孔挤出的原料已被挤压成型，用切断刀切割成一定长度的颗粒从机内排出。

② 热压成型就是以生物质加热后的木质素为黏结剂，纤维素、半纤维素为"骨架"，在一定的温度和压力等工艺条件下把碎散的生物质物料压制成具有固定集合形状的规格形体。目前生物质成型燃料挤压成型技术种类较多，主要可分为螺旋挤压技术、活塞冲压技术、压辊式成型技术（包括环模压辊挤压式、平模压辊挤压式以及对辊加压式）、环模压块成型技术、机械液压成型技术等，需综合考虑物料特点、能耗、经济性以及工艺路线等具体情况选用[22,25]。

③ 炭化成型工艺是生产成型炭燃料的工艺，包括先成型后炭化和先炭化后成型两种形式。前者是先用成型机将生物质原料压缩成型，然后在炭化釜中将成型燃料进行炭化而获得成型炭产品；后者则是先将生物质原料炭化或部分炭化，然后再加入一定量的黏结剂挤压成型。由于炭化过程中生物质原料的纤维结构遭到破坏，因此原料的挤压加工性能得到改善，成型设备压缩部件的机械磨损和过程能耗明显降低，但是炭化后产物颗粒相互之间的黏附力下降，需要再添加黏结剂黏附成型，以保证储存和使用性能。

目前，由于加工成本相对较高，生物质成型燃料在生物质发电方面应用较少。但是，相比于松散的生物质原料，成型燃料占用空间要小得多，其运输成本也远低于生物质原料，火灾风险降低而生物安全性大为提升[24,25]。同时，成型燃料更便于长时间的存放，有助于解决生物质发电厂原料季节性供应的问题。因此，随着成型燃料技术装备的成熟和产业规模的扩大，成型燃料的成本必将下降，其作为一种有效的原料预处理手段也将得到更多的应用。

参考文献

[1] GB/T 30366—2013.
[2] 袁振宏，吴创之，马隆龙. 生物质能利用原理与技术. 北京：化学工业出版社，2005.
[3] 孙立，张晓东. 生物质发电产业化技术. 北京：化学工业出版社，2011.
[4] 段新芳，叶克林，张宜生. 我国林业生物质材料产业现状与发展趋势. 木材工业，2011，25（4）：22-25.
[5] 国家林业局. 全国林业生物质能源发展规划（2011—2020年）. 中国林业网. http://www.forestry.gov.cn/main/72/content-608546.html，2013-5-28.
[6] 刘广青，董仁杰，李秀金. 生物质能源转化技术. 北京：化学工业出版社，2009.
[7] 周菊华. 城市生活垃圾焚烧及发电技术. 北京：中国电力出版社，2014.
[8] 任小波，吴园涛，向文洲，等. 海洋生物质能研究进展及其发展战略思考. 地球科学进展，2009，24（4）：403-410.
[9] 国家林业局. 林业发展"十三五"规划. 中国林业网. http://www.forestry.gov.cn/main/72/content-873366.html，2016-5-6.
[10] 谢碧霞，陈训. 中国木本淀粉植物. 北京：科学出版社，2008.
[11] 环保部. 2016年全国大、中城市固体废物污染环境防治年报. 环保部网站，http://www.zhb.gov.cn/gkml/hbb/qt/201611/t20161122_368001.htm，2016-11-22.
[12] 国家发改委，农业部. 全国农村沼气发展"十三五"规划. 中华人民共和国中央政府网站. http://www.gov.cn/xinwen/2017-02/11/content_5167177.htm，2017-02-11.
[13] 张艳丽，王飞，赵立欣. 我国秸秆收储运系统的运营模式存在的问题及发展对策. 可再生能源，2009，27：1-5.
[14] 蒋大龙. 生物质燃料干燥和燃烧特性研究. 北京：华北电力大学，2013.
[15] 袁振宏. 生物质能高效利用技术. 北京：化学工业出版社，2014.
[16] 姚向军，田宜水. 生物质燃烧技术. 北京：化学工业出版社，2005.
[17] 宋立杰，陈善平，赵由才. 生活垃圾填埋场沼气发电技术. 北京：化学工业出版社，2014.
[18] 郑欲国. 生物工程设备. 北京：化学工业出版社，2010.
[19] 穆朱姆达. 工业化干燥原理与设备. 北京：中国轻工业出版社，2007.
[20] 杨勇平，董长青，张俊姣. 生物质发电技术. 北京：水利水电出版社，2007.
[21] 刘丽媛. 生物质成型工艺及其燃烧性能试验研究与分析. 济南：山东大学，2012.
[22] 陈冠益. 生物质废物资源综合利用技术. 北京：化学工业出版社，2015.
[23] 张百良. 生物质成型燃料技术与工程化. 北京：科学出版社，2017.
[24] 秦世平，王新雷，樊京春. 成型燃料生物质成型燃料规模化项目可研编制方法与实践. 北京：中国环境科学出版社，2011.
[25] 日本能源学会. 生物质和生物能源手册. 史仲平，华兆哲译. 北京：化学工业出版社，2007.

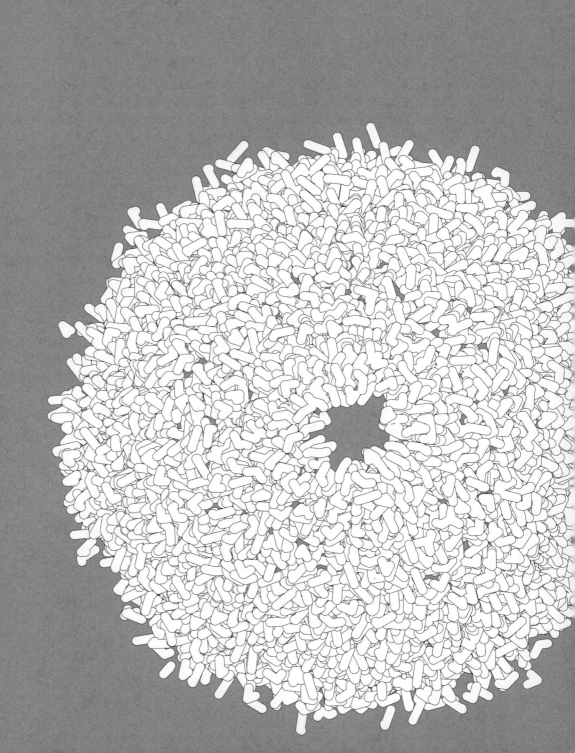

第 3 章

生物质气化发电技术

3.1 生物质气化发电概述

3.2 生物质气化装置

3.3 生物质气化发电产业化应用

参考文献

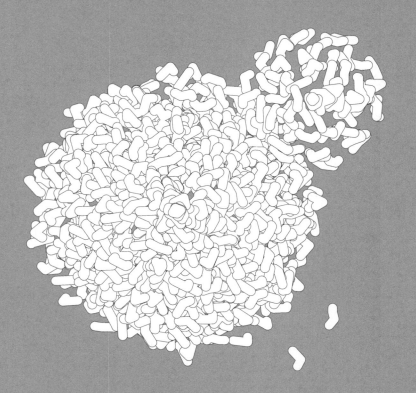

3.1 生物质气化发电概述

生物质气化技术首次商业化应用可追溯至 20 世纪 30 年代，当时以木炭作为原料，经过气化器生产可燃气，驱动内燃机应用于早期的汽车和农业灌溉机械。第二次世界大战期间，生物质气化技术的应用达到了高峰，当时大约有 100 万辆以木材或木炭为原料提供能量的车辆运行于世界各地。20 世纪 70 年代，能源危机的出现，重新唤起了人们对生物质气化技术的兴趣。研究开发的重心是以各种农业、林业废弃物为原料的气化装置，生产的可燃气可以作为热源，或用于发电，或生产化工产品（如甲醇、二甲醚及氨等）。

生物质气化发电是利用生物质气化产生的可燃气体在燃气机中燃烧从而产生动力的发电方式，其结合了生物质气化清洁、灵活与燃气发电高效、设备紧凑等优势，是生物质能最有效、洁净的利用方式之一[1]。由于生物质气化发电可以采用内燃机，也可以采用燃气轮机，甚至可以结合余热锅炉和蒸汽发电系统，所以可以根据规模的大小选用合适的发电设备，保证在任何规模下都有合理的发电效率，这一技术的灵活性能很好地满足了生物质分散利用的特点，可以保证其在小规模下仍具备较好的经济性。同时，燃气发电过程简单，设备紧凑，也使其比其他可再生能源发电技术投资更小。总体而言，生物质气化发电技术是一种经济、清洁的可再生能源发电技术[2]。

3.1.1 气化发电原理与分类

生物质气化发电过程包括以下 3 个方面：

① 生物质气化，利用气化炉把固体生物质转化为可燃气体（主要成分为 CO、H_2、CH_4、CO_2、低分子烃类化合物等）。

② 气体净化，气化出来的燃气都带有一定的杂质，包括灰分、焦炭和焦油等，需经过净化系统把杂质除去，以保证燃气发电设备的正常运行。

③ 燃气发电，净化后的燃气送入锅炉、内燃机、燃气轮机的燃烧室中燃烧，并带动发电机来发电，有的工艺为了提高发电效率，发电过程可以增加余热锅炉和蒸汽轮机。

生物质气化发电的一般工艺流程如图 3-1 所示[3,4]。

生物质气化发电系统根据发电规模可以分为小规模、中等规模和大型规模三种，见表 3-1。

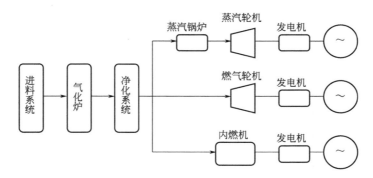

图 3-1 生物质气化发电工艺流程示意

表 3-1 不同规模的生物质气化发电系统[4,5]

发电规模 性能参数	小规模	中等规模	大型规模
装机容量/kW	<200	500~3000	>5000
气化炉类型	固定床、流化床	流化床	流化床、加压流化床和双床气化炉
发电机类型	内燃机、微型燃气轮机	内燃机	整体气化联合循环、热空气汽轮机循环
系统发电效率/%	11~14	15~20	35~45
主要用途	适用于缺电且生物质资源丰富地区的照明或驱动小型动力机	适用于山区、农场、林场的照明或小型工业用电	电厂、热电联产

小规模生物质气化发电系统适于生物质的分散利用,具有投资小和发电成本低等特点,已经进入商业化示范阶段。大规模生物质气化发电系统适于生物质的大规模利用,发电效率高,已经进入研究和示范阶段,是今后生物质气化发电的主要发展方向。

3.1.2 气化过程原理

生物质气化是以生物质为原料,以氧气(空气、富氧或纯氧)、水蒸气或氢气等作为气化剂(或称气化介质),在高温条件下通过热化学反应将生物质中可燃的部分转化为可燃气的过程[6,7]。生物质气化燃气的主要有效可燃成分为 CO、H_2 和 CH_4 等。

生物质气化过程是挥发分受热分解、热解产物燃烧还原等诸多复杂反应的集合,反应机理非常复杂。热解是气化过程的起始和伴生过程,气化和燃烧过程是密不可分的,燃烧是气化的基础,气化是部分燃烧或缺氧燃烧。固体燃料中碳的燃烧为气化过程提供了热量,气化反应其他过程的进行取决于碳燃烧阶段的放热状况。随着气化装置类型、工艺流程、反应条件、气化介质种类、原料性质等的不同,反应过程也不完全相同，不过这些过程的基本反应都包括干燥、热解、氧化和还原4个过程[7]。以下吸式固定床气化炉为例，对生物质气化中的主要过程和反应机理进行具体分析[3,7]（图3-2）。

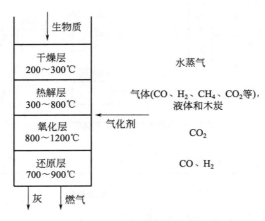

图 3-2　生物质气化主要过程示意

(1) 干燥层

生物质原料进入气化装置之后，在热量的作用下，首先被加热析出表面水分。干燥过程主要发生在100～150℃之间，大部分水分在低于105℃条件下释放，然后干燥原料被继续加热到300℃。干燥过程进行得比较缓慢，而且需要吸收大量的热量，在表面水分完全脱除之前，被加热的生物质基本不升温。由于气化高水分原料需要消耗更多的热量用于表面水分脱除，从而影响燃气品质，甚至无法实现自能平衡，因此，生物质气化要求原料水分一般不超过20%。

(2) 热解层（干馏层）

热解是高分子有机物在吸热条件下所发生的不可逆的热分解反应，温度越高，反应越剧烈。生物质热解就是在高温条件下，将组成生物质的高分子聚合物打碎、析出挥发分的过程，过程包括若干不同路径的一次、二次甚至高次反应，而且不同的反应路径得到的产物比例和成分也不同。热解产物呈现气、液、固三种形态，气体产物主要包括 CO_2、CO、CH_4、H_2 等永久性气体，热值可达 $15MJ/m^3$ 以上，可单独作为气体燃料使用。液态产物主要是生物质中的水分和未完全分解的大分子烃类化合物，常温下呈液态。固态产物是生物质析出挥发分后剩余的残炭类物质。在气化工艺中，热解是初始反应过程，而且随着反应的进行，原料持续不断地发生热解，热解产物则进一步发生氧化还原反应。

(3) 氧化层

氧化是一个放热过程，为气化的其他过程提供热量。由于干燥、热解和后面的还原过程都是吸热的，为维持这些反应的进行，必须提供足够的热量，通常采用的方式是向反应层提供空气（或氧气），通过部分燃烧释放热量。在氧化区，温度可达1000～1200℃，燃烧反应比较迅速。由于是限氧燃烧，氧气的供给是不充足的，因此不完全燃烧反应也会发生。同时，氧化层中仍会发生部分大分子的热解液态产物在高温下的进一步分解反应。氧化层发生的主要化学反应如下。

$$C+O_2 = CO_2$$
$$C+1/2O_2 = CO$$
$$CO+1/2O_2 = CO_2$$
$$H_2+1/2O_2 = H_2O$$

(4) 还原层

在固定床中,氧化层燃烧产生的气体进入还原区,进一步发生还原反应。燃烧产生的水蒸气和二氧化碳等与碳反应生成氢气和一氧化碳,这些气体和未参与燃烧的挥发分等形成了可燃气体并被排出反应区,从而完成了固体生物质原料向气体燃料的转变。还原过程发生的反应多为吸热反应,温度越高,反应越强烈。随着反应的进行,还原层的温度不断下降,因此反应速度也逐渐降低。还原层的温度一般为700~900℃,发生的主要反应如下:

$$C+H_2O = CO+H_2$$
$$C+CO_2 = 2CO$$
$$H_2O+CO = CO_2+H_2$$
$$C+2H_2 = CH_4$$

生物质气化的主要反应发生在氧化层和还原层,所以称氧化层和还原层为气化区,而热解层及干燥层则统称为燃料准备区或燃料预处理区。在实际操作中,上述四个区域没有明确边界,一个区域可以局部地渗入另一个区域,各过程是互相交错进行的。

由于反应的不彻底,气体产物中总是掺杂有生物质原料热解过程的部分大分子产物,如焦油、醋酸、醇类以及低分子的烃类化合物等,水蒸气及少量灰分也是不可避免的产物。

3.1.3 生物质气化方式

对于生物质气化过程的分类有多种形式。按照产品燃气热值的不同,可分为低热值燃气(燃气热值低于 $13MJ/m^3$)、中热值燃气、高热值燃气(燃气热值高于 $30MJ/m^3$)气化工艺;按照气化设备运行方式的不同,可分为固定床、流化床和旋转床气化工艺;按照气化剂的不同,可分为干馏(热解)气化、空气气化、氧气气化、水蒸气气化、水蒸气/空气气化和氢气气化等[8,9]。

(1) 干馏气化

属热解的一种特例,是指在缺氧或少量供氧的情况下,生物质进行干馏的过程(例如木材干馏)。主要产物为醋酸、甲醇、木焦油、木馏油、木炭和可燃气。可燃气的主要成分和产量与热解温度与加热速率有关,燃气热值一般可达到中热值水平。

(2) 空气气化

以空气作为气化剂的气化过程,空气中氧气与生物质中可燃组分发生氧化反应,提供气化过程中其他反应所需热量,并不需要额外提供热量,由于空气的易得性,空气气化是一种较为普遍、经济、设备简单且容易实现的气化形式。空气中含有78%的氮气，氮气一般不参与气化的反应过程，但氮气在气化过程中会吸收部分反应热，降低反应温度，并阻碍氧气的充分扩散，降低反应速率。同时，不参与反应的氮气稀释了生物质燃气的可燃组分，降低了燃气热值。在空气气化的生物质燃气中，氮气含量可高达50%，燃气热值一般为$5MJ/m^3$左右，属于低热值燃气，不适合采用管道进行长距离输送。

（3）氧气气化

以纯氧作为气化剂的气化过程中，如果合理地控制氧气供给量，即可保证气化反应所需的热量，不需要额外的热源，又可避免氧化反应生成过量的二氧化碳。同空气气化相比，由于没有氮气参与，氧气气化提高了反应温度和反应速度，缩小了反应空间，提高了热效率。同时，生物质燃气的热值也得到大幅度提高，可达到$15MJ/m^3$以上，可与城市煤气相当。但是，纯氧的生产需要耗费大量的能源，故纯氧气化不适于在小型的气化系统中应用。在工业应用中，可采用富氧气化的方式，即提高送入气化设备中的空气中的氧气含量，以获得较好的气化产品气体，同时又能降低制氧的成本。

（4）水蒸气气化

以水蒸气作为气化剂的气化过程中，水蒸气将直接与生物质热解产生的中间产物以及热解炭发生还原反应生成一氧化碳和氢气，一氧化碳与水蒸气还会发生变换反应，从而有利于氢气、一氧化碳以及甲烷等烃类化合物的生成，燃气热值也可达到$17\sim21MJ/m^3$，属于中热值燃气。水蒸气气化的主要反应是吸热反应，因此需要额外的热源，反应温度不能过高，技术操作比较复杂。

（5）水蒸气/空气气化

两种气化介质结合，主要用以克服空气气化产物热值低的缺点。理论上，水蒸气/空气气化比单独使用空气或水蒸气作为气化剂的方式减少了空气的供给量，并生成更多的氢气和烃类化合物，提高了燃气热值。同时，空气与生物质的氧化反应可以提供过程所需热量，因而可以不需要外加热系统。

（6）氢气气化

以氢气作为气化剂的气化过程，主要反应是氢气与固定碳及水蒸气之间发生反应而生成甲烷的过程，此反应可燃气热值可达$22\sim26MJ/m^3$，属于高热值燃气。氢气气化反应的条件极为严格，需要在高温高压下进行，且采用氢气为原料，成本较高，所以一般应用较少。

3.1.4 气化过程的主要指标参数

气化过程的主要参数涵盖设计参数、运行参数和指标参数等多种，主要包括当量比、气化强度、气体产率、气化效率等[9-11]。

（1）当量比

是指单位燃料在气化过程中所消耗的空气（氧气）数量与完全燃烧所需要的理

论空气（氧气）数量之比，通常用 ER 表示。当量比是气化过程的重要控制参数，现有工艺 ER 一般采用 0.25～0.33。

(2) 气化强度

是指单位时间单位横截面积上气化的原料量，以 kg/(m²·h) 表示，即

$$气化强度 = \frac{单位时间气化原料的量(kg/h)}{气化器横截面积(m^2)}$$

固定床气化炉的气化强度一般为 100～250kg/(m²·h)，而流化床气化炉的气化强度可达 2000kg/(m²·h)，可比固定床气化炉提高 10 倍左右。

(3) 气体产率

是指单位质量原料气化后所产生的气体燃料的体积，单位为 m^3/kg。气体产率可分为湿气体产率（包括水分在内的气体体积）和干气体产率。

(4) 气体热值

是指单位体积燃气所包含的化学能，单位为 kJ/m^3。生物质气化所产生的气体是由多种可燃物组成的混合气体，其热值计算方法为

$$LHV = \sum(x_i LHV_i)$$

式中　LHV——气体的低位热值；
　　　x——某种组分物质的体积百分比；
　　　i——某种组分物质的种类。

(5) 气化效率

又称冷煤气效率，是指单位固体燃料转换成气体燃料的化学能（热值）与固体燃料的热值之比，用 η 表示，即

$$\eta = \frac{冷煤气低位热值(kJ/m^3) \times 干冷煤气产率(m^3/kg)}{原料低位热值(kJ/kg)} \times 100\%$$

气化效率是衡量气化过程好坏的主要指标，国家行业标准一般要求气化装置的气化效率不低于 70%[12]。

(6) 碳转化率

是指固体生物质原料中的碳元素转化到气体燃料中的份额，即气体中碳质量与原料中碳质量的比值，用 η_c 表示，也是衡量气化效果的重要指标之一。

3.2　生物质气化装置

3.2.1　固定床气化炉

在固定床气化炉中，气化反应在一个相对静止的床层中进行，依次完成干燥、热

解、氧化和还原过程，最终将生物质原料转变成可燃气体。根据气化剂供给位置和经过燃料层的形式，固定床气化炉可分为上吸式、下吸式和横吸式等。

3.2.1.1 上吸式气化炉

（1）工作原理与反应过程

上吸式气化炉的结构和工作原理如图 3-3 所示。原料从上部加入，依靠重力向下移动，整个燃料层支撑在炉排上；气化剂从炉排下部进入，向上经过各反应层，燃气从上部排出。在上吸式气化炉中，气流与原料运行方向相反，所以也称逆流式气化炉。

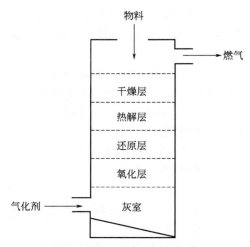

图 3-3 上吸式气化炉的结构和工作原理

上吸式气化炉发生的反应过程如下：加入炉膛后，原料与上行的燃气接触，首先吸收燃气的显热进行脱水干燥，并使燃气的温度降低到 100~300℃；干燥后的生物质原料进一步受热发生热解，原料中的挥发分大量析出，热分解产生的残炭进入下方的还原层；残炭与下部氧化层产生的二氧化碳和水蒸气发生还原反应，生成一氧化碳和氢气，在这一层几乎没有氧气的存在，而且随着反应的进行，温度不断降低；未反应完的残炭与下部通入的气化剂发生强烈的氧化反应，产生二氧化碳和水蒸气，并使温度迅速升高到 1000℃ 以上，释放出来的热量为其他各层的反应提供能量。

（2）上吸式气化炉的工艺特点

上吸式气化炉自上而下发生的反应依次为干燥、热解、还原和氧化，该工艺系统能量利用充分，气化效率较高。首先，氧化层在反应器的最底部，以还原后的残炭作为氧化区的燃料，与鼓入的新鲜空气充分燃烧，提供上部吸热反应所需能量，最大限度地利用了生物质中的碳源；同时，充分利用上行还原气体余热为原料干燥和热解提供能量，出口燃气的温度可降低到 300℃ 以下，减少了燃气带出热损失。上吸式气化炉产品燃气热值较高，原因是有较高热值的热解产物直接混入燃气中，提高了出口燃气热值。燃气带灰少，上部未反应原料层对上行燃气起到过滤作用，随燃气带出的飞灰少。上吸式气化炉内,气体与原料流动方向相反,气化剂由炉排下部直接鼓入,保证进气通畅,上行气流对料层有一定松动作用,气体通道阻力较小,气化炉压力损失小。同时,气化炉下部炉排受到灰渣层的保护和进风的冷却,工作条件较为温和,因此炉排工作可靠。

上吸式气化炉中,热解产生的焦油直接混入可燃气体,导致产品燃气中焦油含量较高,因此上吸式气化方式一般用于粗燃气不需净化冷却就可以直接使用的场合,例如直接作为锅炉或加热炉的燃料气。当需要使用清洁燃气的场合,可以使用木炭等焦油产量较小的原料。上吸式气化炉的加料也是需要考虑的难题,因为气化器的进料点正好是燃气出口的位置,为了防止燃气的泄漏,必须采取专门的加料措施。通常采用间歇加料的方式,将炉膛上部做得较大,能储存一段时间的用料,运行时将上部密闭,炉内原料用完后停炉加料。对于要求连续运行的场合,则需采用较复杂的进料装置。

3.2.1.2 下吸式气化炉

(1) 工作原理与反应过程

下吸式气化炉工作原理如图 3-4 所示。

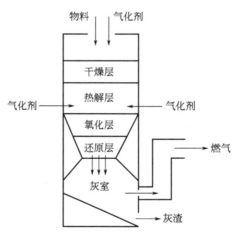

图 3-4 下吸式气化炉的工作原理与过程

生物质原料由上部加入,依靠重力逐渐由顶部移动到底部,灰渣由底部排出。气化剂在气化炉上部或中部的氧化层加入,燃气由反应层下部吸出。气流与原料均自上而下同方向流动,因此又称为顺流式气化炉。

下吸式气化炉发生的反应过程如下:原料自上而下分层完成水分脱除、热解,挥发分与炭的不完全燃烧和部分大分子挥发分物质的二次裂解、二氧化碳和水蒸气在剩余炭层与炭发生还原反应等过程,最终得到含一氧化碳、氢气、甲烷、二氧化碳和氮气的混合气体。下吸式气化炉中,热解产物随气流进入气化层继续参与后续氧化还原反应。下吸式气化工艺的最大特点是原料的干燥和热解产物全部通过氧化层参与二次反应,热解所产生的焦油等大分子物质将经过高温氧化区,一部分参与氧化反应，一部分在高温作用下发生二次裂解，转化为小分子气态可燃物，而水分则在该区域与残炭反应生成一氧化碳、氢气和二氧化碳。反应产生的高温燃气直接排出炉外。

(2) 下吸式气化炉工艺特点

下吸式气化炉中，热解产物通过炽热的氧化层而得到充分裂解，因此焦油含量比较低，在需要使用洁净燃气的场合得到更多的应用，如发电、供气等。下吸式气化炉的输气风机在气化炉的后部，气化炉内呈微负压，因此加料端不需要严格的密封，便于实现连续加料和运行中料层检查及过程调整等操作，这一特性对于秸秆类原料是非常重要的。因为秸秆类原料堆积密度很小，为其设计一个能容纳一定时间料量的炉膛是十分困难的，同时秸秆类原料自然堆积角过大，保证运行中反应层的稳定较为困难，连续加料和运行中搅动料层、消除架桥、空洞是维持松散物料在固定床气化炉稳定运行的重要操作手段。最后，下吸式气化炉结构简单，使用流动性好的原料时其运行稳定性较好。

下吸式气化炉的气化效率较低，原因是燃气离开气化炉的最后反应为还原反应，气体温度高、灰渣碳含量多，导致燃气带出热和灰渣碳损失均较上吸式气化炉大。气流与原料流动方向同为下行，因此燃气带灰多，如果不能在高温阶段将灰分移出，达到冷凝温度后，这些灰分就会与冷凝下来的焦油和水混在一起黏附在设备或管道内壁，影响系统正常运行。因此，虽然下吸式气化工艺所生产的燃气焦油含量比上吸式少，但由于焦油和灰同时存在，使得下吸式炉燃气净化成为应用的制约性问题。下吸式气化炉炉排工作条件恶劣，长时间工作于高温区而得不到冷空气保护，因此对炉排材质要求高。随着反应进行，固体产物体积收缩，强度降低，容易产生空洞、架桥，影响反应的稳定性，运行中需要拨火或选用密度高、流动性好的原料。最后，下吸式气化炉中，受下行气流作用，炉排上会形成一层相对致密的灰层，有些渣块还会卡在炉排空隙中或堆积在燃气流出通道中，减少流通面积，增加气体流动阻力，床层阻力大，能耗相应增大。

3.2.1.3 其他型式固定床气化炉

图 3-5 所示为横吸式固定床气化炉。

与上吸式、下吸式气化炉相同，横吸式气化炉生物质原料从气化炉顶部加入，灰分落入底部的灰室。

横吸式气化炉的特点是气化剂从气化炉的侧向进入，所产生的燃气从对侧排出，气体横向通过氧化层，在氧化层及还原层发生热化学反应。反应过程与其他固定床气化炉基本相同，但横吸式气化炉的反应温度很高，容易发生灰融化和结渣情况，因此多用于灰含量很低的生物质原料。

横吸式气化炉的一个主要特点是气化炉中存在一个高温燃烧区，即图中的氧化层。在高温燃烧区，温度可达 1000℃ 以上，因此热解反应非常迅速，可获得焦油含量极低的燃气。高温区的大小由进风喷嘴形状和进气速率决定，不宜过大或过小，以保证燃气质量和产量。

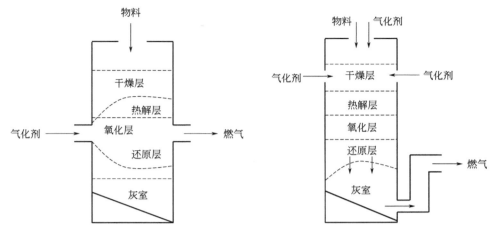

图 3-5 横吸式固定床气化炉工作原理　　图 3-6 开心式固定床气化炉工作原理

图 3-6 为开心式固定床气化炉示意，其结构及气化原理与下吸式气化炉类似，是下吸式气化炉的一种简化和特殊形式。开心式气化炉气化剂从顶部加入，但并不设置下吸式气化炉中的局部缩口或者喉管区，而是由转动炉栅代替了喉管区，主要反应在炉栅上部的燃烧区进行。因此该炉型结构简单，氧化还原层区域小，反应温度低，在我国多用于稻壳气化。

3.2.2　流化床气化炉

生物质流化床气化反应系统采用了流态化技术，具有很高的相间动量、热量和质量传递能力。流化床气化炉内布置有热床料，生物质的燃烧气化反应均在热床料床层中发生。当气化剂以一定的流速吹入床层，炉内的物料颗粒、床料和气化剂发生充分接触、均匀受热，在炉内形成"沸腾"状态，具有良好的混合特性和反应均匀性，气化反应速率高。流化床反应系统技术成熟，操作过程控制简单、可靠，可实现连续运行，因此适于较大规模的生产。

流化床气化炉多选用惰性材料（例如石英砂）作为流化介质，首先使用辅助燃料（如燃油或天然气）将床料加热，然后生物质进入流化床与气化剂进行气化反应，产生的焦油也可在床层内分解。生物质原料形状大多不规则，表面粗糙，容易聚团，不易流化。因此，进行生物质原料的单独流化，必须进行粉碎预处理或者选用本身粒径较小的生物质（如稻壳、木屑等），在较高气体流速下可满足流化要求。而在床料（合适粒径的砂子、煤灰等）的辅助流化作用下，生物质原料的尺寸及形状可以扩大到比较宽泛的范围，并且对床内气流速度的要求也可以降低。以稻壳为例，其单独流化及稻壳与石英砂以体积比 1∶1 混合的流化特性曲线如图 3-7 所示。可见，单纯稻壳的流化需要的风速范围为 1～1.4m/s，低于 1m/s 则不能流化，因为稻壳表面粗糙、多刺，风速较低时容易产生沟流和节涌。加入石英砂之后，稻壳的流化范围扩大为 0.5～1.4m/s，流化性能得到显著改善[9,13]。

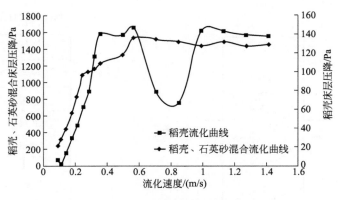

图 3-7 稻壳流化特性曲线

从形式上，流化床气化炉可分为鼓泡流化床气化炉、循环流化床气化炉、双床气化炉和携带床气化炉，前两种形式的气化炉应用较为广泛，而后两种气化炉将在后续章节介绍。

3.2.2.1 鼓泡流化床气化炉

鼓泡流化床气化炉结构如图 3-8 所示。

气化剂从流化床底部由鼓风机送入，经过底部布风板进入床层中与生物质颗粒发生气化反应，生成的生物燃气由气化炉顶部出口排出进入气体净化系统。鼓泡床气化炉流化速率较低，一般为 2~3 倍的临界流化速度到自由沉降速度范围内，适用于颗粒度较大的生物质原料，且一般情况下需使用石英砂等流化介质作为床料和热载体。由于其存在飞灰和炭颗粒夹带严重等问题，不适合小型气化系统，一般在大中型气化系统中应用。

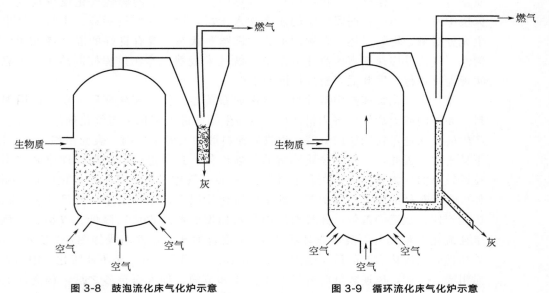

图 3-8 鼓泡流化床气化炉示意　　图 3-9 循环流化床气化炉示意

3.2.2.2 循环流化床气化炉

循环流化床与鼓泡流化床的主要区别在于采用了较高的流化速度,并在生物燃气排出口处设置有分离器,将气体中携带的颗粒物质返回流化床中,其结构示意如图 3-9 所示。

循环流化床的上升段流化速度较高,固体物料被速度大于物料颗粒终端速度的气流所流化,以颗粒团的形式上下运动,产生高度返混,使得产出的燃气中含有大量的固体颗粒(床料、炭颗粒、未反应完全的生物质原料等),经分离器(旋风分离器或袋式分离器等)分离后固体颗粒返回流化床,再次发生反应并保持气化床层密度,这样就可以获得较高的碳转化效率。循环流化床适用于颗粒较小的生物质,甚至特定状态下可以不需要床料而运行。

表 3-2 对应用最多的几种不同形式的气化炉的特性进行了比较。

表 3-2 不同形式气化炉的特性对比

特性	上吸式固定床	下吸式固定床	鼓泡流化床	循环流化床
原料适应性	适用不同形状尺寸原料,含水率 15%~45%	适应性较强,但一般要求流动性好的原料	原料适应性强,尺寸要求范围较大	一般要求细颗粒
燃气特性	焦油含量高,需复杂净化处理	焦油经高温区裂解,含量少,但带灰严重	焦油含量较少,燃气成分稳定	焦油含量少,气体热值高,飞灰量大
设备特点	结构简单,不适合连续运行	结构简单,气化效率受限	操作简单,气流速度受到限制,设备容积处理能力较低	生产强度高,单位容积生产能力大

3.2.3 气化装置的结构设计

3.2.3.1 气化炉设计中应考虑的因素

(1)原料理化特性

气化炉结构与工艺设计中,首先需要考虑所使用气化原料的物理化学性质,还要考虑燃气用途,不同的燃气用户对燃气热值、组分构成、杂质含量、供气连续性、稳定性以及供气温度等均有不同要求[9,14]。

在固定床气化炉中,原料的理化性质对炉内各反应层物料、气流速度、温度分布的均匀稳定性均有重要影响。物理性质包括堆积密度、形状、粒度、水分、流动性、焦炭机械强度、灰熔融性等,化学性质包括挥发分及灰分含量、反应活性等。与煤相比,生物质原料具有密度低、流动性差、挥发分高、热解后焦炭机械强度低且体积收缩明显等特点,这些因素对于实现稳定运行均能产生影响。例如,对于以简单粉碎秸秆为原料的气化炉设计,要考虑挥发分大量析出后秸秆体积迅速缩小,需及时填充空间才能阻断空气的穿透,而秸秆依靠重力向下流动的能力较差,因此连续的加料机构、合理的炉膛形状和必要的拨火方式都是不可缺少的。

(2) 燃气用途

生物质燃气的主要用途包括用作工业炉窑燃料、炊事燃气、发电用燃气和作为化工合成原料气等。用作工业炉窑燃料一般要求燃气具有较高热值，以满足工艺需要的燃烧温度，多数情况下可以采用热燃气直接燃烧，因此对燃气中焦油含量要求不高，可以选择上吸式气化、热燃气直接燃烧。此时，热燃气显热和燃气中的焦油都作为能量带入窑炉参与燃烧，能量利用率较高。用于炊事燃气时，要求热值稳定、焦油等杂质含量少、CO含量符合民用燃气规范，多采用下吸式间歇运行气化工艺。其优点是系统简单、启停及运行操作方便，适合集中供气规模应用。但是，由于运行时短，气化炉内很难达到满足焦油裂解的高温环境，燃气中焦油比较多，经常会影响用户使用。作为内燃机燃料发电时，则要求得到连续、稳定的燃气供应，燃气清洁并控制氢含量。因此，与发电系统匹配的气化系统，要保证能长时间稳定运行，能连续获得品质稳定的清洁燃气。气化系统必须考虑采用强化裂解手段以尽量减少焦油产出，减轻燃气净化难度。从连续稳定运行考虑，系统加料、除灰及过程控制，应尽量实现机械化和自动化。当用作化工合成原料气时，希望燃气中有效组分氢气和一氧化碳含量尽可能高，且两者比例满足要求，当采用氧气（富氧）＋水蒸气气化方式时，可得到总有效组分超过70%、氢碳比适宜的优质合成原料气。

(3) 燃气品质及热效率

气化过程的好坏通常用生成燃气的品质和热效率等指标来进行判断。气体的品质一般指气体中CO、H_2、CH_4等的含量，或者热值的大小。热效率一般指生成气体的热值与加入系统的总热量的比值。虽然气化指标与原料的理化特性、气化炉的结构有关，但主要还是取决于气化炉的结构尺寸和操作条件。气化炉的炉型确定之后，就要进行参数设计。

(4) 当量比

当量比是气化过程的重要参数之一。当量比大，说明气化过程消耗的氧量多，反应温度升高，有利于气化反应的进行，但燃烧的生物质比例增加，产生的二氧化碳量增加，气体质量下降。由于原料与气化方式的不同，实际运行中，最佳当量比控制在0.25~0.33之间，选定之后，就可根据气化剂的多少设计进风布风方式[15]。

(5) 反应温度

反应温度是影响气化指标好坏的最重要的参数。温度升高，有利于还原反应的进行，气体热值提高，但也带来一些不良后果，如热损失增加、材料的耐热性提高，甚至结焦。因此，炉内反应温度必须控制在燃料的灰熔点以下，一般而言，固定床气化炉的操作温度为800~1200℃。同时，还需要尽量保持料层温度的均一性，否则会因局部过热而造成结焦风险增大。料层温度不均一，与气化炉的设计、布风有关，也与加料、出灰等操作形式密切相关。

(6) 气流速度

在气化炉中气流速度应保持在一定范围内，对于固定床气化炉，根据燃料性质的不同，其气流速度为0.1~0.2m/s（以炉内的空床横断面计算）[15]。适当提高气化剂的进风速度,可以提高反应温度,增加气化强度,但气流速度过分增加,不但会增加燃料层的阻力及带出物损失,而且气流速度过快时,势必会相应减少气体与燃料的接触时间,从而使二氧化碳的还原作用变差。所以,在气化炉运行过程中应使气流速度控制在一个合理范围内。

3.2.3.2 固定床气化炉主要参数的选取

(1) 气化强度

气化强度即气化炉单位时间、单位横截面积上气化的原料量,选定了气化强度就可以确定气化炉的生产能力,即每小时的原料处理量。在整个反应过程中,还原区的反应速度是决定气化强度的主要影响因素。还原区总反应速度主要受化学反应速度控制,因此为了提高气化强度,应努力提高化学反应速度,如提高反应温度及反应物浓度等,但这些因素的提高又受限于原料的灰熔点,应综合考虑。固定床气化炉的气化强度一般可采用 $100\sim250kg/(m^2\cdot h)$[9]。

(2) 气化炉直径

选定了气化强度,即可计算出气化炉的直径。例如,假定每小时处理原料 600kg 的固定床气化炉,气化强度选为 $200kg/(m^2\cdot h)$,则炉膛的直径计算为:

$$\sqrt{\frac{600}{200}\times\frac{4}{\pi}}=1.95m$$

(3) 气化炉高度

气化炉炉体的高度为炉内各反应层的高度之和再加上灰室与出气腔的高度。在固定床下吸式气化炉中,干燥与热解热源来自下部氧化区的高温,主要依靠颗粒间和颗粒自身的导热,传热速度非常慢,因此干燥与热解主要发生在接近于氧化区很小的高度上,特别是在连续加料的气化炉中,和燃烧几乎同步进行,沿高度方向上没有明显的层次划分,燃烧区上部的空间更多用于储存原料,以保证燃烧区连续的燃料供应。在上吸式气化炉中,燃料干燥与热解所需热量一部分来自高温炭层的导热,大部分是通过高温燃气经过料层时气固间的对流换热和颗粒自身的导热。因此,气化过程中热传导的时间是制约干燥热解反应的主要因素,颗粒越大,热量传导过程越长,则干燥热解层的高度就需要越大一些。此外,原料水分含量越大,其干燥所需热量就越多,所需在炉内的停留时间就越长,因此原料水分也是影响干燥热解层高度的重要因素。通常当干燥热解层高度不够时,未经完全热分解的燃料进入气化层,就会影响气化层温度,进而影响水蒸气反应及二氧化碳的还原,最终造成气体品质的下降。实际设计中,干燥热解层高度的选择要根据气化炉直径、原料粒度、水分、挥发分等因素综合考虑。

氧化区发生的燃烧反应一般都处于扩散控制区,即化学反应速度大大超过了氧的扩散速度,燃烧进行得十分剧烈,以至于空气中的氧一达到碳的表面立刻就被消耗,碳表面气体中的氧含量几乎为零,因此氧化层厚度很小,一般只有 3~4 个原料颗粒的当量直径[15]。

还原层是以半焦为主组成的高温炭层,其性质比较单一,反应层高度主要取决于还原反应的速度，反应进行得越快，高度越小。其影响因素包括料层温度、半焦粒度、燃料反应活性等。实际生产中还原层的高度一般为 200～500mm。燃用木材的 Imbert 下吸式气化炉，喉口至炉排的高度为 200～500mm[15]。

灰室高度要根据气化炉规模、出灰形式、适宜的进、排气空间等综合考虑。

3.2.3.3 鼓泡流化床气化装置的设计

通常鼓泡流化床采用锥形设计方案，床层截面随高度而增大，气流存在着速率梯度。在一定的流量下，通过床层截面变化，使大小不同的颗粒都能在床层中流化，并使流化床轴向方向气速基本保持不变，有效降低了流化床中气流对炭粉的夹带，同时增加设备的操作弹性。气化炉一般采用钢结构，内部使用耐火绝热材料以应对高温环境。

(1) 流化床的结构设计

鼓泡流化床气化系统如图 3-10 所示，生物质原料由下部加料绞龙加入气化炉，气化介质通过位于底部的布风板进入气化炉。在气化炉的下、中、上部分设有温度、压力测点以监测运行状况并据此进行实时运行调整，产生的燃气及固体颗粒、灰分由上部引出气化炉。

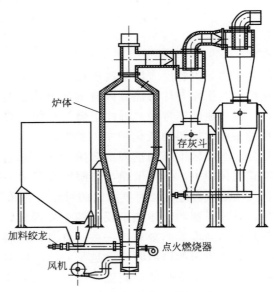

图 3-10 鼓泡流化床

在进行流化床气化炉设计时，首先需要分析原料颗粒尺寸分布、堆积密度、水分、灰分及灰熔点等基本理化数据，测定物料的临界流化速度（U_{mf}）以及携带速度（U_t），以针对性地确定操作工艺条件[13,16]。炉内气体的流动速度计算则需要考虑温度对气体膨胀的影响，利用温度系数 K 进行修正。

$$K = \frac{273+T_r}{273+T_{in}}$$

式中 T_r——炉内反应区温度；

T_{in}——进气温度。

通常气化炉底部气流速度设定为物料临界流化速度（U_{mf}）的 3~5 倍，流化床的床层计算直径取用锥形上下两端最大和最小直径的平均值。反应器上端有一扩大段，固体物料在沉降作用下与气相介质相分离，其流动速度需要小于颗粒的携带速度（U_t），锥形反应区和分离器的高度通过停留时间来确定。

流化床气化炉所需空气主要由底部布风系统提供，占总风量的 70% 以上。布风系统位于炉膛底部，由均压风室和布风板组成，见图 3-11。布风板由花板和风帽组成。

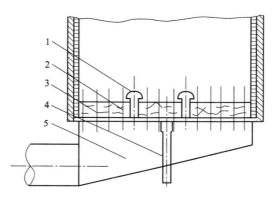

图 3-11 流化床布风系统

1—风帽； 2—隔热层； 3—花板； 4—冷渣管； 5—风室

作为重要的布风装置，布风板的作用有以下 3 个：

① 支撑静止燃料层，防止漏渣；

② 给通过布风板的气流以一定阻力，使风板具有均匀的气流速度分布，得到良好的流化工况；

③ 对通过布风板的气流形成一定的阻力，使进入炉膛的气体分布更加均匀，维持流化床层的稳定。

(2) 流化床气化炉运行参数设计

炉膛温度主要受炉内空气当量比影响，两者接近正比关系，所以调节气化温度也就是调节当量比[13]。当量比的调节首先必须确定加料量，鼓泡流化床的加料量可以根据生产需要在大范围内进行连续调节，但加料量不能超过设计能力太多，否则由于流化速度太快，气化炉内燃烧及热解过程可能不稳定，分离效果也会明显降低。在加料量确定之后，调节当量比及炉温就可通过改变空气量来实现。从实际运行经验来看，为达较好的气化效果，炉温最好在 800~900℃ 之间，当量比在 0.25 左右。如果因生产需要，处理量大于设计能力，可适当降低炉温，只要炉温不低于 600℃，气化炉都能正常工作。另外，如果采用农作物秸秆作为气化原料时，由于其灰渣的灰分熔点较低，容易发生床结渣而丧失流化功能，因此需严格控制运行温度，一般可控制在 700~850℃ 之间。

生物质鼓泡流化床一般都在微负压下运行，其压力大小取决于分离器及燃气输送管道的阻力以及引风机的能力。气化炉负压运行,可能从加料口处漏入空气,改变了原来设定的空气燃料比,这将导致气化反应发生变化,影响燃气品质。因此需要较严格控制炉内压力,避免负压太大,同时要使气化过程均匀,并避免炉内压力的波动。

3.2.3.4 循环流化床气化装置的设计

循环流化床与鼓泡流化床的最大差别在于炉内气流速度高,设置旋风分离器和返料器等外循环设备,实现未反应完全的物料的多次循环,提高气化效率。循环流化床和鼓泡流化床布风情况相似,因此重点介绍循环流化床在结构上的特殊设计。生物质循环流化床气化装置的结构参数主要包括床体直径、床体高度及加料、返料开口的位置3个方面,这些参数必须根据原料数据(如处理量、颗粒大小等)以及所选择的运行参数而定。

气化炉床体直径取决于处理量及流化速度。由于气化炉各部位温度不同,而且由于气化时气体生成量不断变化,所以流化速度一直处于变化之中。在设计时,对于以空气为气化剂的气化炉,直径可取燃烧区理论直径(D_1)和气化炉出口理论直径(D_2)的平均值,具体计算公式如下:

$$D=\frac{1}{2}(D_1+D_2)=\frac{1}{2}\times\left(878.34\sqrt{\frac{ER\times V\times G\times T_1}{O\times U}}+878.34\sqrt{\frac{ER\times V\times G\times T_2\times N_1}{N_2\times U\times O}}\right)$$

式中 ER——当量比,一般可取 0.25~0.3;
V——生物质完全燃烧所需氧气量,m^3/kg;
G——气化炉原料处理量,kg/h;
T_1——气化炉燃烧区温度,K,一般可取 1200K;
T_2——气化炉出口温度,K,一般可取 800K;
U——流化速度,m/s;
O——气化介质中氧气浓度,%;
N_1——气化介质中氮气浓度,%;
N_2——出口燃气中氮气浓度,%。

对于氧气气化,由于 D_1 与 D_2 相差很大,所以不宜采用平均直径。为保持炉内有相近的流化速度,气化炉在燃烧区可采用小直径 D_1,而在还原区可采用大直径 D_2,而加料口处于变直径的扩口之前,如图 3-12 所示。

气化炉的高度取决于炉内的气相停留时间及流化速度,气相有效停留时间一般从热解区起计算,直至气相产物离开反应器。所以,气化炉总高度可由下式确定:

$$H=H_0+Ut$$

式中 H_0——气化炉加料开口的高度;
U——流化速度;
t——气相停留时间。

加料开口及返料开口位置的设置应符合将热解反应安排在高温区并尽量减少热解气体与氧气发生反应的原则,加料位置应尽可能靠近燃烧区,但又不能与燃烧区

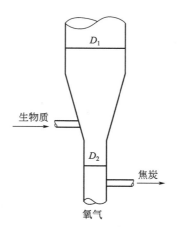

图 3-12 氧气气化变直径情况

重合，所以加料口最好处于氧气浓度接近零的位置。对于返料回流口，为了使炭燃烧迅速、完全，可以设置得较低，但由于气化炉底部有流化介质，回流口太低会导致回流控制较为困难，所以也有一个合适的高度。实际应用中，返料口可比加料口低 300～400mm，而加料口高度一般在布风板以上 300～500mm，如果生物质为颗粒燃料或者木块等密度较大的原料，加料口可以适当提高。

3.2.4 新型气化装置

3.2.4.1 两段式气化装置

传统的气化工艺，无论是固定床还是流化床，所产燃气中都含有一定量的焦油。焦油难以净化和处理，会导致用气设备和管道堵塞等问题，因此很大限度上限制了生物质气化技术的应用，焦油处理问题也成为行业公认的难题。基于固定床气化技术，针对燃气中的焦油问题，可采用两段式气化的方式，将生物质低温热解和高温气化两个过程分开进行。热解过程中产生的大分子焦油将在高温区充分裂解为低分子气体，从而减少燃气中携带的焦油，提高后续设备运行的稳定可靠性。

两段式气化工艺的基本流程为：生物质原料首先进入热解反应器，由外热源加热而发生热解反应；热解后的产物（包括热解气相产物和固相残炭）进入气化器，在燃烧区与空气发生强烈的氧化反应而使重烃类物质发生再次分解，裂解后的气体通过下部炙热的炭层，完成气化过程，产生的高温燃气经过简单净化冷却后即可满足用气要求。

典型的两段式气化技术是由丹麦技术大学[17]研发的（图 3-13），采用螺旋滚筒裂解器与下吸式固定床相结合，生物质首先在螺旋反应器内发生热解反应，热解产物进入固定床反应器内，并通入空气作为气化剂，在固定床内实现部分燃气的燃烧

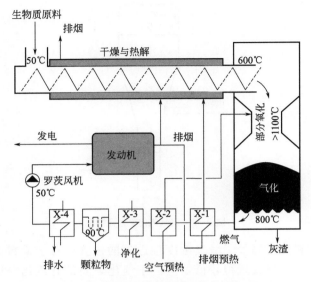

图 3-13 丹麦技术大学研发的两段式气化系统流程

以产生高温,从而使焦油发生深度的裂解转化,最终获取的焦油浓度甚至可以降低到 $5mg/m^3$ 的水平。

类似的两段式气化装置在国内也进行了验证。中科院广州能源研究所在两段式固定床气化装置上进行了试验,如图 3-14 所示,验证了当量比、富氧浓度和水蒸气对于燃气组分和焦油产率的影响[18]。

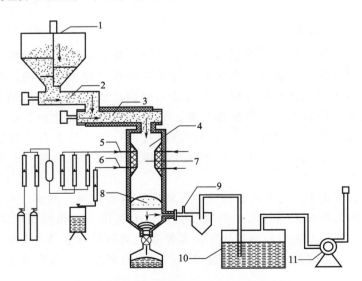

图 3-14 中科院广州能源研究所两段式固定床气化装置

1—储料仓; 2—螺旋加料器; 3—裂解炉; 4—气化炉; 5—富氧空气进口; 6—蒸汽入口;
7—热电偶; 8—炭层; 9—采样位置; 10—冷却水箱; 11—排气扇

上海交通大学研制的60kW两段式气化装置,通过调整空气当量比,燃气品质和焦油产量均得到有效的改善[19]。山东省科学院能源研究所对此进行了相关研究,利用两步法气化技术建成了发电功率200kW的示范装置,如图3-15所示,其基本原理同样是螺旋热解器热解与下吸式固定床相配合[20]。

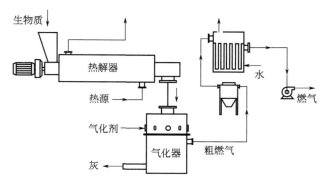

图3-15 山东省科学院能源研究所两步法气化装置

与传统固定床气化工艺相比,两段式气化装置将热解和气化两个阶段分离,燃烧过程也与热解过程分开,可以更加方便有效地组织热解产物的燃烧,形成均匀稳定的高温环境,保证重质烃类化合物的深度裂解,降低焦油产生,还可避免因反应不均而造成的局部结焦现象。焦油的裂解,一方面是靠部分燃气燃烧所释放的高温;另一方面是焦油通过半焦气化层时发生的部分催化分解反应来降低焦油产量,因此在提高燃气品质上具有明显效果。

质地疏松、外形杂乱的生物质经过热解过程以后,形成的热解炭产物的堆积密度和流动性比原始生物质原料有较大改善,热解产物可以较容易地通过燃烧区而进入还原反应区,形成稳定的燃烧、还原环境,克服了传统固定床因架桥、空洞而产生的反应不稳定现象。干燥热解过程中的原料可以方便地采用机械推进式,大大提高了原料的适应性,也避免了生物质原料下料不畅现象。

运行实践表明,两段式气化装置由于热解气化分步进行,反应过程均匀稳定,通过强化裂解后产生的燃气,焦油含量明显降低,经过旋风除尘和布袋过滤后,燃气中焦油等杂质总含量低于20mg/m³,符合常规用气要求[20]。但是,螺旋式或者固定床的热解器,由于受结构的限制,其放大应用较为困难,因此两段式的气化装置用于生物质的大规模利用时将受到一定的限制。

3.2.4.2 双流化床气化装置

双流化床气化装置由气化炉和半焦燃烧炉组成,并通过循环灰进行耦合,图3-16为双流化床气化过程的基本原理[21]。

双流化床气化炉包括两个互相联通的流化床,一个吸热的气化室和一个放热的燃烧室,将生物质的干燥、热解、气化与燃烧过程进行解耦。在气化过程中,生物质加入气化炉中,吸收高温循环灰的热量并进行热分解和气化反应,生成的燃气送入燃气净化系统,同时热解反应中未转化为气态的半焦及循环灰被输送到燃烧炉,半焦在其中发生氧化燃烧反应，释放出热量使床层温度升高并重新加热循环灰，而高温循环灰将被循环返回到气化炉，作为气化反应所需要的热源。

因此，循环灰是双流化床的热载体，将燃烧炉内产生的热量供给气化炉，实现装置的自热平衡。同时，热解气化所得燃气与燃烧所产生烟气是分离的，避免了烟气对气化反应生成燃气的影响，从而提高了燃气品质。双流化床气化装置的碳转化率也较高，其运行方式与循环流化床类似，不同的是气化炉反应器的流化介质是被另外设置的燃烧炉所加热。

系统的能量平衡是双流化床系统稳定运行的关键，其能量平衡分析如图3-17所示。

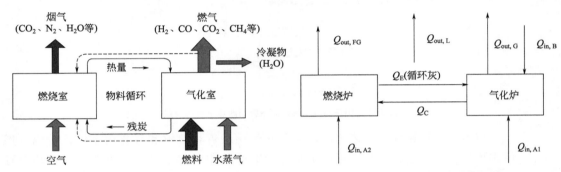

图3-16　双流化床气化过程的基本原理　　　图3-17　双流化床系统能量平衡

对于整个系统，存在以下平衡关系：

$$Q_{in,B}+Q_{in,A1}+Q_{in,A2}=Q_{out,G}+Q_{out,FG}+Q_{out,L}$$

式中　$Q_{in,B}$——生物质的化学能；

　　　$Q_{in,A1}$——气化炉给风的化学能；

　　　$Q_{in,A2}$——燃烧炉给风的化学能；

　　　$Q_{out,G}$——气化炉生成燃气的热量（包括化学能和显热）；

　　　$Q_{out,FG}$——燃烧炉生成烟气的热量（包括化学能和显热）；

　　　$Q_{out,L}$——系统能量损失（包括热损失和不完全燃烧损失）。

半焦燃烧是放热反应，而气化炉中热分解是吸热反应，因此必须遵守：

$$Q_C>Q_G+Q_{out,G2}+Q_{out,FG2}+Q_{out,L}$$

式中　Q_G——热解反应所需热量；

　　　Q_C——固定碳燃烧释放热量；

　　　$Q_{out,G2}$——燃气显热；

　　　$Q_{out,FG2}$——烟气显热；

　　　$Q_{out,L}$——能量损失。

利用烟气和燃气的显热来预热空气以减少气体的热损失，通过外壁和管路保温来降低热量耗散。在理想条件下，满足$Q_C>Q_G$就可以实现系统能量平衡。

目前世界许多研究机构都对双流化床生物质气化进行了研究，并形成了不同的炉型结构。Battelle型流化床是美国Columbus Battelle研究中心于1992年开发的，其采用两个相互连接的外循环流化床分别实现水蒸气气化和燃烧过程，采用高温砂子作为循环热载体。美国国家可再生能源实验室应用 Battelle 双流化床技术进行了煤-生物质流化床高压联合气化的研究，并在 Berlinton 电站建立了气化发电技术示范工厂且运行良好，其气化装置如图 3-18 所示。

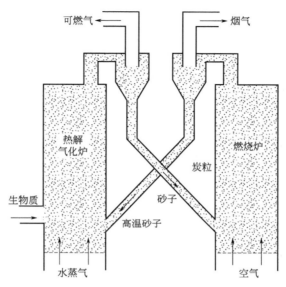

图 3-18 Battelle 型双循环流化床

奥地利维也纳工业大学 Hofbauer 等对双流化床生物质气化技术进行了一系列理论和实验研究，并于 2002 年在澳大利亚建立了工业化实验装置[22]，如图 3-19 所示。其采用鼓泡流化床作为气化反应器，而采用高速床作为燃烧器，燃烧产生的高温循环灰从上部返回气化器，研究者还研究了利用水蒸气气化进行产合成气的研究。

日本 Takahiro Murakami 等设计的双流化床气化炉装置与维也纳工业大学提出的反应装置类似，主要不同之处在于燃烧室出来的高温床料经分离后直接送入气化室底部。Xu 等研究者提出了两段式双流化床气化装置（T-DFBG），如图 3-20 所示[23]。该装置主要采用两段式气化器代替鼓泡流化床气化装置，其下段反应情形类似鼓泡流化床，而上段主要作用是浓缩下段产生的产品气并抑制可能发生的燃料颗粒扬析，以提高气化效率并降低产品气中焦油含量。

双流化床气化系统的优点是产品气纯度、氢气含量以及热值（标准状态）（通常为 $12\sim15MJ/m^3$）都较高，但从系统构成来看，双流化床结构比鼓泡流化床和循环流化床复杂很多，这也造成了系统启动和操作困难。由于需要实现燃烧炉向气化炉传递热量，两个反应装置之间必须要有一定的稳定的循环量。通常燃烧炉温度在 850~1100℃ 之间，燃烧生物质类原料时如果操作不当易发生结焦。另外，双流化床系统的技术要求和研究成本都较高，技术的成熟性和经济可行性都是需要在发展中进一步解决的问题。

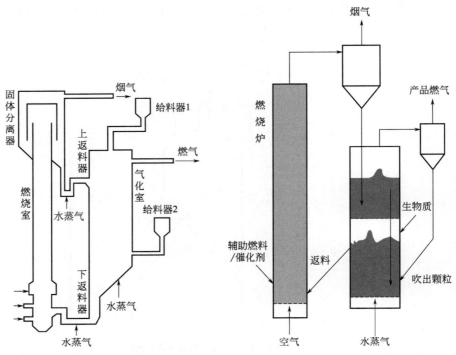

图 3-19 维也纳工业大学双流化床气化装置　　图 3-20 两段式双流化床气化装置

3.2.4.3 气流床气化装置

气流床（或称携带床气化炉），是流化床气化炉的一种特例，其不使用惰性床料作为流化介质，而是由气化剂直接吹动生物质一起流动、反应，属于气力输送的一种形式。该类型气化炉要求原料被粉碎成细小颗粒，以便气流携带以及快速反应。气流床气化中，气化剂（氧气和水蒸气）携带着细小的燃料颗粒，通过特殊设计的喷嘴喷入炉膛。由于燃料颗粒很小，能够分散悬浮于高速气流中，形成良好的扩散条件，床层的压降大大减少。在高温辐射作用下，细颗粒燃料与氧气接触，瞬间着火、迅速燃烧，产生大量热量，同时固体颗粒快速完成热解、气化，转化成以含 CO 和 H_2 为主的合成气及熔渣。由于反应非常迅速，气化炉运行温度可高达 1100~1300℃，产出气体中焦油成分及冷凝物含量很低。气流床气化具有并流运动的特点，气化过程向着反应物浓度降低的方向进行，由于反应过程温度较高，反应基本受扩散过程控制，同时由于燃料颗粒较小，因此碳转化率很高，甚至可达 100%。通常情况下，气流床气化过程所需热量由燃料自身的燃烧反应提供，属于自热式反应系统。气流床气化反应温度高，因此多采用液态排渣，而且气流床气化通常在加压（通常 20~50bar，1bar=10^5Pa，下同）和纯氧条件下运行。

目前气流床在煤气化方面已经有多项工程应用案例，但在生物质气化方面仍处于起步阶段。国外主要有德国科林公司（CHOREN）开发的 CARBO-V 系统（图 3-21）和荷兰 BTG 的实验系统，另外荷兰能源研究中心（ECN）以及意大利比萨大学等研究机构也进行了生物质气流床实验室与中试研究。CARBO-V 系统生物质气化技术现在已被德国林德（Linde）公司收购，是一套先进的生物质气流床气化装置，气化效率达到 80% 以上，产出的燃气几乎不含焦油，排出的熔渣适合用作建筑材料。气化过程分为三段：第一段为预处理（400~500℃），木质原料经旋转搅拌后混合均匀、干燥到 15% 含水率以下，然后气化成挥发分和半焦；第二段为部分氧化（1200~1500℃），挥发分进入反应室顶部，在氧气中部分燃烧生成高于灰渣熔融温度的高温以分解焦油等大分子物质；第三段为化学淬火（700~900℃），半焦研碎后吹入气流床中部，发生吸热反应生成燃气，反应剩余的半焦被从燃气中移除，和挥发分一起送入第二段的高温燃烧室，灰分在燃烧室内壁形成熔融保护层，玻璃状的灰渣从燃烧室底部排出。该系统 1MW 的中试装置已能够生产费托合成液体燃料产品，后期建设了 50MW 的半工业化生物燃油系统。

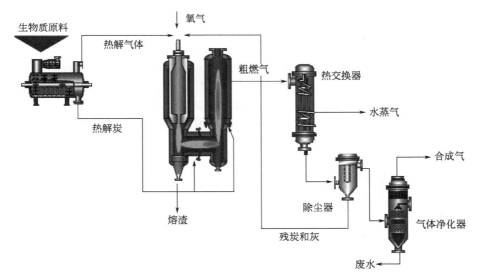

图 3-21 CARBO-V 生物质气化系统

国内生物质气流床气化技术还处于实验室阶段，主要报道的有浙江大学、大连理工大学、华东理工大学等设计的下行床式反应器，进行了生物质气流床气化的初步实验和理论分析、过程模拟，研究了温度、生物质颗粒等因素对气化的影响，同时对灰熔融特性和原料的预处理及加料装置进行设计和分析[24]。

气流床气化作为一种高温气化技术，气化效率和碳转化率都非常高，代表了生物质气化的发展方向，但目前技术难度仍然很大。气流床所产高温燃气的显热必须进行高效回收以维持气化炉的高温，需要庞大的余热回收装置。另外，气化炉的材质、加工质量要求也会高于普通的气化方式。

3.3 生物质气化发电产业化应用

3.3.1 技术产业应用情况

从20世纪80年代开始,世界范围内生物质气化发电应用获得了持续的增长。早期主要利用上吸式固定床气化炉和下吸式固定床气化炉,规模大都比较小,用途主要是发电和供热。由于下吸式固定床气化炉产气焦油含量相对较低,所以在发电方面逐渐占据了主流地位。近年来,随着应用规模和范围的扩大,大中型的气化发电系统更多地采用了流化床气化方式,原料适应性好,而且工艺容易放大。随着技术的进步,气化发电工艺装备水平和应用规模都得到了长足发展,建设了一大批商业或示范性工程。体现生物质气化高水平循环的生物质整体气化联合循环发电(IGCC)也在世界范围内建设了多个示范性的应用,但由于系统运行要求和成本较高,大部分都已经停止运行。我国国内早期发展了一批稻壳气化发电的工程,用于碾米厂废料处理和自用电,取得了良好效果,后期在一系列国家科技计划项目和相关激励政策的支持下,中小规模的生物质气化发电在技术和应用方面都取得了长足发展,发电装置装机容量从几十千瓦到兆瓦级,气化装置主要采用下吸式固定床气化炉和流化床气化炉,并建设了大批工程应用。

3.3.1.1 固定床气化发电

国内外研究机构针对固定床气化技术做了大量研究及改进工作,取得了实质性进展,对生物质气化发电产业推广应用起到了重大的推动作用。但由于固定床本身结构的限制,其更适合中小规模的分散式发电应用,而且后期也向着热电气联产的方向发展,更为灵活地满足分散式能源的需求。

丹麦科技大学基于研究Viking两段式固定床气化技术,通过对技术的集成,建立了75kW的中试示范,并进行了2000h的示范应用,证实该气化技术基本可以实现焦油的脱除转化,生物质气化发电的综合效率为25%[17]。

丹麦Harboore生物质气化热电联产工程,由Babcock & Wilcox Vølund公司负责建成,原料处理能力为1.2t/h(干基)。气化系统采用5200kW_{th}上吸式气化炉,气化炉直径2.5m,炉高约8m,配备旋转炉排和水封,炉顶安装慢速旋转的叶轮以控制进料和调节负荷。气化介质为加热到150℃的空气,气化炉出口粗燃气通过换热器降温到45℃,除掉大部分焦油和灰尘颗粒后再通过静电除尘器,将焦油和颗粒物含量降低到25mg/m^3以下,然后送入内燃发电机。发电机组满负荷运行情况下,净化系统每小时排出1.2t废水,经油水分离器分离后获得100kg热值为27MJ/m^3的重质焦油,可用于锅炉燃烧或者重新进入气化炉进行气化。回收重质焦油后剩余的废水则采用TARWATC工艺进行进一步净化,获得一部分轻质焦油和剩余废水,轻质焦油可重新进入气化系统进行气化，而剩余废水中苯酚含量低于 $0.15mg/m^3$、总有机碳（TOC）浓度低于 $15mg/L$，pH 值为 $6.9\sim7.0$，满足环保排放要求。燃气发电采用 2 台颜巴赫（Jenbacher）公司的 320GS $768kW_e$ 内燃发电机组，电力输出为 $1400kW_e$，发电效率 28%，热电联产热力输出 $3400kW_{th}$，热效率 65%，总效率 93%。

高邮市林源科技开发有限公司建设了 4MW 高效生物质固定床气化发电工艺产业化成套技术及装备，项目以单炉产气量大于 $5000m^3/h$ 的规模化成型生物质固定床气化技术为核心，组合了焦油催化裂解、高效电捕除焦、冷凝酚水回用和深度脱硫脱氯等高新燃气生产净化技术，结合多套内燃发电机组，成功实现了生物质燃气的净化和高效燃气发电。工程年需生物质燃料约 30000t，项目实施在利用农作物秸秆的同时，可以把燃烧后的草木灰返还给农民作肥料，实现秸秆的循环利用。

山东省科学院能源研究所设计建设了 200kW 两步法生物质气化发电示范工程，并以此为基础建设了 500kW 固定床生物质气化多能联供系统示范，如图 3-22 所示。系统由气化炉、废热锅炉、燃气净化系统、燃气发电机组及余热利用系统组成。采用的气化装置为固定床式气化炉，结合了上吸式和下吸式气化炉的优点，使用高温蓄热室将燃气加热到 1000℃ 左右，使其中的焦油在高温下分解为小分子可燃气体。使用空气作为气化介质处理生物质原料，产生的原生燃气中焦油的含量（标准态）小于 $20mg/m^3$，燃气热值（标准态）为 $4.5\sim5.0MJ/m^3$，系统能量转化率 $>80\%$，气化灰渣中含碳量 $<25\%$[25]。

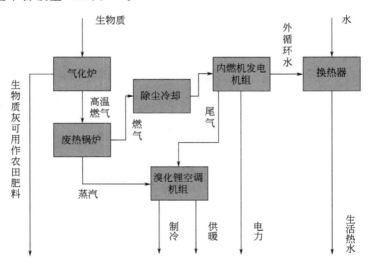

图 3-22　生物质气化多能联供系统流程简图

高温燃气排出气化炉后进入废热锅炉换热，产生蒸汽。初步冷却的燃气经除尘净化和进一步冷却后进入内燃机，驱动发电机组产生电力。由内燃机排出的高温烟气与废热锅炉产生的蒸汽进入双热源空调机组，冬季供暖，夏天制冷，而内燃机外循环冷却水所带出的热量可以为周边提供生活热水。产生的燃气除发电外，还可通过管道输出作为炊事燃气使用。系统消耗秸秆约 4000t/a，具备为 $5000m^2$ 的建筑提供炊事燃气供应、采暖和制冷的能力，并可对外供应 9t/h 的生活热水。该系统通过余热梯级利用,实现冷、热、电、气的联产联供,大大提高了系统的整体能源利用率,形成了一种基于小区域自产生物质资源的多种能源供应模式。

通过集成连续运行的下吸式固定床生物质气化系统、无污染燃气净化系统及气化发电系统等多种先进技术,黑龙江美溪建设了固定床气化气热电联产示范工程。工程项目配备 $1200m^3/h$ 产气量气化机组2套,$1000m^3$ 干式储气柜,500kW 发电机组,并配套生物质成型加工生产线和生物质直燃锅炉,年产生物质燃气 $49\times10^4m^3$,解决了当地林区林业废弃物的综合利用问题,在提供电力的同时,为当地300余户居民提供炊事用气及冬季供暖。

甘肃山丹 200kW 气电联供示范工程是 2005 年由亚洲开发银行与国家发改委合作建设的可再生清洁能源支援项目。项目采用 JQ-C900 下吸式固定床气化机组和 B6250ML1 燃气内燃发电机,主要原料以当地丰富的油菜秆资源为主,发电功率 200kW,同时接入农户 320 户,为其提供清洁炊事燃气,主输气管网 1.6km。示范工程每年消耗秸秆近 2000t,年可运行 4800h,年净发电 8×10^5 kW·h。

3.3.1.2 流化床气化发电

(1) 国外流化床气化发电示范工程

鼓泡流化床的研究、开发和制造机构较多,比较著名的有 Carbona(奥地利、芬兰)、Foster Wheeler(美国、芬兰)、Energy Products of Idaho(EPI,美国)、Enerkem(加拿大)、Iowa State University(美国)和 ThermoChem Recovery International(TRI,美国)等。各家流化床气化工艺介绍见表 3-3。

表 3-3 生物质鼓泡流化床气化工艺介绍

名称	工艺类型及特征	原料
Carbona	Renugas;加压、氧气/水蒸气气化	以木质颗粒和木片为主,并在 GTI 试验了其他多种原料
Foster Wheeler	Ecogas;常压、空气/水蒸气气化	包装废料、MSW 和 RDF
Energy Products of Idaho(EPI)	加压、氧气/水蒸气气化	木屑、工业和农业废弃物、污泥,还可利用 RDF、MSW 等
Enerkem	Biosyn;加压、空气/氧气气化	中试装置使用了 20 种原料,主要为木料和废弃物;未来工程可使用 RDF 或 MSW
Iowa State University	BECON;常压、水蒸气气化、间接间歇式加热	木屑、废弃的玉米种子、柳枝稷草、玉米秸秆和其他废弃物
ThermoChem Recovery International(TRI)	PluseEnhanced;常压、水蒸气气化、间接加热(燃气部分燃烧)	造纸黑液和林业废弃物

Carbona 公司主要进行生物质气化利用系统的研发和生产,注册的 Renugas 专利气化工艺最初由美国燃气技术学会(Gas Technology Institute,GTI)开发。1993 年在芬兰的 Tampere 建立了规模(干吨)为 72t/d 的示范工程,工作压力 20 bar,以不同的生物质废弃物为原料,并对高温过滤净化进行了评测以应用于整体气化联

合循环，稳定运行超过 2000h。美国夏威夷 Maui 示范工程规模（干吨）达 84t/d，以蔗渣为原料，采用高压空气气化和高温过滤手段，但因遇到严重的进料问题而于 1997 年关闭。2005 年 GTI 在伊利诺伊州的 Des Plaines 完成规模为 24t/d 的多原料试验装置，此平台能以鼓泡床 BFB 或循环流化床 CFB 形态进行生物质气化或燃烧，运行压力可达 25bar（$1bar=10^5Pa$，下同），几乎能处理所有类型的含碳原料；Carbona 在丹麦 Skive 建设 100~150t/d 的低压（0.5~2bar）鼓泡流化床气化系统，采用石灰石床料和焦油催化裂解，利用 $3×2MW_e$ 带余热回收的燃气内燃机和 $2×10MW_{th}$ 燃气锅炉进行热电联产，以木质颗粒和木屑为燃料，发电净效率 28%，系统总效率 87%（LHV）。系统实现全自动化运行，负荷可在 50%~130% 之间调节，年运行时间达 8000h，寿命大于 15 年[26]。

Foster Wheeler 公司拥有的鼓泡流化床技术为 Ecogas 气化工艺，在芬兰的 Varkaus 建立了 $15MW_{th}$ 的示范工程，以一个液体包装回收公司回收的废料为原料，气化燃气进入蒸汽锅炉燃烧发电。因废料主要成分为聚乙烯塑料，含有 10%~15% 的铝箔，铝成分容易导致锅炉受热面积灰，普通的锅炉无法适应，这是一个需要解决的问题。该技术于 2001 年建立了第一个商业化工程，规模为废弃物处理量（干吨）82t/d，以蒸汽/空气为气化介质进行常压气化，气化炉输出为 $40MW_{th}$，系统发电净效率可达 40%，并且每天可回收 5.7t 铝。

生物质循环流化床气化炉在国外发达国家为主要应用方式，比固定床的应用规模大，而且技术也比较成熟。生产厂家主要包括 Foster Wheeler（美国、芬兰）、VTT（芬兰）、CUTEC Institute（德国）、Fraunhofer Umsicht（德国）等[26,27]。Foster Wheeler 公司从 20 世纪 80 年代起就开发 CFB 技术（此时为前身 Alhstrom），其第一个商业化气化炉应用在纸浆和造纸行业，利用 $17~35MW_{th}$ 废木料气化燃气替代石灰窑所需要的燃油；1993 年，Sydkraft Ab 采用该公司的 CFB 技术在瑞典 Värnamo 建设 IGCC 示范工程（$9MW_{th}+6MW_e$），加压 CFB 气化炉稳定运行约 8500h，整个 IGCC 系统运行超过 3600h，验证了生物质增压气化和高温烟气净化系统的可行性，得到了一些宝贵的运行经验。在示范工程运行中出现了冷却器的沉灰和结垢问题，实验表明使用 MgO 作床料和底灰再循环方式可以有效地解决问题。先期系统采用陶瓷管式过滤器，在运行 1200h 左右后由于机械应力出现陶瓷管破碎，1998 年改用金属管式过滤器，正常运行达 2500h，可以有效地过滤飞灰和重焦油。通过对燃气轮机的燃烧室、燃烧器和空气压缩机进行改造，所生产的低热值燃气（$3.4~4.2MJ/m^3$）能稳定燃烧，燃气轮机可以在 40%~100% 负荷下稳定运行，但低负荷运行 CO 排放量较大。由于经济性原因，该项目于 2000 年停产，2005 年因欧盟 CHRISGAS 项目而重新启动，升级为水蒸气/氧气气化、高温过滤、催化重整制备生物燃料系统。

1997 年，Foster Wheeler 在芬兰的 Lahti 建设了生物质气化混燃项目，利用各类生物质和回收燃料进行气化，气化燃气不经净化直接输入煤粉锅炉与煤混燃。气化炉在 $40~70MW_{th}$ 负荷下稳定运行超过 30000h，系统可用性超过 97%。2002 年，又建设了 $45~86MW_{th}$ 的比利时 Electrabel Ruien 气化混燃发电项目。Foster Wheeler 公司的 CFB 气化技术和设备具备较强的燃料适应性，目前已应用于木屑、树皮、木粉、废木料、RDF、塑料、枕木和废轮胎等的气化，能使用湿度为 20%～60% 的原料[26,27]。

芬兰国家技术研究中心（VTT）从 20 世纪 80 年代开始进行生物质气化的研究，在循环流化床气化方面积累了丰富的设计和运行经验，并与 Foster Wheeler 公司有着较多合作，包括合作完成的 Varkuas 工程。2004 年起，芬兰开始实施 UCG 计划（Ultra Clean Gas development program），目的是优化气化、燃气净化和重整过程，以提供能满足多种用途的燃气，包括费托燃料、合成天然气、氢气和甲醇等。计划将气化技术商业化分成三个阶段实现，分别是第一阶段的 $500kW_{th}$ 实验装置、第二阶段的 $50MW_{th}$ 气化系统用于石灰窑、第三阶段的 $200～3000MW_{th}$ 费托柴油工程示范。VTT 领头实施了 UCG 计划，主要进行了加压、氧气、水蒸气气化测试，试验了多种林业废弃物和副产物，也可以使用能源植物、RDF 和泥煤等为原料，以提供能满足多用途的生物质燃气。

德国弗劳恩霍夫协会、克劳斯环境技术研究所（CUTEC）等也都在循环流化床气化方面进行了多年的开发。CUTEC 开发了 Artfuel 工艺，采用循环流化床技术进行常压、氧气/水蒸气气化，主要以木屑、木片和成型颗粒为原料，并于 2008 年完成了 2.7t/d 处理量的中试装置，气化装置功率 $400kW_{th}$。

(2) 国内流化床气化发电示范工程

与发达国家相比，我国目前在生物质流化床气化技术和装备开发方面相对滞后，特别在实际应用方面相对较少，但该技术已成为今后技术发展的趋势。20 世纪 90 年代中科院广州能源研究所成功开发了第一台循环流化床气化炉，并先后应用于湛江、三亚及武夷山的木材加工厂，处理细小木屑及砂光粉尘。循环流化床生物质气化装置生产强度突破了 $2000kg/(m^3 \cdot h)$，比传统的固定床气化炉提高了 10 倍左右，并且气体热值提高了 40%，并使气化炉的操作实现了长期连续运行，为生物质气化的大规模应用奠定了基础。广州能源研究所研究开发的中小型生物质气化发电成套设备已应用于 20 多个生物质气化发电项目，并出口到泰国、缅甸、老挝等国。中小型生物质流化床气化发电系统发电规模为 200～1200kW，发电效率 16%～20%，年运行时间可达 6000h/a，长期运行平均负荷为设计容量的 85%。在江苏兴化开发建设了当时国内最大的 $5.5MW_e$ 生物质气化-蒸汽整体联合循环示范电站，为我国生物质气化发电的发展提供了宝贵经验。

中国林业科学研究院林产化学工业研究所对锥形流化床生物质热解气化发电成套技术和设备进行技术研究与集成，利用技术成果进行了推广应用，建成安徽 800kW 锥形流化床生物质热解气化发电示范工程。工程利用企业的稻壳废弃物资源发电自给，并出售生物质炭，既解决稻壳废弃物的出路，又节省了用电成本，生物质炭销售增加了收入，经济效益和社会效益明显。通过技术成果推广应用，共建成 400～3000kW 规模生物质热解气化发电工程 10 余套，技术成套装置实现出口。

3.3.2 生物质气化发电机组

生物质气化燃气普遍热值较低,且可能含有较大量杂质,燃气发电设备需要针对生物质燃气的特点、利用规模等而采用不同的燃烧方式。目前,生物质气化燃气发电采用的发动机机组主要是内燃机和燃气轮机[28]。

(1) 内燃机发电机组。

气体内燃机是最常用的生物质气化发电设备,适应生物质气化一般规模较小、灵活分散的特点,而且内燃机技术成熟,适用性强。目前国内外大部分的中小规模生物质气化发电系统均采用内燃机作为动力机,根据利用规模的大小而采用一台到多台内燃机构成机组。生物质燃气内燃发动机可以由发动机厂家根据生物质燃气的特点和燃烧特性进行专门研制,也可以在柴油机、汽油机或天然气发动机等成熟机型上改装,主要包括对燃料供给系统、配气机构、点火控制系统和燃烧系统的改装。点火系统的设计必须根据燃气成分和热值等特点进行调整,同时还需要解决因燃气热值较低而引起的内燃机组出力降低、含氢气量高而可能引起的爆燃、焦油以及灰分含量的影响以及排烟温度过高和效率低等问题。目前,专门针对生物质气化燃气而开发的内燃机发电机组仍较为薄弱,同时产品单机功率主要在几百千瓦的数量级,更大功率的专门针对生物质燃气的机组缺乏定型产品。

(2) 燃气轮机发电机组

燃气轮机发电机组更加适于大功率的燃气发电。生物质燃气热值低,其燃烧温度和发电效率将受到限制,而且需要处理的燃气体积大,压缩困难,从而进一步降低了发电效率。生物质燃气中杂质含量偏高,特别是含有碱金属、卤素化合物等腐蚀性成分,对于燃气轮机的转速和材料都提出了更高要求,也要求燃气净化达到较高水平。目前,专门针对生物质燃气而开发的燃气轮机机组还较为少见,常规的天然气燃气轮机机组用于生物质燃气,需要进行针对性的改造,调整燃气轮机的运行工况点使燃气压缩机与透平的通流能力相匹配,同时通过对燃料喷嘴、燃烧室喷嘴布置等进行相应调整,以实现低热值燃气的高效燃烧。

(3) 燃气蒸汽联合循环发电机组

采用内燃机或者燃气轮机燃烧后,生物质燃气燃烧尾气仍具有较高温度,发电机组具有大量的余热可以利用。同时,生物质气化炉出门的燃气一般也具有600℃以上的高温,所以通过余热锅炉、过热器等设备将这部分气化燃气显热和燃气发电设备余热重新回收利用,生产高温水蒸气,再利用蒸汽循环进行发电,这样就可以构成燃气蒸汽联合循环,从而实现更高的发电或热电联产效率。瑞典Varnamo曾建立了最早的生物质整体气化联合循环发电系统并进行了成功的示范,发电效率提升到35%以上[29],其工艺流程如图3-23所示。

由于效率方面的优势,生物质整体气化联合循环发电方式被普遍认为是非常有前景的生物质发电利用方式,美国、奥地利、瑞典和丹麦等也建立了类似的示范项目,但由于工程投资、规模以及经济性等方面的问题,生物质整体气化联合循环发电技术的大范围商业化推广仍需时日。

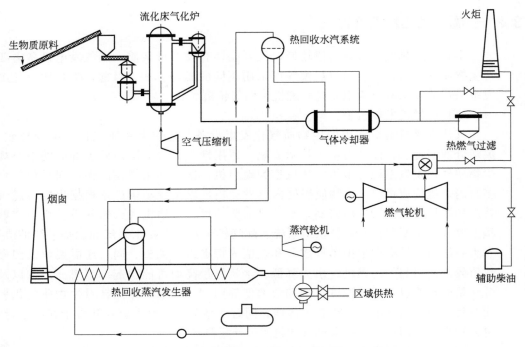

图 3-23 生物质整体气化联合循环示范项目工艺流程

3.3.3 产业应用面临的挑战

3.3.3.1 技术方面

  生物质气化发电具有配置灵活性强、投资少、建设周期短等优点,但生物质气化用于发电尚处于推广的初级阶段,提升气化效率、降低燃气净化成本、开发配套大功率发电机是该项技术当前面临的主要技术挑战。气化发电站的规模较小,产品单一,国家政策支持力度不够,使得气化发电项目整体经济效益不高,持续稳定运行受到挑战[25,30]。

  (1) 原料预处理

  由于生物质资源种类繁多,分布分散,生物质原料的收集与处理是影响生物质发电经济性的关键之一。开发有效的生物质原料预处理设备,如大功率、低能耗的生物质粉碎装置和成型装置,将是生物质有效进行热化学转化必须首要解决的问题。目前,国外颗粒成型能耗为 30~60kW·h/t,国内一般为 60~70kW·h/t,有待进一步改进。国内对成型机理和高效装备研究较为薄弱,成型机大多由饲料成型机改进而来,设备效率、能耗以及模具寿命方面都具有很大的提升空间。

  (2) 焦油裂解与燃气净化

  生物质的热解气化过程会产生大量的焦油物质,不同的热解气化工艺产生的焦油量差别较大。例如下吸式固定床气化炉产生的燃气中焦油含量一般在 $1g/m^3$ 数量级水平，原因是气化燃气流经高温的氧化层，使得焦油发生深度分解；上吸式固定床气化炉则相反，燃气流经未反应的生物质原料层而降温，所以焦油含量高，一般在 $100g/m^3$ 数量级水平，而流化床气化炉所产生燃气中焦油含量则相对适中，一般在 $10g/m^3$ 数量级水平。焦油是多种生物质热分解大分子产物的混合物，成分非常复杂，在降低温度条件下形成黏稠液体，易于附着在管道和设备壁面上，形成堵塞和腐蚀，并对下游的用气设备如燃气机等安全运行产生影响。焦油的存在还大大降低了燃气的利用价值，而且造成燃烧废气中微细灰尘颗粒物数量增多，这种微细颗粒物对人体健康和大气能见度都有一定影响。用通常的洗涤、冷却、过滤方法去除焦油效果有限，并可能产生二次污染问题，这个问题一直是气化技术的难点。针对焦油处理和燃气净化问题，后期研究了多种新型技术，包括催化裂解、化学吸收以及化学链重整等，但由于技术成熟度、工艺成本以及二次污染等问题，目前尚未产业化应用。采用经济、高效的工艺来制取低焦油含量的燃气用于发电，是生物质气化技术应解决的重点问题[31,32]。

生物质气化器出口粗燃气中除含有焦油外，还含有灰分和水分。粗燃气直接使用，会影响设备的稳定运行，因此必须进行净化处理。离开气化器的粗燃气温度一般还具有较高的温度，在进行燃气净化的同时还要将燃气冷却到常温以便于燃气输送。利用燃气的降温过程合理地组织燃气净化工艺，是能否得到洁净燃气的关键。一般采用在燃气温度显著下降前先脱除灰尘，然后逐步脱除焦油的流程。目前应用的生物质燃气净化处理方法见表 3-4[31,32]。目前的工程应用中，中小型气化发电设备大部分采用水洗净化的方式，净化效率低，并可能影响发电机组运行；净化水中含有灰分和焦油等有害物质，排放之前需进行无害化处理，并尽可能循环使用。

表 3-4　燃气处理方法特点及工程应用

焦油处理方法	特点		工程应用
	优点	缺点	
旋风分离	设备简单，操作方便，成本低廉	气化燃气流速要求严格，只对粒径较大的焦油颗粒（$100\mu m$）有效	用于中小型气化设备气化燃气的初级净化
湿式净化	结构简单，操作方便，成本低廉	液体回收及循环设备庞大；焦油废水造成二次污染；大量焦油不能利用，造成能源损失；焦油粒子直径要求严格，气化效率降低	目前国内气化工程多采用多级湿法联合除焦油方法，多用于气化燃气初级净化
干式净化	无二次污染；分离净化效果好且稳定，对 $0.1\sim1\mu m$ 微粒有效捕集	气化燃气流速不能过高，焦油沉积严重，黏附焦油的滤料难以处理；存在一定的能源损失	采用多级过滤，与其他净化装置联合使用，用于气化燃气终级处理

续表

焦油处理方法	特点		工程应用
	优点	缺点	
高温热解	充分利用焦油所含能量,提高气化效率;无二次污染	热解温度高(1000~1200℃),对气化设备要求较高	有发展潜力的焦油脱除方法,工程中可加入水蒸气以降低焦油含量
催化裂解	降低裂解温度(750~900℃),提高气化效率,充分利用焦油所含能量,无二次污染	催化剂的使用增加了气化燃气成本;催化剂的添加温度控制严格,气化工艺要求高	目前最有效、先进的方法,在大中型气化炉中逐渐被采用
电捕焦与水洗结合净化	除焦效率高,对于粗煤气的净化效率高达99%以上	设备庞大而复杂,运行成本较高,燃气含氧量超标时易引起安全问题,对燃气氧含量要求严格;对生物质气化系统稳定性要求严格;深度净化,仍需在后续采取水洗方式,产生酚水需要处理	气化发电站使用该技术较多,产品燃气品质较高
化学溶剂净化	焦油去除率可达99%以上,无任何二次污染,溶剂循环利用并可实现无动力自然再生,系统运行费用低	溶剂不易筛选,价格较为昂贵,对溶剂回收技术要求较高	已在全国几十处应用,效果良好

(3) 气化产品的利用

由于气化发电站的规模相对较小,发电产品单一,使得气化发电项目整体经济效益不高。通过热电联产的方式,根据需求灵活调整供热和供电的比例,可以提升发电站的运营经济性,这也符合生物质能利用分布式的特点,是生物质气化发电的发展趋势。另外,近年来国内生物质气化产业也在积极探索新的产业模式,特别是通过生物质气化进行发电、供热、供燃气、供冷以及生物炭产品的多联产模式,根据不同季节、区域的具体市场需求,调整气化生产工艺和特定产品,实现经济效益的优化和气化发电站的长期运转。生物质热解气化产生的副产物固体炭,是冶金、化工和民用领域良好的炭材料的原料,可以提升气化过程的经济价值,但采用不同的气化工艺,炭材料产物的产量和品质差异较大,因此炭材料产品的开发还要综合气化工艺和产业模式进行考虑。

(4) 气化炉结构优化设计及系统耦合

气化炉的结构和系统工艺对生物质气化系统的优劣起到决定性的作用,研究开发高效的设备结构和工艺路线,形成稳定、可靠的设备并优化发电系统各单元设备的耦合,对气化发电系统来讲亦是需重点考虑的因素。农林生物质气化及发电技术发展的时间不长,产业化运行的经验还较为缺乏,生物质气化发电系统各项单元技术或系统间缺乏必要和有机的集成,大多没有经过扩大试验或中间试验,未能很好地进行工程化开发,产业化成熟度难以保证。利用现有技术,研究开发经济上可行、效率较高的气化发电设备的高效集成和控制技术,是关系到生物质发电系统效率和经济性的关键。

3.3.3.2 生物质原料方面

随着发电站持续运行，对原材料的需求量加大，农林废弃物作为发电原料的成本也会随之增长。生物质气化电站对原材料的需求是持续的，而农作物的收获季节则集中在某一时段，具有明显的季节性特征，因此会造成原材料供需的矛盾。生物质原料具有易燃易腐的特点，造成了原料储存困难的问题。因此，尽管生物质电厂社会效益和环境效益极佳，但对国内大部分生物质发电企业来说，经济效益却不容乐观。需要详细考虑合理收购燃料、解决季节性、天气等原因所引起的生物质燃料供应不稳定、设备利用小时数降低、发电量偏低、燃料成本上涨、设备运行维护成本高、发电单位成本偏高等问题。据研究，生物质气化发电站中，原料收集处理的成本占到发电成本的50%以上，原料的稳定供应和成本控制对于整个电站的经济运行至关重要[28]。相比而言，分散式的生物质发电模式可能更适合生物质气化发电，其对于原材料的收集模式、运输、储存等方面的压力相对降低，但仍需要通过更为准确可靠的技术经济分析来确定更为合理的规模和模式。

3.3.3.3 产业发展模式方面

我国生物质气化发电产业的发展已初具规模，从农业废弃物、工业废弃物以及城市垃圾处理的角度，环保企业、政府部门、投资机构等均对生物质气化发电行业表现出较大的开发兴趣，在建或已兴建了多项气化发电项目，装机容量从几百千瓦到最大的6MW。但是，气化发电仍处于产业化初期阶段，气化发电站单位投资强度较大，与电网或周边用户的连接等相关配套设施不完善，而且产业链还需进一步完善，如人才支撑不够、配套的机械制造、原材料物流配送等行业还未形成、成熟的发电产品市场尚未建立等。生物质气化发电项目普遍规模较小，发电成本相对较高，相比于常规火力发电，产业竞争力较弱，但是目前生物质发电项目的立项建设、运营所采用的审批程序以及管理要求等都缺乏足够的政策倾斜。

目前生物质发电产业的技术工艺标准、设备生产标准尚未建立，缺乏统一的施工规范与规程；产业技术及装备水平参差不齐，面临市场不良竞争的挑战，将影响生物质发电产业的健康发展。国家和地方政府对可再生能源发电有一定的政策支持，但这些扶持政策还不够细化、明确，产业市场缺乏监督与引导，地方政府和管理部门实际操作仍有提升空间。单位发电成本较高，受技术、资金、环境及安全等问题的影响，规模效益体现不出来，探索生物质发电的多元化商业模式将是发展的重点及挑战。

参考文献

[1] 陈冠益，马文超，颜蓓蓓. 生物质废物资源综合利用技术. 北京：化学工业出版

社，2015.
- [2] 李大中. 生物质发电技术与系统. 北京：中国电力出版社，2014.
- [3] 吴创之，马隆龙. 生物质能现代化利用技术. 北京：化学工业出版社，2003.
- [4] 刘立新. 生物质气化技术的研究进展. 中国水运，2013，13（3）：74-75.
- [5] 刘晓，李永玲. 生物质发电技术. 北京：中国电力出版社，2015.
- [6] 日本能源学会. 生物质与生物能源的技术手册. 北京：化学工业出版社，2007.
- [7] 朱锡锋，陆强. 生物质热解原理与技术. 北京：科学出版社，2014.
- [8] 田宜水，姚向君. 生物质能资源清洁转化利用技术第二版. 北京：化学工业出版社，2014.
- [9] 孙立，张晓东. 生物质热解气化原理与技术. 北京：化学工业出版社，2013.
- [10] 杨学圃. 发生炉气与水煤气工学. 北京：石油工业出版社，1957.
- [11] 毛燕东. 固定床中生物质气化过程研究. 天津：天津大学，2008.
- [12] NY/T 443—2001.
- [13] 岑可法，倪明江，骆仲泱，等. 循环流化床锅炉理论设计与运行. 北京：中国电力出版社，1998.
- [14] 马隆龙，吴创之，孙立. 生物质气化技术及其应用. 北京：化学工业出版社，2003.
- [15] Thomas B. Reed, Agua Das. Handbook of Biomass Downdraft Gasifier Engine Systems. Golden: The Biomass Energy Foundation Press, 1998.
- [16] 刘仁平. 秸秆燃烧结渣特性及碱金属迁移规律研究. 南京：东南大学，2008.
- [17] Ulrik Henriksen, Jesper Ahrenfeldt, Torben Kvist Jensen, et al. The design construction and operation of a 75kW two-stage gasifier. Energy, 2006, 31（10-11）: 1542-1553.
- [18] 苏德仁，黄艳琴，周肇秋，等. 两段式固定床富氧-水蒸气气化实验研究. 燃料化学学报，2011，39（8）：595-599.
- [19] 陈亮，苏毅，陈炜，等. 两段式秸秆气化炉中当量比对气化特性的影响. 中国电机工程学报，2009，29：102-107.
- [20] 闫桂焕，孙荣峰，许敏，等. 生物质固定床两步法气化技术. 农业机械学报，2010，41（4）：101-104.
- [21] 王晓明，肖显斌，刘吉，等. 双流化床生物质气化炉研究进展. 化工进展，2015，34（1）：26-31.
- [22] Stefan Kern, Christoph Pfeifer, Hermann Hofbauer. Gasification of wood in a dual fluidized bed gasifier: Influence of fuel feeding on process performance. Chemical Engineering Science, 2013, 90: 284-298.
- [23] Guangwen Xu, Takahiro Murakami, Toshiyuki Suda, et al. Two-stage dual fluidized bed gasification: its conception and application to biomass. Fuel Processing Technology, 2009, 90: 137-144.
- [24] 张巍巍. 生物质气流床气化的工艺与工程研究. 上海：华东理工大学，2008.
- [25] 孙立，张晓东. 生物质发电产业化技术. 北京：化学工业出版社，2011.
- [26] E4Tech. Review of Technologies for Gasification of Biomass and Wastes Final report. NNFCC project 09/008 2009.
- [27] Babu S P. Observations on the current status of biomass gasification. IEA Task 33: Thermal Gasification of Biomass, 2005.
- [28] 边炳鑫，赵由才，乔艳云. 农业固体废物的处理与综合利用. 北京：化学工业出版社，2018.

[29] Krister Ståhl, Magnus Neergaard, IGCC power plant for biomass utilisation, Värnamo, Sweden, Biomass and Bioenergy, 1998, 15（3）: 205-211.

[30] 贾敬敦，马隆龙，蒋丹平，等. 生物质能源产业科技创新发展战略，北京：化学工业出版社，2014.

[31] J. J. Hernández, R. Ballesteros, G. Aranda. Characterisation of tars from biomass gasification: Effect of the operating conditions. Energy, 2013, 50（1）: 333-342.

[32] 杨玉琼，梁杰，宣俊. 生物质焦油处理方法的国内研究现状及发展. 化工进展，2011, 30: 411-413.

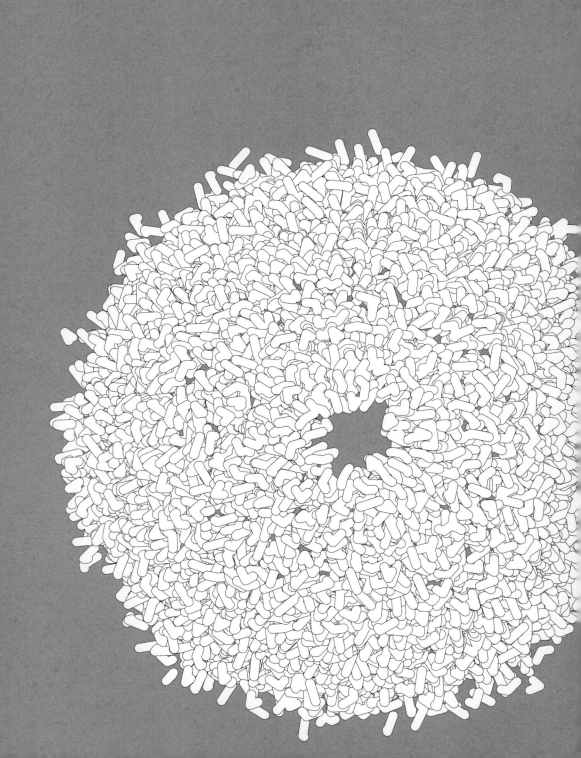

第 4 章

生物质氢能发电技术

4.1 生物质氢能发电概述

4.2 生物质制氢技术

4.3 生物质氢能发电系统

参考文献

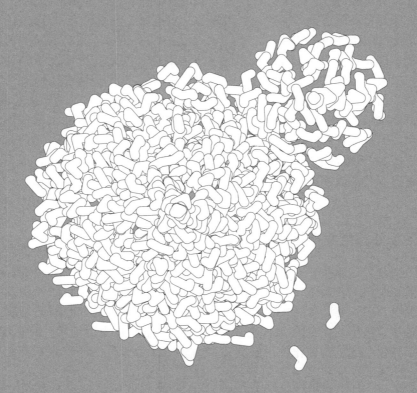

4.1 生物质氢能发电概述

4.1.1 氢与氢能

化学元素氢（H，Hydrogen），位于元素周期表中第一位，是所有原子中最小的。氢通常以氢气（H_2）的单质形态存在，氢气是无色无味、极易燃烧的双原子气体，也是密度最小的气体。氢气因具有高挥发性、高能量含量等而常用作能源，同时在工业生产中应用广泛，如用于氨和化肥生产、金属焊接、汽油精炼、食品加工等。氢气已普遍被认为是未来清洁能源的首选，是人类最希望获得的二次能源载体[1]。

作为能源利用，氢气首先具有安全环保的优势。氢气分子量是空气的约1/14，因此氢气泄漏于空气中会自动逃离地面，不会形成聚集，而其他燃油燃气均会聚集于地面而构成易燃易爆危险。氢气无味无毒，不会造成生命体中毒。氢能来源于水，燃烧后又还原成水，不会造成环境污染。氢气燃烧高温高能，1kg氢气的燃烧放热量为143MJ，是汽油的3倍。氢氧焰温度可高达2800℃，且火焰挺直，热损失小，利用效率高。氢气是活性气体催化剂，可以与空气混合方式加入固体、液体、气体燃料的燃烧过程而起到催化作用，加速反应过程，提高焰温，促进完全燃烧。同时，氢气具有还原特性，工业过程中已经实现了各种原料的加氢精炼。

氢能是高效清洁的能源，但氢能的大规模商业应用还受到一定的限制。

① 缺乏廉价的制氢技术。因为氢是一种二次能源，其制取需要消耗大量的一次能源，例如目前工业上常规应用的水电解制氢、天然气甲烷重整制氢、甲醇重整制氢、煤炭气化制氢等，均是以消耗大量化石能源为代价，而且目前制氢效率还普遍较低，因此寻求大规模的廉价制氢技术是氢能产业应用首先要解决的重要问题。

② 缺乏安全可靠的储氢和输氢方法。氢气是性质非常活泼的气体，具有易燃易爆和易扩散等特点，压缩或者液化都需要高能耗，高密度储运目前还都存在障碍。

③ 缺乏高效率的氢能转化利用技术和设备，包括燃料电池、氢发动机等大都处于研发或者商用前期阶段，这也是当前氢能领域研发和产业化的热点。

4.1.2 生物质氢能发电基本方式

随着氢气制备、安全储运技术以及电能变换与控制技术的不断发展和日趋成熟，氢能发电技术获得了更为广泛的应用，并终将导致能源领域的一场革命。生物质氢能发电，即主要以生物质为原料制取氢气，并与高效的氢能利用系统进行结合发电的过程。从生物质原料制备氢气，通常以农林废弃物、垃圾、有机废水等为原料，采用热化学或生物转化方法将上述生物质转换为氢气。从资源本身的属性来说，生物质是能量和氢的双重载体，生物质自身的能量足以将其含有的氢分解出来，合理的工艺还可利用多余能量额外分解水，得到更多的氢。因此，从原料和能量利用的角度，生物质产氢和氢能发电是环境友好型的清洁能源生产技术[1]。

氢能发电系统的类型主要包括燃料电池发电、氢直接燃烧产生蒸汽发电以及氢直接作为燃料通过燃气机发电等，其中以燃料电池发电为最为有效的利用方式，其主要是通过燃料电池内部的电化学反应把氢气所含的能量直接、连续地转换成电能。目前关于燃料电池的基础研究较多，适用于商业化操作的燃料电池系统也在研发之中。燃料电池具有高能量转化效率、反应过程清洁无污染、稳定性和灵活性好等优势，可以实现连续供电，并可针对不同用户需求而采取灵活的分布式供电等模式。近年来研发并商业化的质子交换膜燃料电池（PEMFC）发电系统，具有工作温度低、无烟气排放、伪装性能优良等特点，因此在国防、人防和民用领域都有极高的应用价值。

氢直接燃烧产生蒸汽发电，利用氢气和氧气以一定比例配合直接燃烧，组成氢氧发电机组，最高燃烧温度可达 2800℃，再配以水的稀释以增加热流量并降低温度，使之适于汽轮机的需要，带动发电机组发电。这种方式，不需要复杂的锅炉系统，系统灵活简单，效率高，正在开发在航空航天领域的应用。以氢直接作为燃料通过燃气机发电，是在内燃机以及燃气轮机等燃气机中利用氢气为燃料，直接带动发电机发电，可以采用全部氢气燃料的方式，也可采用将氢气以一定的较小比例加入汽柴油中作为内燃机燃料的方式。这两种氢能发电方式目前都具有一些相关的研究，但距离产业化应用还尚需时日[1,2]。

利用生物质制备氢气，并与高效的燃料电池发电系统结合，实现高效率、绿色的电力生产。不仅可以实现农林废弃物、垃圾等可再生资源的清洁有效利用，避免了大规模收集储存的费用，还可以缓解电力供应紧张、实现分布式供电等问题，提高电力供应能力与用电安全性，对国民经济的发展与社会稳定具有重要意义[3]。

4.2 生物质制氢技术

生物质制氢即采用热化学或生物方法将生物质进行分解转化生成富含氢气的气体，然后经过后续的净化、变换等工艺而得到高纯度氢气的过程。生物质制氢技术因原料来源广泛、反应过程污染物排放低等特点引起国内外学者的重视，也成为未来解决氢能产业氢源瓶颈的重要选择。热化学法制氢和生物法制氢两类方法又可采用不同的技术路线。

4.2.1　生物质热化学法制氢

生物质热化学制氢方法主要包括气化法、热解法、超临界法、热解油重整法等。

4.2.1.1　生物质气化制氢

生物质气化制氢是利用高温将生物质分解，同时加入水蒸气、氧气等气化介质参与分解反应，进而氧化生物质分解产物得到含氢气和一氧化碳较多的混合气体，然后进行水煤气变换反应得到高浓度氢气的过程。

常用的生物质气化介质主要包括空气、氧气和水蒸气。采用不同的气化介质，所得到的燃气组成与焦油含量均不同。空气作为气化介质，因氮气的存在导致燃气体积增大，后续氢气提纯难度较大；氧气作为气化介质，需增加空分装置，投入成本加大；水蒸气作为气化介质，可为反应提供氢源，但需要同时加入空气或者氧气提供过程所需能量。

生物质气化过程中会产生大量难以被利用的焦油，而在气化过程中加入催化剂可以促进焦油转化，提高气体转化率，并提高能量利用效率。对于气化过程所使用的催化剂，目前使用较多的有天然矿石类催化剂（白云石、石灰石、橄榄石等）、镍基催化剂、碱金属催化剂和生物质炭催化剂等[3]。其中，白云石、石灰石等天然矿石类催化剂因廉价易得而得到广泛研究和应用，例如 Xie 等在循环流化床上进行了白云石和石灰岩（主要成分为方解石）作用于生物质气化过程的实验研究，结果发现这两种天然钙基催化剂均对轻烃重整反应有很好的催化作用，并且在 860℃时能显著提高产气品质和产品燃气中的 H_2 含量[4]。橄榄石是一种铁镁硅酸盐矿物质，具有较高机械强度，并具有较好的焦油分解和轻烃重整催化活性，适于流化床反应器体系使用。镍基催化剂对于焦油裂解具有高催化活性，并能够重整生物质气化燃气中的甲烷，因此可以方便地调整气化燃气中氢气与一氧化碳的比例，是一种高效的催化材料，但是镍基催化剂在生物质气化的环境下非常容易失活，影响催化剂寿命且成本较高。碱金属催化剂一般存在于生物质原料之中或者外源加入，其能有效减少焦油和甲烷含量，但存在难以回收以及价格昂贵的问题。生物质炭是生物质气化过程中产生的一种副产物，其对于气化过程也具有一定的催化效果，也是近年来研究较多的领域。

生物质气化装置可以分为固定床、移动床、循环流化床等，气化装置不同，加热方式、操作参数如温度、压力、停留时间等也不同，故所得气体组成存在巨大差异[4-6]，详细内容可参见本书第 3 章相关内容。以获得富氢气体为目的，研究者提出了多种气化制氢工艺，并进行了实验室和工业化验证。与常规的生物质气化工艺不同，气化制氢工艺更为注重氢气产率的提高和其他气体组分和杂质含量的降低。一般做法是，在固定床或者流化床气化装置的下游设置催化重整反应器，利用催化剂和水蒸气的作用实现气化产物气体的重整和焦油等大分子组分的分解转化，再利用进一步的水煤气变换反应进一步提高氢气的产量和在混合气体中的含量。也有研究者提出，将催化剂和水蒸气直接加入流化床气化反应器中，实现气化过程中的重整和燃气组分调整，获得高的氢气产量[6,7]。

图 4-1 为较为典型的生物质气化制氢工艺流程。

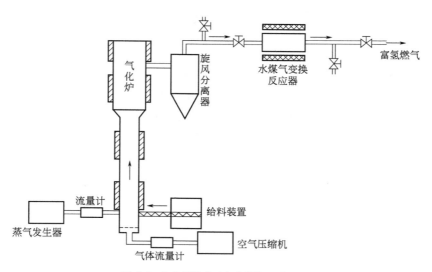

图 4-1　生物质流化床气化制氢工艺流程

双流化床气化工艺也是一种非常适于制氢的工艺。由于双流化床气化中，生物质的气化过程和燃料的燃烧供能过程是分离的，氮气和二氧化碳对于气化燃气的影响小，所以可以获得高氢气含量的产品气体。为了提高氢气产量，可以在气化反应器中以水蒸气作为气化介质，并辅之以适当的催化剂作用，就可以获得氢气含量60%以上的富氢气体，具体过程可参见第3章相关内容。

需要特别指出的是，近年来通过气化过程中 CO_2 分离实现高氢气产出的吸收强化制氢工艺得到了广泛研究[7,8]，即在气化过程中利用氧化钙等 CO_2 吸收材料将 CO_2 从气化反应体系中分离出去，因为化学平衡的推动，促进了从 CO、CH_4 等向 H_2 的转化，从而促进 H_2 的产生并提高了燃气的富氢程度。同时，氧化钙吸收剂的加入也有利于生物质热解气化过程中焦油类大分子转化为小分子气体，并对气化过程的热量平衡有正面作用。德国的斯图加特太阳能和氢能研究中心、日本产业技术研究院等机构提出的生物质气化制取富氢气体的工艺方案即采用了类似思路，如图 4-2 所示[8-10]，采用了煅烧白云石作 CO_2 吸收剂来吸收蒸汽气化产生的 CO_2，在内循环流化床和固定床中的实验结果表明，产品气中氢气含量最高可达 67.5%，而 CO_2 和 CO 含量分别降低为 3.3% 和 0.3%。

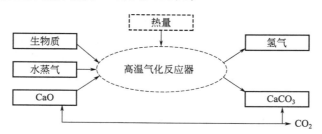

图 4-2　CO_2 吸收强化的生物质气化制氢工艺

HyPr-RING 工艺即为一种采用此种理念所开发的制氢工艺，氧化钙与水首先反应生成氢氧化钙，在气化过程中氢氧化钙作为吸收剂将二氧化碳固定为碳酸钙，并且该二氧化碳吸收反应为放热反应，供给气化过程所需要的热量。碳酸钙和生物质气化所产生的焦炭进入煅烧反应器，焦炭燃烧产生 900℃ 以上的高温，将碳酸钙重新分解为氧化钙并循环回气化反应器，气化过程所产生的气体含有高的氢气含量和低的二氧化碳含量。在该工艺过程中，利用煤和生物质气化可以获得氢气含量超过 90% 的富氢气体，能量效率也比较高[11]。

生物质热解气化制氢技术路线，可借鉴煤化工路线，工艺流程及设备简单，能量利用效率高，而且原料适应性广泛，适合大规模连续生产。

4.2.1.2 生物质热解制氢

生物质热解制氢是在隔氧条件下加热生物质原料，使挥发分析出得到中等热值的可燃气体，主要成分包括 H_2、CO、CO_2、CH_4 和焦油等，再经过催化裂解、甲烷重整、水煤气变化等系列反应获得高浓度氢气。生物质热解制氢温度一般为 600~900℃，操作压力为 0.1~0.3MPa。通过控制热解温度、停留时间及热解气氛等可以调节产物中氢气的含量。经过常规热解，生物质热解气体中 H_2 含量可达 30%，然后再进入第二级反应器发生焦油裂化和蒸汽重整等过程，得到的富氢气体 H_2 含量可达 55% 以上[12,13]。

目前热解制氢的研究主要集中于如何提高生物质热解制氢效率，主要包括反应设备和工艺的改进、催化剂的选择以及反应参数的优化等方面。生物质热解反应器主要有流化床反应器、移动床反应器、间歇式反应器以及混合式反应器等。山东省科学院能源研究所张晓东等对生物质二次裂解制取氢气的路线进行了研究[13,14]，主要是对生物质及其产物进行二次热解，首先在 650℃ 隔绝空气的条件下进行生物质的一次热解，氢气的含量可达 30%~40%；然后在 800℃ 条件下对热解产物进行二次水蒸气重整，将分子量大的重烃类化合物裂解为氢气、甲烷和其他低碳烃类，降低产物中的焦油含量，增加气体中的氢气含量，可达 60%~70%，进而产生富氢气体；最后对气体产物进一步高效分离，得到纯氢气体。该工艺不需要加入空气作为气化介质，避免了氮气对气体的稀释以及后续提纯工艺的投入，进而使此技术方案更具有经济性。

美国 Brookhaven 国家实验室的 Steinberg 等对煤和生物质的高温热解过程进行了研究，目标是制取氢、甲醇和轻烃，提出了名为 Hydrocarb 工艺的二步反应过程：第一步是煤和生物质等碳质材料的热解，第二步是热解产物的高温热裂解，得到氢气和纯净的炭黑。研究认为 Hydrocarb 工艺适于所有凝聚相碳质材料，包括煤、生物质和城市垃圾，并进行了经济分析[15,16]。

生物质热解制氢工艺流程中不需要加入空气，避免了氮气对气体的稀释，提高了气体的能量密度，降低了后续分离提纯工艺的成本。同时，生物质热解反应在常压下进行，不需要压力设备，降低了工艺设备造价。

4.2.1.3 生物质超临界水转化制氢

生物质超临界水转化制氢是将生物质原料与一定比例的水混合后,置于压力为 22~35MPa、温度为 450~650℃ 的超临界条件下进行反应,反应完成后得到高氢气含量的气体和部分固体剩余物,然后进行组分分离继而得到氢气。

在超临界状态下,水具有介电常数低、黏度小和扩散系数高等优点,因此具有很好的扩散传递性能,可降低传质阻力,生物质中的有机物在水中的溶解度增大,可以将生物质的转化反应转变为均相反应,因而反应速率大为提高,同时抑制焦油和焦炭等大分子产物的产生,可以将生物质较完全地转化为气体和水的可溶性产物,加速反应进程[17-20]。

目前国内外对生物质超临界法制氢的研究主要还是处于实验室研究阶段。美国夏威夷大学自然能源研究所的 Antal 等较早进行了超临界水中生物质的转化研究,并提出了超临界水中生物质气化制氢的完整概念。麻省理工学院的 Modell 等 1977 年提出木材的超临界水条件下的液化工艺,并报道了近临界状态(374℃、22MPa)时,温度和浓度对水中葡萄糖和枫木屑的气化效果,气体氢浓度达 18% 且没有产生固体残渣或木炭[17]。随后,加拿大、日本等科研机构进行了生物质、纤维素和木质纤维素的超临界气化研究,并得到氢含量较高的气体。国内西安交通大学、中科院山西煤化所等单位对超临界水催化气化制氢进行了持续的理论与实验研究,分析了超临界水环境中生物质催化气化的主要影响因素,获得了产气量与生物质中纤维素、半纤维素和木质素质量分数之间关联式,并在连续管流反应器上,以羧甲基纤维素钠为添加剂进行实验,获得了气体产物中 CO 约 1%、CH_4 超过 10%、H_2 达 41.28% 的结果[19,20]。

超临界水气化反应装置主要包括间歇式和连续式两种类型。

① 间歇式反应器是实验室研究中最为常用的反应器,主要有管式和罐式,反应装置结构较为简单,生物质原料和水一次性加入反应器后,密封加热加压并开始反应,反应完成进行装置冷却并收集和分离反应产物。间歇式反应器不需要高压的流体输送装置,对于反应的原料也具有较强的适应性,但是不能实现连续生产,生产时间周期长,装置的原料处理能力受到限制。因此,间歇式反应器多用于实验性的测试,中间产物分析,或者用于过程机理分析和动力学研究。

② 连续式反应器则可以实现连续生产,并可以获得稳定连续的工艺和实验数据。夏威夷大学自然能源研究所开发的一种连续式反应制氢工艺流程如图 4-3 所示。生物质原料首先与合适比例的水混合成为浆液,然后通过柱塞泵、加料器以及阀门实现高压条件下物料浆液的连续输送。物料浆液首先进入预热器进行升温,然后进入反应器进一步快速升温并反应气化,反应后的料液进入冷却器进行快速降温,这样可以防止物料发生结焦。降温后的料液通过背压阀将压力降到常压后,通过气液分离器实现气体和液体产物的分离。

由于生物质超临界气化的特殊反应工艺,不需要干燥过程,因而对于含水率较高的生物质、泥煤等原料具有良好的适应性。通过调整反应工艺或者借助适当催化

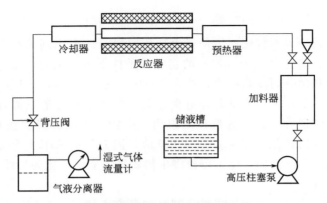

图 4-3 连续式超临界水气化制氢工艺流程

剂的作用,在超临界水中进行生物质气化可以获得 100% 的气化率,并且不产生焦油、焦炭等副产物,不会对环境造成二次污染,因此该工艺具有良好的发展前景。但是,由于超临界工艺反应温度和压力均较高,对设备和材料的工艺条件要求比较苛刻,因此材料的选择和反应器结构的设计均为超临界转化工艺所面临的重要问题。同时,高压条件下的生物质原料的连续加料、超临界条件下反应的连续进行等都是需要解决的难点问题,关系到生物质超临界水气化制氢工艺能否产业应用以及过程的经济性。

4.2.1.4 生物质热解油重整制氢

生物油工艺为生物质制氢提供了新的途径。生物质热解油重整制氢是将生物质首先经快速热解制备生物油,然后将生物油经水蒸气重整制备得到含有氢气、甲烷和一氧化碳的混合气体,再经过变换、分离等过程获得高纯度氢气。

生物质快速热解制备油品的技术已经取得较大的进步,多种反应工艺得到发展,包括旋转锥反应器、烧蚀床反应器、流化床反应器、下降管反应器等,将分散的生物质原料先分散处理获得能量密度高的液体生物油,热解油易于储存和运输,可以送到集中的加工厂进行重整并规模化产氢。目前的研究主要集中在生物油重整反应工艺条件的优化、催化剂的选择、反应器的设计等方面[21-24],例如 Zhang 等利用双金属催化剂 $Ni_{0.2}Co_{0.8}Mg_6O_7$ 对生物油模化物乙酸的水蒸气催化重整进行了研究,该催化剂比单金属催化剂具有更好的稳定性与活性[18]。Wu 等利用 Ni 催化剂对间甲酚进行催化重整研究,转化率随温度与 S/C 比的增大而增大[22]。美国可再生能源国家实验室在这方面进行了一系列的研究,包括工艺条件优化、蒸汽重整催化剂的选择、化学和热力学基础以及相关经济技术研究,并在微型反应器上使用镍基催化剂实现了模型化合物的重整[13,24]。

4.2.1.5 氢气的分离与纯化

从生物质热化学转化制氢工艺所产生的富氢气体是一种多种气体组分的混合物,需要进一步的净化、分离以获得高纯度的氢气。氢气分离常用的方法包括变压吸附法、低温分离法、膜分离技术以及金属氢化物分离法等[25,26]。

(1) 变压吸附法

变压吸附法是在常温和变压力条件下，利用吸附剂材料对于不同气体组分吸附量的不同而加以分离的方法，也是工业上分离氢气最主要的方法。由于氢气和混合气体中其他组分如 CO_2、CH_4、CO、N_2 等吸附性能存在较大差异，因此可在变压条件下实现氢气从混合气体中分离出来并从吸附剂材料上脱附而获得高纯度氢气。变压吸附技术较为成熟，而且一次吸附能够除去氢气中多种杂质组分，分离纯化流程简单，特别适于原料气体中氢气含量较低的情况。

(2) 低温分离法

低温分离法是另一种常用的氢气纯化方法，其在低温条件下使混合气体中的部分气体组分发生冷凝成为液体，从而实现分离。低温分离能耗较高，较为适于含氢量范围较宽的原料气体，一般为 30%～80%，氢气回收率最高可达 90%～98%。

(3) 膜分离技术

膜分离技术是近年来发展的新型分离技术，在氢气纯化方面得到越来越多的研究和应用。常见的钯合金薄膜扩散法，利用钯合金薄膜对于氢分子具有较强的透过选择性，氢气在通过钯合金薄膜时进行选择性扩散，从而实现氢气纯化。该技术在用于处理含氢量较低的混合原料气体时，也可以获得 95% 以上的氢气回收率，而且氢气纯度不受原料气体质量的影响。聚合物薄膜扩散法则是利用特定的聚合物材料，根据差分扩散速率原理，使不同的气体组分在通过聚合物薄膜时扩算速率不同从而实现分离的一种方法，其氢气回收率一般在 70%～85%，并且所获得的氢气产品纯度容易受到原料气体氢气含量和其他气体组分性质等的影响。

(4) 金属氢化物分离法

金属氢化物分离法也是近年来新发展的技术，其利用氢与金属反应生成金属氢化物的可逆反应。在低温和高压下，首先使混合原料气体中的氢气与金属发生反应，生成金属氢化物，而当加热和降低压力时，金属氢化物将发生分解重新释放出纯氢气和金属，从而达到氢气分离和纯化的目的。该方法可以获得高纯度的氢气，并且产品质量不受原料气体质量的影响，氢气回收率一般为 70%～85%。

4.2.2 生物法制氢

生物法制氢是通过微生物代谢过程将生物质转化为氢气，主要有光合生物产氢、发酵细菌产氢、混合制氢三种方式。20 世纪中期美国生物学家 Gest 等首先发现了深红红螺菌（Rhodospirillum rubrum）的光合产氢现象，开辟了生物质制氢的新领域，逐渐发展成为利用光合细菌产氢和发酵产氢的两种主要途径，但由于生物质原料的主要组分木质纤维素难以生物降解、微生物代谢缓慢等原因，生物法制氢技术目前在制氢效率和成本方面还难以商业化应用，而主要处于研发阶段，但其在污水和有机废水处理方面仍然具有较强的竞争力和应用潜力。

4.2.2.1 光合生物产氢

光合生物产氢是通过光合生物如光合细菌、藻类等将太阳能转化为氢能。光合成生物是光合成原核生物的一种，细胞内含有光合色素——细菌叶绿素，在厌氧、光照条件下能够进行光合生长、固氮代谢，并通过重要的生化反应产生氢气。

光合生物产氢的机制一般认为是光子被捕获到光合作用单元，其能量传递到光合反应中心，进行电荷分离，产生高能电子并造成质子梯度，从而形成三磷酸腺苷（ATP）。另外，产生的高能电子通过还原酶传至 $NADP^+$ 形成 NADPH，固氮酶利用 ATP 和 FDRED 进行氢离子还原生成氢气。失去电子的光合反应中心必须得到电子回到基态，继续进行光合作用。目前研究较多的产氢光合生物主要有深红红螺菌、深红假单胞菌、球星红假单胞菌、类球红细菌等。光合细菌以还原型硫化物或有机物作为电子供体，并且在光合过程中不产生 O_2。一般而言，光合细菌产氢需要充足的光照和严格的厌氧条件[27]。

此外，许多微藻类如蓝藻、绿藻、红藻、褐藻等也具有较好的光合速率和产氢反应，目前研究较多的是绿藻。微藻光合制氢首先通过光合作用分解水，产生质子和电子，并释放氧气，然后通过微藻所特有的产氢酶系的电子还原质子释放氢气。

生物光解水产氢涉及太阳能转化系统的利用。直接光解水产氢在产氢的同时也产生氧气，氧气的存在则抑制酶的活性，使其产氢能力下降，能量利用效率较低，所以直接光水解难以实现大规模的制氢。为了提高产氢效率，间接光解水制氢成为近年研究热点，并成功开发出两步法间接光解水制氢工艺，能够有效实现产氢和产氧过程的分离，进而避免氧气对酶活性的抑制和后续氢氧分离和纯化问题。

我国对光合细菌产氢的研究比较深入，尤其是在利用有机废水产氢方面处于国际领先水平。将废水处理和光合细菌产氢有效结合起来，不但可以有效治理环境，还能实现废水利用，具有较好的环境效益和社会效益。此外，近年来对微藻光解水制氢的研究有所突破，但离实用化还有较大距离，主要是由于产氢酶对氧气比较敏感，而氧和氢总是相伴产生，太阳能的转化效率较低，造成微藻的产氢率较低。目前的研究工作主要集中于产氢机理、太阳能转化效率提高、产氢酶结构与功能调整、生物反应器优化等方面[27]。

4.2.2.2 发酵细菌产氢

发酵细菌产氢即发酵型细菌通过发酵有机物或者各种底物进行产氢的过程。发酵型细菌包括专性厌氧菌和兼性厌氧菌，如丁酸梭状芽孢杆菌、大肠埃希杆菌、产气肠杆菌、褐球固氮菌等。常用底物主要包括甲酸、丙酮酸、CO 和各种短链脂肪酸等有机物、硫化物、淀粉纤维素等糖类，而这些物质广泛存在于工农业产生的污水和废弃物中[28]。

发酵细菌产氢的形式主要有两种：一种是丙酮酸脱氢系统，在丙酮酸脱羧脱氢生成乙肽的过程中，脱下的氢经铁氧还原蛋白的传递作用而释放出分子氢；另一种是 NADH/NAD 平衡调节产氢，当有过量的还原力形成时以质子作为电子沉池形成氢气。

关于发酵细菌产氢的研究较多，主要集中在细菌种类的筛选、反应器设计、底物浓度、氧气的抑制机理等方面。厌氧发酵细菌制氢的产率较低，能量转化效率在33%左右，分解底物的浓度对氢气产量的影响较大，而且不同的转化细菌所能分解的底物也有所差异。

与光合生物制氢技术相比较而言，发酵法生物制氢技术产氢细菌的生长速率较快，产氢能力也较高，而且发酵产氢不需要光源，可以实现连续稳定生产。发酵产氢的反应器容积可比较大，可以从规模上提高单台设备的产氢量，发酵细菌更容易保存与运输，发酵原料更为广泛，且成本较低。

4.2.2.3 混合法产氢

混合法产氢将光合生物产氢与发酵细菌产氢的优势结合起来，主要是利用厌氧微生物能将很多糖类进行分解快速产氢，而光合细菌则能够有效利用厌氧微生物代谢所产生的有机酸等物质产氢。将这两类微生物混合培养，互补利用这两种菌的功能特性，将形成一个更为高效的产氢体系，这方面已经有了许多报道。Ding 等利用固定化光发酵细菌 *Rhodopseudomonas faecalis* RLD-53 和游离的 *C. butyricum* 进行混合培养产氢，并对产氢过程中的一些关键因素进行分析，实现了每摩尔葡萄糖产氢 4.13mol 的水平[29]。Fang 等研究了 *Clostridium butyricum* 和 *Rhodobacter sphaeroides* 以细胞数量比 1:5.9 的比例混合培养，每毫升培养基氢气产量最大为 0.6mL，同时应用 FISH 技术对混合培养产氢体系中两种菌进行了相对定量[30]。相对于混合培养产氢，两步法产氢更容易实现，即让两种菌在各自的环境中发挥作用：第一步暗发酵细菌发酵产生氢气，同时产生大量的可溶性小分子有机代谢物；第二步光发酵细菌依赖光能进一步地利用这些小分子代谢物，释放氢气。

4.3 生物质氢能发电系统

4.3.1 发电系统构成

将氢源、燃料电池和电力变换装置有机组合起来就可构成氢能发电系统。氢能发电系统的设计是一个系统工程，以高质量的电功率输出为目标，以各种技术经济和环境要求为约束条件，选择合适的燃料电池组、高效率的电能变换器和燃料/氧化剂供应装置。

生物质氢能发电系统则是将生物质制氢和燃料电池构成一体化发电系统，具有高效、超低污染排放和 CO_2 近零排放的优点。系统构成主要包括生物质预处理及制氢系统、燃气净化和重整系统、燃料电池本体系统和余热利用系统等，如图 4-4 所示。

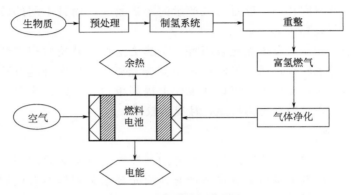

图 4-4 生物质制氢发电系统

生物质经过预处理以后进入制氢系统，可以通过气化、裂解、超临界和微生物发酵等方式得到以 H_2、CO_2、CO、CH_4 等为主的气体混合物，经过重整后混合气中 H_2 含量大幅度提高，然后富氢燃气经过净化处理进入燃料电池产生电能，发电过程中产生的余热可以回收利用，提高整体系统的能量利用率。

4.3.2 燃料电池发电系统

燃料电池（fuel cell）的基本概念和试验是 1839 年由 W. R. 格罗夫（W. R. Grove）最早提出和发现的。燃料电池是一种化学电池，将反应物质电化学变化释放出的能量直接变换为电能。燃料电池发电方式没有机械传动部件，没有振动，基本没有污染，排放物中只有极少量的氧化氮。与其他化学电池如一次电池（干电池）、二次电池（各种可充电电池）不同，只要连续向其供给燃料或氧化剂，即氢和氧（空气），燃料电池就能连续发电，发电效率甚至可达 60% 以上，远远高于常规的热力发电过程效率。燃料电池的发电效率在各种发电方式中是最高的[31]。

燃料电池因燃料的不同而存在多种类型，其中以纯氢为燃料的效率最高。

目前氢能燃料电池主要分为以下几类。

4.3.2.1 碱性燃料电池（AFC）

碱性燃料电池是以碱性溶液（KOH 或 NaOH）为电解质的燃料电池。根据在电解液内的存在形式，可以分为自由电解液和多孔基体型燃料电池。电解质渗透于多孔而惰性的基质隔膜材料中，工作温度小于 100℃。在碱性电解质中，氧化还原比在酸性电解质中容易发生。AFC 的催化剂主要有贵金属铂、钯、金、银和过渡金属镍、钴、锰等。AFC 系统具有较高的电效率，可以在室温下快速启动，并迅速达到额定负荷，而且电池本体材料选择广泛，电池造价较低。因此，碱性燃料电池作为高效且价格低廉的成熟技术，应用于便携式电源和交通工具用动力电源，具有良好的发展和应用前景。

碱性燃料电池在实际使用过程中，通常采用空气作为氧化剂，而空气中的 CO_2 会毒害碱性电解质生成碳酸根离子，对电池的效率和使用寿命造成影响，所以 AFC 的进一步发展需解决贵金属催化剂及 CO_2 毒化的问题。近年来的研究表明，CO_2 毒化问题可通过电化学方法消除 CO_2、使用循环电解质、液态氢，以及开发先进的电极制备技术等解决。在替代贵金属的催化剂方面，近年的研究集中于如何在非贵金属催化剂的稳定性和电极性能方面取得突破，开发与贵金属复合的多元催化剂，以及提高贵金属利用率、降低贵金属负载量等。

4.3.2.2 磷酸型燃料电池（PAFC）

磷酸型燃料电池是以浓磷酸为电解质，以贵金属催化的气体扩散电极为正、负电极的中温型燃料电池。PAFC 的主要构件有电极、含磷酸的基质、隔板、冷却板和管路等。基本的燃料电池结构是含有磷酸电解质的基质材料置于阴阳两极之间，基质材料的作用：一是作为电池结构的主体承载磷酸；二是防止反应气体进入相对的电极中。磷酸化学性质稳定且容易获取，工作温度适中，容易实现大型化应用，因此 PAFC 是目前技术最成熟、商业化程度最高的燃料电池。

PAFC 的突出优点是贵金属催化剂用量比碱性氢氧化物燃料电池大大减少，还原剂的纯度要求有较大降低，CO 含量可允许达 5%；可以在低温下发电，且稳定性好；余热利用中获得的水可以直接作为日常生活用水。其缺点主要表现在：电催化剂必须用贵金属，若燃料气体中 CO 含量过高，电催化剂将会被毒化而失去催化活性；磷酸浓度较高，具有很强的腐蚀性，影响使用寿命。

PAFC 较其他燃料电池制作成本低，已接近可供民用的程度。PAFC 可用于分散型的小容量发电厂和中心电站型大容量发电厂，国际上功率较大的实用燃料电池电站均采用 PAFC。

4.3.2.3 质子交换膜燃料电池（PEMFC）

质子交换膜燃料电池的工作原理相当于水电解的逆过程，电池主要由阳极、阴极和质子交换膜组成。阳极作为氢燃料发生氧化的场所，阴极作为氧化剂还原的场所，两极都含有加速电极电化学反应的催化剂。质子交换膜是 PEMFC 的心脏部件，膜的作用是双重的，作为电解质提供氢离子通道，作为隔膜隔离两极的反应气体。

PEMFC 电池反应原理如图 4-5 所示。

氢气通过管道或导气板到达阳极，在阳极催化剂的作用下，氢分子解离为氢质子，并释放出电子。氧气（或空气）通过管道或导气板到达阴极，在阴极催化剂作用下，氧分子和氢离子与通过外电路到达阴极的电子发生反应生成水，并在外电路形成直流电。只要不断地向阳极和阴极供给氢和氧，就可向外电路负载连续输出电能。PEMFC 的电极常被称为膜电极组件，它是指质子交换膜和其两侧各一片多孔气

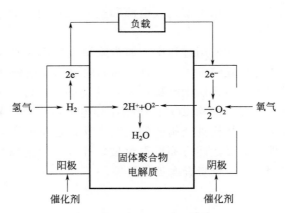

图 4-5 PEMFC 电池反应原理

体扩散电极组成的阴、阳极和电解质的复合体。

PEMFC 运行于常温下，启动快，寿命长、应用广泛，其理论热效率可达 85%～90%。PEMFC 在结构上具有模块化的特点，结构简单，易于维护，可靠性高，并可根据不同动力需求组合安装，简化了电堆设计制造。PEMFC 系统一般以纯氢为燃料，对 CO 比较敏感，所采用的膜材料一般价格较高，催化剂成本高，这也是 PEMFC 技术的难点和关键点。电极-膜-电极三合一组件的制备是 PEMFC 的核心技术，质子交换膜的技术参数直接影响着组件的性能。提高催化剂利用率、廉价的 Nafion 替代材料开发、优化膜电极结构、双极板材料的选择等 PEMFC 关键材料的技术问题都还需进一步研究。

加拿大 Ballard 公司被认为在 PEMFC 的开发、生产和市场化等方面处于世界领先地位，我国中科院长春应用化学研究所是国内最早开展 PEMFC 研制的单位，主要集中在催化剂、电极的制备工艺和甲醇外重整器的研制，中科院大连化学物理研究所、中科院工程热物理研究所、清华大学等也开展了相关的研究工作。随着技术的进步，PEMFC 技术性能得到了显著提升，电池功率密度大幅度提高，成本不断降低，开始逐步应用于电动汽车、各种便携式电源以及动力源。

4.3.2.4 熔融碳酸盐燃料电池（MCFC）

熔融碳酸盐燃料电池 MCFC 以熔化的锂钾碳酸盐或锂钠碳酸盐为电解质，当温度达到 650℃，上述盐类开始熔化，产生碳酸根离子，从阴极流向阳极，与氢结合生成水、二氧化碳和电子，电子通过外部回路返回阴极进行发电，具体原理如图 4-6 所示。

MCFC 用两种或多种碳酸盐的低熔混合物为电解质，如用碱-碳酸盐低温共熔体渗透进多孔性基质，电极由镍粉烧制而成，阴极粉末中含多种过渡金属元素作稳定剂。单体 MCFC 结构是多层平板型长方体，其中间为碳酸盐制成的电解质基块，基块两侧分别是阳极板和阴极板，其外侧为燃料气与氧化剂通道。气体通道外的隔板在组成电池堆时，隔离各电池单体，然后单体可以组装成更大功率的电池堆。

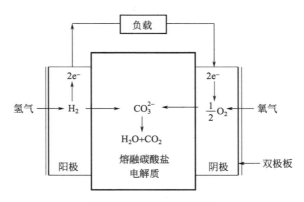

图 4-6 MCFC 工作原理

MCFC 中阴极、阳极、电解质隔膜和双极板四大部件的集成和对电解质的管理是 MCFC 电池组及电站模块安装和运转的技术核心。

国内开展 MCFC 研究的单位主要有中科院大连化学物理研究所、上海交通大学、哈尔滨电源成套设备研究所等。MCFC 在美国、日本和西欧研究和利用较多，美国 ERC 建成了世界上功率最大的 2MW 天然气 MCFC 电站，设计单电堆出力达到 250kW 并进入商业化。日本日立公司 2000 年开发出 1MW MCFC 发电装置，其在电池材料、工艺、结构等方面都得到了很大的改进。

MCFC 发电效率高，比 PAFC 的发电效率还高；结构简单，电极反应活化能小，不需要昂贵的贵金属催化剂，制作成本低；可使用 CO 含量高的燃料气体，使气源得以拓宽。电池排放的余热温度高达 400℃，可回收利用，使得总能源效率达 90% 以上。但是，MCFC 的工作高温及电解质的强腐蚀性对电池材料的长期耐腐蚀性具有非常严格的要求，电池寿命受到一定限制；单体电池边缘的高温湿密封技术难度大，尤其是在遭受腐蚀严重的阳极区。

4.3.2.5 固体氧化物燃料电池（SOFC）

固体氧化物燃料电池是一种工作于高温下的全固态化学发电装置，有学者认为 SOFC 在未来将与质子膜燃料电池一样得到广泛普及应用。SOFC 单体燃料电池主要由电解质、阳极（燃料极）、阴极（空气极）和双极板组成。在阳极一侧持续通入燃料气，如 H_2、CH_4、城市煤气等，具有催化作用的阳极表面吸附燃料气体，并通过阳极的多孔结构扩散到阳极与电解质的界面。在阴极一侧持续通入氧气或空气，具有多孔结构的阴极表面吸附氧，由于阴极本身的催化作用，使得氧气得到电子变为氧离子，在化学势的作用下，氧离子进入起电解质作用的固体氧离子导体，由于浓度梯度引起扩散，最终到达固体电解质与阳极的界面，与燃料气体发生反应，失去的电子则通过外电路回到阴极而发电，具体工作原理如图 4-7 所示。

早期开发的 SOFC 的工作温度较高，一般在 800～1000℃，目前已研发成功中温固体氧化物燃料电池，工作温度一般在 600～800℃。低温 SOFC 也是目前开发

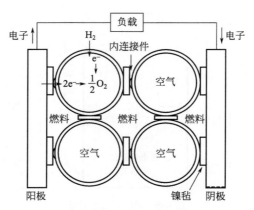

图 4-7 SOFC 工作原理

的方向，其工作温度可在 300～600℃之间。SOFC 单体燃料电池只能产生 1V 左右的电压，将单电池以串联、并联、混联方式组装成电池组，提高 SOFC 的功率。SOFC 电池组的结构主要为管状、平板型和整体型。管状结构 SOFC 发展最早，也是目前较为成熟的形式。单电池由一端封闭、一端开口的管子构成，最内层是多孔支撑管，由里向外依次是阴极、电解质和阳极薄膜。氧气从管芯输入，燃料气通过管子外壁供给。平板型固体氧化物燃料电池的几何形状简单，其设计形状使得制作工艺大为简化。阳极、电解质、阴极薄膜组成单体电池，两边带槽的连接体连接相邻阴极和阳极，并在两侧提供气体通道，同时隔开两种气体。

SOFC 采用陶瓷材料制作电解质、阴极和阳极，具有全固态结构。具有较高的电流密度和功率密度，可直接使用氢气、烃类（甲烷）、甲醇等作为燃料，而不必使用贵金属催化材料，同时避免了酸碱电解质或熔盐电解质的腐蚀及封接问题。同时，SOFC 能提供高质量的余热，实现热电联产，燃料利用率高。其缺点主要是对陶瓷材料的要求高，电解质易裂缝，组装相对困难，成本高，预热和冷却系统复杂等。

美国是世界上最早研究 SOFC 的国家，西屋电气公司在此方面的研究颇具权威，早在 1962 年就以甲烷为燃料，在 SOFC 实验装置上获得电流，并指出烃类燃料的催化转化和电化学反应是 SOFC 的两个基础过程，并在 20 世纪 80 年代将电化学气相沉积技术应用于 SOFC 的电解质及电极薄膜制备过程，使电解质层厚度降低至微米级，电池性能明显提高，并开始研究建立大功率管式 SOFC 电池堆。国内最早开展 SOFC 研究的是中科院上海硅酸盐研究所，吉林大学、中科院过程工程研究所、中国科学技术大学等单位也开展了电解质、阳极和阴极材料等研究。

SOFC 在固定电站领域具有优势，SOFC 可以设计成一定功率的基本标准模块，如几个千瓦或兆瓦级，可根据用电需求，灵活地增加或减小电站的供电能力，既可用作中小容量的分布式电源（500kW～50MW），也可用作 100MW 以上大容量的中心电站。

4.3.3 燃料电池对于氢源的要求

燃料电池通过电极反应将燃料的化学能直接转化为电能，以氢气作燃料时，燃料电池的输出只有电和水，可实现零排放，在目前阶段燃料电池直接利用的燃料是氢气及富氢燃气，不同类型的燃料电池对氢气纯度的要求不同。AFC 对酸性成分特别敏感，要求彻底消除 CO_2；氢气中少量的 CO 会引起 PEMFC 的催化剂中毒，氢气中 CO 应低于 $100mg/m^3$；MCFC 的燃料气体中允许含有较高浓度的 CO，这些 CO 在 MCFC 中可全部转化为 H_2，而且在 MCFC 的氧化气体中还要含有大量 CO_2，以补偿向另一电极转移的碳酸盐。

生物质热化学转化产品气中除 H_2 之外，还含有 CH_4、CO、CO_2 等成分，由于提纯氢气的成本较高，因此能够直接利用富氢气体的高温燃料电池具有吸引力。高温燃料电池由于工作温度高，不需要贵金属作催化剂，同时可实现燃料气体的内部重整，可降低设备造价和整体成本。对气体组成要求低，燃料的适用范围广。据 Staniforth 等的研究结果，生物质沼气中甲烷含量降低到 15% 时，SOFC 的输出功率仍有 $160mW$[32]。

高温燃料电池对于燃料气体中的杂质含量也有较高的容忍程度，如 SOFC 中含镍金属陶瓷阳极可允许燃料中存在较高硫含量，当 H_2S 低于 $0.15mg/m^3$ 时不会对电池产生永久性破坏，而且随操作温度升高，硫的允许含量也在增大[32]。这也在一定程度上减轻了燃料气体脱硫的压力。高温燃料电池则可以采用富氢气体，其对燃气杂质含量的一般要求如表 4-1 所列[3]。

表 4-1 部分燃料电池系统对燃气杂质含量的要求　　　　　　　　单位：mL/m^3

项目	NH_3	H_2S	HCl	焦油	碱金属蒸气
熔融碳酸盐燃料电池	<10000	<0.5	<10	<2000	1~10
固体氧化物燃料电池	<5000	<1	<1	<2000	—

生物质所转化的燃料气，因转化工艺的不同而组成变化较大，特别是杂质含量变化较大。生物质燃料气中的固体颗粒可通过旋风分离器和其他过滤装置除去，对于电池材料对颗粒物敏感的情况则需要深度净化。碱金属蒸气在低于 500℃ 时凝结，可在过滤除颗粒的过程中一并除去。焦油易在电池阳极积碳，造成催化剂失活，而且也会对除硫设备造成不良影响，需要深度脱除。焦油脱除可采用多种方式，水洗除焦方法简单成熟，但需要降低燃气温度且容易造成水污染，必须有配套的废水处理系统。高温催化裂解是目前最有效的除焦方法，但存在着催化剂寿命以及高成本的问题。

硫严重危害电极、催化剂的性能寿命，需要深度脱除。除硫一般可采用固体吸收剂，用金属氧化物将 H_2S 吸收除去，例如 ZnO 固定吸收床能有效地将 H_2S 的含量降至 ppm 级（即 10^{-6}），其操作温度应低于 600℃；采用克劳斯反应通过 H_2S 与

SO_2 之间在常温常压下的反应也是一种常用的脱硫方式（$2H_2S+SO_2 \Longrightarrow 3S+2H_2O$）。

经过脱硫脱焦等净化后的燃气，除含 H_2 和 CO 外，还含有一定量的 CH_4 等烃类化合物，CH_4 等易在燃料电池反应中形成阳极积碳，需通过重整反应转化为 H_2 和 CO_2（$CH_4+H_2O \Longrightarrow CO+3H_2$）。

同时，燃气中的 CO 含量过高也不利于燃料电池反应，需要将大部分 CO 转化为 H_2，提高 H_2 含量，这主要通过水煤气变换反应，并借助催化剂的作用（$CO+H_2O \Longrightarrow H_2+CO_2$）。

对于燃气成分的调整可以在燃气进入燃料电池之前完成，也可以在燃料电池内部实现部分调质过程，例如高温 SOFC 燃料电池系统即可以采用内重整和预重整相结合的方法，因而对于燃气成分具有更好的适应性。

4.3.4 生物质氢能发电系统

4.3.4.1 生物质氢能发电系统相关研究

生物质制氢燃料电池一体化发电技术是 20 世纪 70 年代末提出的，但由于生物质制氢气体成分的复杂性、成本以及燃料电池本身的技术和成本问题，直到最近才重新引起广泛重视，以生物质燃气为燃料的燃料电池发电技术的研究也成为新的热点，学界展开了广泛的理论性分析、实验室规模的测试和示范工作。Morita 等研究了生物质气化与 MCFC 结合系统，并将其与生物质气化燃气轮机发电系统进行了比较，结果显示了路线的可行性[33]。英国 Ulster 大学 McIlveen 等、瑞典皇家工学院 Kivisaari 等对生物质气化燃料电池系统进行了系统的经济技术环境评价，认为 MCFC 系统对小规模的发电系统非常有效，如电池寿命可以延长，则 MCFC 的成本可以降低而具有较大潜力[34,35]。

Kivisaari 等提出生物质整体气化联合循环（IGCC）与 MCFC 结合的发电系统模型，如图 4-8 所示[35]。

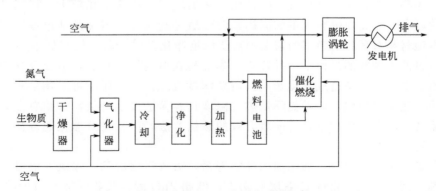

图 4-8 生物质 IGCC 与 MCFC 结合的发电系统模型

生物质加压气化，燃气进行冷却、脱硫等低温净化后，净化燃气被重新加热并与水蒸气混合进入燃料电池电极，发电之后的尾气具有较高温度，用于加热燃气或者向周边区域供热。冷却降温之后的尾气送入催化燃烧器燃烧，燃烧尾气与新鲜空气和阴极排气混合后一起回送到燃料电池的阴极循环利用。阴极排气部分回用，其余部分通过膨胀透平机进行发电，其尾气还可以生产蒸汽或用于区域供暖。对60MW系统进行模拟分析的结果显示，在燃料电池可用率达70%时，电池发电效率可达29.6%~36.9%，总体能量效率为82.2%~83.6%。在燃料电池可用率达85%时，电池发电效率可达31.9%~43.5%，总体能量效率为80.7%~86.5%。

Lobachyov等提出生物质气化与MCFC联合发电系统，采用Battelle Columbus开发的间接加热双流化床气化反应器，结合MCFC系统和蒸汽轮机进行发电。湿锯末经95℃预热干燥后进入气化床，在800℃和常压条件下，以水蒸气为气化剂进行气化反应，气化反应需要的热量由燃烧床返回的热床料提供。获得的燃气经裂解和净化后进入MCFC燃料电池堆的阳极，80%的燃料在阳极被氧化，而剩余的燃料气进入流化床的燃烧床与气化反应的残炭一起燃烧加热床料。气化与燃料电池发电过程中产生的余热通过换热器加热水蒸气到650℃，过热蒸汽可以进入蒸汽轮机进行发电。采用Aspen Plus模拟计算整个联合发电系统的效率在53%左右，大于整体气化联合循环（BIGCC）系统的理论发电效率[36]。

Galvagno等分析了生物质空气/水蒸气气化结合SOFC的热电联产系统的技术可行性，对系统进行了模拟和实验验证，系统发电功率120kW，热功率为135kW，总体能量效率达到74%[37]。Yari等从热力学效率和经济性角度，模拟分析了分别以生物质气化合成气和沼气为燃料的SOFC发电系统。对于发电而言，沼气燃料SOFC的发电效率可达到40.14%，而气化合成气燃料SOFC的发电效率则仅为20.31%。但是如果考虑热电联产，则气化合成气SOFC的总能量效率更高，为58.75%，沼气SOFC系统则为51.05%。从经济性角度，沼气SOFC发电系统的经济性更好，单位发电成本要低54%[38]。

燃料电池发电技术在我国处于实验阶段，尚未建成商业化的燃料电池电站。中国科学技术大学燃料电池课题组对以生物质气为燃料的SOFC的性能开展了研究工作，电池在600℃的功率接近$350mW/cm^2$，运行3d后性能基本没有衰减。山东省科学院能源研究所与上海交通大学合作对生物质热解制氢与MCFC高温燃料电池联合发电技术进行了研究，通过单电池和小功率电堆实验验证了生物质富氢燃气作为MCFC高温燃料电池原料的可行性，并进行了千瓦级燃料电池试验。中国科学院广州能源研究所开展了以生物质气化气为燃料的MCFC性能的理论和试验研究[3,39]。

4.3.4.2 生物质氢能发电系统开发需求及趋势

生物质氢能发电系统集成技术是未来生物质发电的发展趋势，可以实现较高的能量效率和超低污染排放，也可更为高效地利用生物质资源。MCFC和SOFC

在高温下工作,对污染物的耐受度高,不需要贵金属作为催化剂,具有内重整功能,价格相对较低,发电效率高,是和生物质气化构成一体化系统的理想选择。因此,需要加强高温燃料电池的研究力度,在关键部件和材料制备方面取得突破和创新,进一步提高燃料电池的寿命,掌握 MCFC 和 SOFC 的设计制造及发电系统集成技术。

实现生物质制氢与燃料电池发电集成系统的商业化,需要克服一系列技术和经济方面的障碍,主要包括开发经济有效的生物质热化学转化途径和燃气净化与组分调整技术、降低生物质氢气的成本、加快电池催化电极、电解质等先进材料的开发、优化核心部件的制备与组装技术,以及探索提高电池系统管理、降低造价、提高稳定性和延长寿命等[39,40]。

从应用角度,生物质制氢与燃料电池一体化发电技术具有比常规发电技术更高的效率和环境优势。燃料电池可作为流动电站或电动汽车的动力源,以取代污染重、效率低的内燃机。国外甚至发展了电动火车头以代替电力机车,省去长距离的架空输电线路。由于燃料电池是可以堆积式组装的,在发展医院、校园、超级市场等的自备电站时,可比大型电站和电网减少很多输电损失。因此,从经济上来说,燃料电池发电与常规的火电投资进行比较,不但要考虑电源投资,还应将长距离输电、配电投资与厂用电、输电能耗和两种能源转换装置的效率考虑在内。在实际发电工程中还应考虑传统的热机发电占地面积大、环境污染重的问题。随着燃料电池发电技术的不断完善,造价将会不断降低,特别是在规模化生产后,其造价将大幅度下降,这种发电方式必将对传统热机发电构成挑战[39]。

中小型生物质制氢燃料电池电站可以分散式建设,可减少送电损失,同时还可以灵活地适应季节性和地域性的电力需求变化,能为电网调峰做出贡献。对能源供应来说,输氢管道的能量输送效率远高于高压输电线路,而且输氢管道所需的建设费用仅为建设高压输电线路的 25%~50%,日常运行维护也比输电线路低得多。因此,未来的电网系统中大电厂和中小规模燃料电池电站共存更为合理。

生物质制氢燃料电池一体化发电技术路线更适于建立分散式独立电站,其商业化仍需克服技术、经济等方面的诸多障碍。这些问题的解决需要进行学科间的交叉研究,只有在技术、工艺、材料、制造和系统优化上不断发展,整体的效率才能得到提高,从而使生物质氢能发电技术真正具有竞争力。

参考文献

[1] 毛宗强.氢能:21世纪的绿色能源.北京:化学工业出版社,2006.
[2] 王艳艳,徐丽,李星国.氢气储能与发电开发.北京:化学工业出版社,2017.
[3] 黄艳琴,阴秀丽,吴创之,等.生物质气化燃料电池发电关键技术可行性分析.武汉理工

大学学报，2008，30（5）：11-14.

[4] Yurong Xie, Jun Xiao, Laihong Shen, et al. Effects of Ca-Based Catalysts on Biomass Gasification with Steam in a Circulating Spout-Fluid Bed Reactor. Energy Fuels, 2010, 24（5）：3256-3261.

[5] 孙云娟，蒋剑春. 生物质热解气化行为的研究. 林产化学与工业，2007，27（3）：15-20.

[6] Mohammad Asadullah, Tomohisa Miyazawa, Shinichi Ito, et al. Gasification of different biomasses in a dual-bed gasifier system combined with novel catalysts with high energy efficiency. Applied CatalysisA: General, 2004, 267（1-2）：95-102.

[7] 王昶，王刚，张相龙，等. CO_2 吸附剂对生物质催化热解制取富氢燃气的影响. 天津科技大学学报，2012，27（2）：18-22.

[8] Dawid P. Hanak, Sebastian Michalski, Vasilije Manovic. From post-combustion carbon capture to sorption-enhanced hydrogen production: A state-of-the-art review of carbonate looping process feasibility. Energy Conversion and Management, 2018, 177: 428-452.

[9] Toshiaki Hanaoka, Takahiro Yoshida, Shinji Fujimoto, et al. Hydrogen production from woody biomass by steam gasification using a CO_2 sorbent. Biomass and Bioenergy, 2005, 28（1）：63-68.

[10] Marguard T, Sichler P, Specht M, et al. New Approach for Biomass Gasification to hydrogen. The second world conference and technology exhibition on biomass for energy. Industry and climate protection, Rome, Italy, 2004, 5: 10-14.

[11] Shiying Lin, Michiaki Harada, Yoshizo Suzuki, et al. Hydrogen production from coal by separating carbon dioxide during gasification. Fuel, 2002, 81（16）：2079-2085.

[12] 陈冠益，马文超，颜蓓蓓. 生物质废物资源综合利用技术. 北京：化学工业出版社，2015.

[13] Xiaodong Zhang, Min Xu, Rongfeng Sun, et al. Study on biomass pyrolysis kinetics. Journal of Engineering for Gas Turbines and Power, 2006, 128（3）：493-496.

[14] Baofeng Zhao, Xiaodong Zhang, Li Sun, et al. Hydrogen production from biomass combining pyrolysis and the secondary decomposition. Internationla Journal of Hydrogen Energy, 2010, 35（7）：2606-2611.

[15] M Steinberg. The flash hydro-pyrolysis and methanolysis of coal with hydrogen and methane. International Journal of Hydrogen Energy, 1987, 12（4）：251-266.

[16] M Steinberg. The conversion of carbonaceous materials to clean carbon and co-product gaseous fuel. 5th European Conference on Biomass for Energy and Industry, Lisbon, Portugal, 1989: 12-14.

[17] M. Modell. Reforming of glucose and wood at the critical conditions of water. 7th Intersociety Conference on Environmental Systems, 1977, San Francisco, USA.

[18] Michael Jerry Antal Jr., Stephen Glen Allen, Deborah Schulman, et al. Biomass gasification in supercritical water. Industrial & Engineering Chemistry Research, 2000, 39（11）：4040-4053.

[19] Minowa T, Fang Z. Hydrogen production from biomass by low temperature catalytic gasification. Progress in Thermochemical Biomass Conversion, Tyrol, Austria, 2000: 167-173.

[20] 吕友军，冀承猛，郭烈锦. 农业生物质在超临界水中气化制氢的实验研究. 西安交通大学

学报，2005，39（3）：238-242.

[21] Fangbai Zhang, Ning Wang, Lu Yang, et al. Ni-Co bimetallic MgO-based catalysts for hydrogen production via steam reforming of acetic acid from bio-oil. International Journal of Hydrogen Energy, 2014, 39: 18688-18694.

[22] Ceng Wu, Ronghou Liu. Hydrogen production from steam reforming of m-cresol, a model compound derived from bio-oil: green process evaluation based on liquid condensate recycling. Energy & Fuels, 2010, 24（9）: 5139-5147.

[23] S. Czernik, R. French, C. Feik, et al. Production of hydrogen from biomass derived liquids. Progress in Thermochemical Biomass Conversion, Bridgewater, Blackwell Science Ltd, 2008: 1577-1585.

[24] Panagiotis N. Kechagiopoulos, Spyros S. Voutetakis, Angeliki A. Lemonidou, et al. Hydrogen production via reforming of the aqueous phase of Bio-Oil over Ni/Olivine catalysts in a spouted bed reactor. Industrial & Engineering Chemistry Research, 2009, 48（3）: 1400-1408.

[25] 毛宗强，毛志明，余皓. 制氢工艺与技术. 北京：化学工业出版社，2018.

[26] 黄进，夏涛. 生物质化工与材料. 北京：化学工业出版社，2018.

[27] 张全国. 光合生物制氢：理论与技术. 北京：科学出版社，2016.

[28] 任南琪. 发酵法生物制氢原理与技术. 北京：科学出版社，2017.

[29] Jie Ding, Bing-Feng Liu, Nan-Qi Ren, et al. Hydrogen production from glucose by co-culture of *Clostridium Butyricumand immobilized Rhodopseudomonas faecalis* RLD-53. International Journal of Hydrogen Energ, 2009, 34（9）: 3647-3652.

[30] Herbert H. P. Fang, Heguang Zhu, Tong Zhang. Phototrophic hydrogen production from glucose by pure and co-cultures of *Clostridium butyricumand and Rhodobacter sphaeroides*. International Journal of Hydrogen Energy, 2006, 31（15）: 2223-2230.

[31] 毛宗强. 燃料电池. 北京：化学工业出版社，2005.

[32] Staniforth J., Ormerod R. M.. Implications for using biogas as a fuel source for solid oxide fuel cells: internal dry reforming in a small tubular solid oxide fuel cell. Catalysis Letters, 2002, 81（1）: 19-23.

[33] H. Morita, F. Yoshiba, N. Woudstra, et al. Feasibility study of wood biomass gasification/molten carbonate fuel cell power system-comparative characterization of fuel cell and gas turbine systems. Journal of Power Sources, 2004, 138: 31-40.

[34] D. R. McIlveen-Wright, J. T. McMullan, D. G. Guiney. Wood-fired fuel cells in selected buildings. Journal of Power Sources, 2003, 118: 393-404.

[35] Timo Kivisaari, Pehr Bjornbom, Christopher Sylwan, Studies of biomass fuelled MCFC systems. Journal of Power Sources, 2002, 104: 115-124.

[36] Kirill V. Lobachyov, Horst J. Richter. An advanced integrated biomass gasification and molten fuel cell power system. Energy Conversion and Management, 1998, 39（16-18）: 1931-1943.

[37] Antonio Galvagno, Mauro Prestipino, Giovanni Zafarana, et al. Analysis of an Integrated Agro-waste Gasification and 120kW SOFC CHP System: Modeling and Experimental Investigation. Energy Procedia, 2016, 101: 528-535.

[38] Mortaza Yari, Ali Saberi Mehr, Seyed Mohammad Seyed Mahmoudi, et al. A comparative study of two SOFC based cogeneration systems fed by municipal solid waste by means of either the gasifier or digester. Energy, 2016, 114: 586-602.

[39] 陈硕翼,朱卫东,张丽,等. 氢能燃料电池技术发展现状与趋势. 科技中国, 2018, 5: 11-13.

[40] Yin Y, Zhu W, Xia C, et al. Low-temperature SOFCs using biomass-produced gases as fuels. Journal of Applied Electrochemistry, 2004, 34(12): 1287-1291.

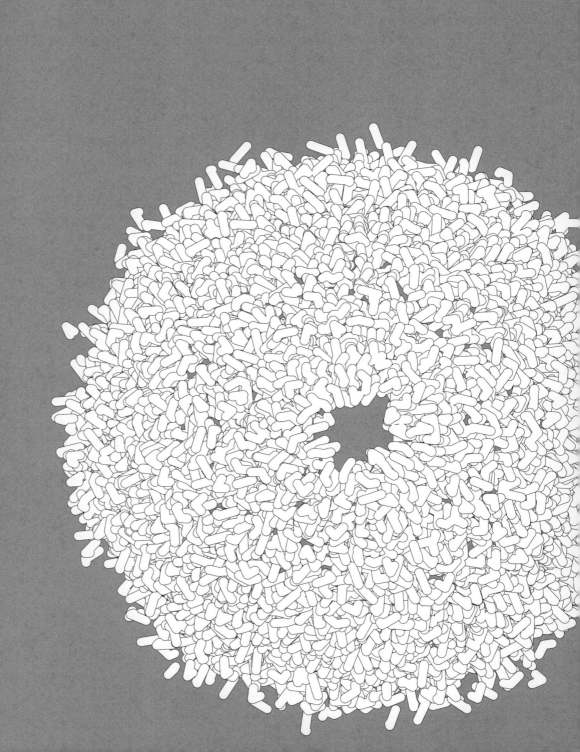

第 5 章

垃圾焚烧发电技术

5.1 垃圾焚烧发电概况

5.2 垃圾焚烧过程与设备

5.3 垃圾焚烧发电污染物防控

5.4 垃圾焚烧发电工程建设与运营

参考文献

垃圾焚烧发电是指将垃圾中有机可燃物在高温条件下发生燃烧反应,产生的热能转化为高温蒸汽,驱动汽轮机发电,同时产生废气并排出灰渣的过程。通过焚烧处理垃圾,处理的剩余物体积相比垃圾可减少90%以上,减量效果明显。同时,经过焚烧废渣处理和资源化利用、烟气净化处理等可以消除二次污染问题,实现垃圾处理的减量化、无害化、资源化("3R"原则)。近年来,我国城市垃圾处理发展迅速,截至2017年,全国城镇垃圾焚烧处理厂无害化处理能力达到每天近30万吨,垃圾焚烧发电总装机容量超过550万千瓦,垃圾焚烧也是目前垃圾处理的一种最为主要的途径。

5.1 垃圾焚烧发电概况

5.1.1 垃圾焚烧发电工艺

垃圾焚烧发电工艺一般包括垃圾分拣及存储系统、垃圾焚烧发电及热能综合利用系统、烟气净化系统、灰渣利用、自动化控制和在线监测系统等。目前工艺通常采用热电联供方式,将供热和发电结合在一起,提高热能的利用效率。

典型的垃圾焚烧发电工艺流程如图5-1所示[1]。

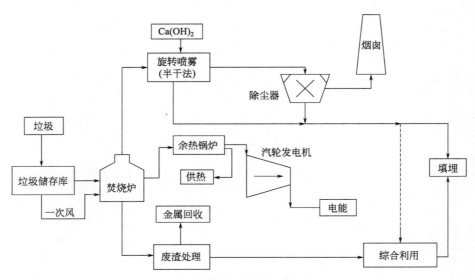

图 5-1 垃圾焚烧发电工艺流程

垃圾焚烧发电厂生产工艺流程与普通燃煤电厂基本相似。垃圾经收集后运送至发电厂，存储于垃圾储存库内，并在垃圾储存库中经简单分选，以可燃物为主的成分将送入炉膛焚烧。进入焚烧炉的垃圾经过干燥、燃烧、燃尽三个阶段充分燃烧，焚烧温度达到800～1000℃，产生的高温烟气进入锅炉换热产生过热蒸汽，高温过热蒸汽进入汽轮发电机组发电，而系统余热可用于供暖。经换热冷却后的烟气将进入烟气净化和污染物脱除装置，经过净化处理后排放。燃烧过程产生的炉渣经过金属回收等工序后进行废渣处理，用于制造建材、肥料等，实现废渣综合利用，或者运往厂外进行填埋处置。

因为来源的多样性，城镇市政垃圾一般成分均较为复杂，含有各种有机及无机材料，部分成分具有热值，另有部分成分具有可回收价值，因此垃圾处理系统中垃圾的分选是非常重要的预处理环节，分选工艺和装备的性能可能会严重影响垃圾处理系统的性能和效益。分选工艺将固体废弃物中各种有用资源或不利于后续处理利用的组分采用人工或者机械的方法分门别类地分离出来。根据各种组分在粒度、密度、磁性、电性、光电性、摩擦性以及表面湿润性等物质性质的差异，常采用的分选技术包括手工拣选、筛选、风选、浮选、摩擦和弹跳分选、光选、磁选、静电分类等，各种工艺均具有较为成熟的相关设备可供采用。通过分选，将垃圾中有价值的金属、橡胶、塑料、玻璃等进行分离回收，并分离部分不适合燃烧的物质，剩余的部分将送入后续焚烧工艺。

部分垃圾含水分较高，例如市政污泥、餐厨垃圾以及食品加工、造纸、纺织等行业产生的废弃物等。这些垃圾在总体垃圾原料中所占比例不大的情况下，可以送入垃圾焚烧炉进行干燥焚烧，但如果这些组分为垃圾主要组分或者在含湿量过大情况下，则需要对湿垃圾进行预先干燥然后再送去焚烧，以免影响焚烧炉着火和燃烧情况。干燥过程为高能耗过程，一般多以垃圾焚烧工艺所产生的热烟气为热源进行干燥，以降低工艺成本。

与常规燃煤发电不同的是，固体废弃物由于成分和含水量等原因，一般热值较低，远低于燃煤，如果垃圾热值过低甚至可能需要部分燃煤助燃，因此垃圾焚烧过程的燃烧组织非常重要，既要保证充分燃烧和燃尽，又要控制燃烧过程部分污染物的排放。垃圾焚烧处理一般采用800～1000℃的高温，以实现垃圾中有机成分的充分氧化，回收其中蕴含的热能并加以利用，垃圾中含有的一些有毒有害物质也会在高温下被彻底处理，剩余的无机组分以熔渣形式排出，从而实现废弃物的减容和稳定。

烟气污染物排放控制是垃圾焚烧发电必须重点考虑的问题。因为垃圾成分的复杂性，特别是特定有机成分、卤素和重金属成分等，垃圾焚烧过程将释放出较高含量的烟气污染物，除了常规的脱硫、脱硝排放之外，颗粒物、二噁英类物质、重金属物质等的排放也需要重点考虑。同时，燃烧特定垃圾成分后产生的灰渣，其中可能仍然有一定量的有毒有害物质，在灰渣的后续处理或者利用中也需要考虑。

5.1.2 垃圾焚烧发电应用状况

1864年，世界上第一台垃圾焚烧炉在英国曼彻斯特建立，1905年美国纽约建成了第一座城市垃圾和煤混烧的发电厂。大规模的垃圾焚烧发电研究和建设开始于20世纪60年代，美国、日本和德国等一些发达国家率先开展了垃圾焚烧发电的研究和工程建设。从20世纪80年代起，美国政府建设了90座垃圾焚烧厂，每年处理垃圾达3000万吨。2004年，美国建有垃圾焚烧设备1500余台，最大的垃圾发电厂日处理垃圾4000t，发电容量65MW。日本最早的垃圾焚烧发电建于1965年，现在已拥有垃圾焚烧炉3000余台，垃圾焚烧发电厂130余处，发电容量已逾2000MW。德国已有50余座从垃圾中提取能源的装置及十多家垃圾发电厂实现热电联产，用于城市供暖或工业用蒸汽。法国建有300余台垃圾焚烧炉，可处理40%以上的城市垃圾。城市垃圾焚烧发电已成为发达国家最主要的垃圾处理方式。城市生活垃圾用于焚烧发电、供热的利用率，荷兰和丹麦达70%，日本达到85%，新加坡高达90%以上。

我国垃圾焚烧发电起步较晚，但近年来发展迅速，特别是2002年以来，国家加快了市政公用行业的改革开放和市场化进程，垃圾处理行业发展迅速。自1988年我国第一座垃圾焚烧厂——深圳清水河垃圾焚烧项目改建成为第一座垃圾焚烧发电厂以来，国家加大了垃圾焚烧处理的政策支持和财政引导，并逐渐增大了焚烧处理的比例以逐渐降低填埋处理的比例。根据国家住房和建设部发布的年度城市建设统计年鉴数据，截至2017年全国已经建成垃圾焚烧发电厂近300项，年处理生活垃圾8500万吨，占垃圾清运总量的40%。

已建成运行的大型垃圾焚烧发电厂的垃圾处理能力均在1000t/d以上，例如上海浦西江桥垃圾焚烧厂、浦东新区垃圾发电厂、深圳南山区垃圾发电厂、广州垃圾发电厂等都是处理量巨大、环境美观的代表性工厂[2,3]。广州首座日处理1000t生活垃圾的李坑垃圾焚烧发电厂于2004年年底完成建设并点火运行，而李坑生活垃圾焚烧发电二厂项目也已于2014年完成建设，建成3台机械炉排焚烧炉配套余热锅炉和凝汽式汽轮发电机组，总投资近10亿元，规模为日均处理生活垃圾2000t。2004年杭州首个垃圾发电厂试点火，一期项目共有3台垃圾焚烧炉和1台发电机组，其中1台焚烧炉1天可处理生活垃圾150t，3台焚烧炉和1台7500kW的发电机组正常运营后，日发电能力将达10多万千瓦时。2005年天津双港垃圾焚烧发电厂3台垃圾焚烧炉、2台汽轮发电机组经过近半年的成功试运行，正式进入商业运营，开始向天津电网供电，日处理生活垃圾1200t，年上网发电量1.2亿千瓦时，相当于每年节约标准煤4.8万吨。2010年济南市第二生活垃圾综合处理厂焚烧发电项目开工，项目总投资8.9亿元人民币，计划建设4条500t/d的垃圾焚烧处理线，采用从比利时进口的焚烧设备和工艺技术，年可处理生活垃圾66.67万吨，可发电2.7亿千瓦时，烟气排放指标达到欧盟Ⅱ标准，是山东省最大的垃圾焚烧发电项目[1-3]。

5.2 垃圾焚烧过程与设备

5.2.1 垃圾焚烧过程

生活垃圾中含有多种有机可燃成分，且含水率高于其他固体燃料，因此垃圾焚烧过程可以分为干燥、热分解和燃烧三个阶段。在实际焚烧过程中，这三个阶段没有明显的界限，相互重叠，连续进行。

(1) 干燥

垃圾的干燥是利用垃圾燃烧过程产生的热量使垃圾中的水分气化，并排出水蒸气的过程。生活垃圾含水率较高，在送入焚烧炉前含水率一般在30%以上，干燥过程需消耗较多热能。而且生活垃圾含水率越高，干燥时间越长，会导致焚烧炉内温度降低，影响垃圾的整个焚烧过程。如果垃圾水分过高，导致炉温降低太大，甚至会导致着火燃烧困难，此时需添加辅助燃料以改善干燥着火条件。

(2) 热分解

热分解是垃圾中有机可挥发性物质在高温作用下的分解或聚合反应过程，分解产物含有各种烃类、固定碳以及不完全燃烧产生的物质等。热分解过程包括众多反应，产物和反应过程非常复杂，而且受到多种因素影响，包括可燃物性质、温度以及传热及传质速度等。热分解产生的小分子物质将进一步发生后续的燃烧反应，大分子物质将进一步分解、燃烧，而部分大分子物质则可能来不及分解燃烧而排出焚烧炉形成污染物排放。

(3) 燃烧

燃烧是在氧气存在的条件下垃圾中有机可燃物质的快速、高温氧化，热分解过程产生的不同种类的气态、固态可燃物，达到着火条件时就会形成火焰而燃烧，因此生活垃圾的焚烧是气相燃烧和非均相燃烧的混合过程，比气态燃料或液态燃料的燃烧过程更复杂[3]。

5.2.2 垃圾焚烧影响因素

焚烧炉中，垃圾中有机可燃物的燃烧，在理论工况下可实现高温条件下的完全燃烧并释放热量，但在实际垃圾焚烧过程中，由于多种因素限制致使燃烧不完全，导致产生大量的黑烟，有机可燃物未完全燃尽而排入大气或是存留在灰渣中。影响垃圾焚烧的因素很多，主要有垃圾自身物性、焚烧炉停留时间、焚烧炉温度、湍流度、过量空气系数等[3,4]。

(1) 垃圾自身物性

垃圾的含水量、来源、成分、尺寸、热值等是影响垃圾焚烧的主要因素。垃圾的含水量将会导致焚烧炉内的温度波动，影响燃烧的稳定性。来源和成分的不同使得垃圾的可燃组分发生变化，影响着火温度和燃烧稳定性。垃圾组成成分的尺寸越小，单位质量或体积垃圾的比表面积越大，与周围氧气的接触面积也就越大，焚烧过程中的传热及传质效果越好，燃烧越完全。因此垃圾被送入焚烧炉之前，一般要求对其进行破碎预处理，可增加其比表面积，改善焚烧效果。垃圾热值的高低影响燃烧的稳定性，热值较低的燃料稳定性较差，需要混入部分其他可燃助剂保证燃烧的稳定进行，例如加入煤炭以促进垃圾的燃尽。

（2）焚烧炉停留时间

停留时间一方面指垃圾燃料在焚烧炉内的停留时间，从原料进炉开始到焚烧结束炉渣从炉中排出所需的时间；另一方面是指焚烧过程可燃挥发物和焚烧烟气在炉中的停留时间。垃圾在炉中的停留时间必须大于理论上干燥、热分解及燃烧所需的总时间，以保证燃烧充分。停留时间过短，垃圾可燃物质得不到充分完全燃烧就被排入大气或是随灰渣排出炉外，燃烧效率降低，未完全燃烧热损失增加。停留时间过长，则会降低焚烧炉的处理量，经济上不合理。因此，需要结合燃料的燃烧特性和焚烧炉的结构特点，合理控制垃圾在焚烧炉内的停留时间，在保证充分燃烧的基础上提高焚烧炉的垃圾处理量。

（3）焚烧炉温度

焚烧温度是指垃圾焚烧所能达到的最高温度，理论上焚烧温度越高，焚烧效果越好。由于焚烧炉的体积较大，炉内的温度分布不均匀，一般焚烧炉内燃烧火焰区域内的温度最高，可达800～1000℃。垃圾焚烧炉内的温度受诸多因素影响，除了受垃圾的含水量、来源成分、热值等基本物性影响外，还与焚烧炉内的燃烧组织等因素相关。

（4）湍流度

湍流度是表征可燃燃料和氧化剂混合程度和燃烧扰动程度的重要指标。湍流度越大，垃圾和空气的混合越好，有机可燃物能充分获取燃烧所需氧气，燃烧反应越完全，充分燃烧所需时间越短。湍流度受多种因素影响，与焚烧炉的内部结构、空气的配送方式与配送比例有重要关系。因此，焚烧炉的结构设计与优化对于提高垃圾的处理能力、处理效率和效果至关重要。

（5）过量空气系数

过量空气系数是考量垃圾燃烧状况的重要参数，供给适当的过量空气是有机物完全燃烧的必要条件。增大过量空气系数，不但可以提供足量的氧气，而且可以增加炉内的湍流度，有利于焚烧的进行。但过大的过量空气系数可能使炉内的温度降低，给焚烧带来副作用，导致一些大气污染物排放的增加，而且还会增加空气输送及预热所需的能量。

（6）其他因素

焚烧还会受到垃圾在炉中的料层厚度与运动方式等多种因素影响，特别是在机械炉排式的焚烧炉中，垃圾料层的厚度必须适当，厚度太大，在同等条件下可能导致不完全燃烧，厚度太小又会减少焚烧炉的处理量。对炉中的垃圾进行适当的翻转、搅拌，增大炉内的空气扰动，可以使可燃物与空气充分混合，改善燃烧条件。

5.2.3　垃圾焚烧过程评价指标

评价垃圾焚烧过程一般考虑几个指标，即燃烧效率、污染物排放、过程的能量平衡和物质平衡[3]。

(1) 燃烧效率

在焚烧垃圾过程中，燃烧效率（η）是考察垃圾利用效率和焚烧炉性能的重要指标，一般以烟气中含有的 CO_2、CO 气体浓度来表示：

$$\eta = \frac{C_{CO_2}}{C_{CO_2} + C_{CO}} \times 100\%$$

式中　C_{CO_2}，C_{CO}——焚烧后排放的烟气中 CO、CO_2 气体的浓度。

(2) 污染物排放

垃圾在焚烧过程中会产生一些污染物，一般包括烟尘、有害气体、重金属、有机污染物等几个方面。国家有相关的标准，例如《生活垃圾焚烧污染控制标准》（GB 18485）等，对各种污染物的排放值做了限定。垃圾焚烧电站需要采取烟气净化设施，严格控制污染物排放水平。

(3) 能量平衡

对一个燃烧设备而言，能量平衡在设备设计、运行中都十分重要。对于有余热锅炉的焚烧炉，进入系统的总能量平衡为：

$$Q_{in} = Q_{Msw} + Q_{Aux} + Q_{air} + Q_{m,in}$$

式中　Q_{Msw}——入炉垃圾能量；
　　　Q_{Aux}——辅助燃料的能量；
　　　Q_{air}——入炉冷空气的能量；
　　　$Q_{m,in}$——吸热介质（一般为锅炉水）进入系统的能量。

系统产出的能量包括生产水蒸气的热量、随烟气排出的排烟热损失、灰渣中包含的机械不完全燃烧热损失、烟气中包含的化学不完全燃烧热损失以及设备的散热损失等。通过建立设备的能量平衡，可以获得系统的热效率，并为整体电站能量效率的改进提供方向。

(4) 物质平衡

进行物质平衡分析，则可以掌握垃圾焚烧电站总体的物质转化流向，分析并提高物质转化的效率，提高工艺经济性。从质量平衡的角度，垃圾焚烧过程中进入系统的总质量为：

$$M_{in} = M_{Msw} + M_{Aux} + M_{air}$$

式中　M_{Msw}，M_{Aux}，M_{air}——垃圾、辅助燃料和入炉空气的质量。

离开系统的总质量为：

$$M_{out} = M_{alag} + M_{ash} + M_{gas}$$

式中 M_{alag}，M_{ash}，M_{gas}——炉渣、飞灰和烟气的质量。

各种物质又可以根据元素组成进行C、H、O、N、S、卤素、金属等质量细分，从而确定转化过程中各元素的转化迁移流向，为提高转化效率、控制特定物质的产生和排放以及灰渣再利用提供参考。

5.2.4 垃圾焚烧发电设备

焚烧炉是垃圾焚烧发电系统的核心设备，其性能和效率关系到整个垃圾发电系统的性能和经济性。垃圾焚烧炉炉型众多，焚烧炉的设计、选型与垃圾原料的物性、燃烧形态等多种因素密切相关，炉型的选择直接影响到垃圾焚烧的效果、设备投资、运行费用等。按照燃烧方式不同，垃圾焚烧炉主要有机械炉排焚烧炉、流化床焚烧炉和回转窑焚烧炉三大类[4,5]。

5.2.4.1 机械炉排焚烧炉

机械炉排焚烧炉是目前垃圾焚烧炉的主导产品，占全世界垃圾焚烧市场份额的80%以上。机械炉排焚烧炉使用历史长、品种多、技术成熟，运行可靠性高，结构比较紧凑，热效率较高。典型的制造厂家有比利时西格斯、德国鲁奇、德国马丁公司等，目前国内垃圾焚烧厂也是主要选用炉排炉。

炉排炉的燃烧组织可分为三个阶段：第一段为加热段，垃圾水分被干燥、预热、有机挥发物析出气化；第二段为燃烧段，有机挥发物与氧气结合燃烧；第三段为燃尽段，有机可燃物充分燃烧并燃尽，排出焚烧渣。

机械炉排炉的特点是通过活动炉排的移动，推动垃圾逐层掉落，对垃圾起到切割、翻转和搅拌的作用，实现完全燃烧。炉排一般由特殊合金制成，耐磨、耐高温，典型的炉排炉结构见图5-2[6]。

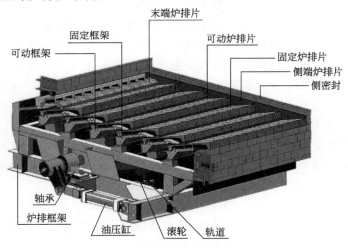

图5-2 垃圾焚烧炉炉排结构示意

根据炉排运动方式及结构不同，机械炉排形式有往复炉排、滚动炉排、多段波动炉排、脉冲抛动炉排等，前两种为主要形式。

往复炉排焚烧炉是垃圾焚烧炉最为广泛应用的炉型，通过固定炉排片与活动炉排片交替安装，往复运动，可在炉排面上有效地翻动、搅拌垃圾，逐层推进，使燃烧空气和垃圾充分接触，实现充分燃烧。炉排往复运动的速度可通过液压装置调节，其大小依据垃圾的性质及燃烧状况确定。燃烧空气从炉排下部送入，可起到炉排冷却作用。根据炉排运动方向与炉内垃圾运动方向相同或相反，往复炉排焚烧炉可分为逆向推动和顺向推动往复炉排焚烧炉两种形式。

滚动炉排由5～7个大直径滚筒组成，滚筒呈一定倾斜角度自上而下排列，相邻滚筒间旋转方向相反。垃圾在滚筒旋转作用下翻转和搅拌，每个滚筒都配有风室，通过滚筒表面的通气孔实现单独配风，经历干燥着火、燃烧和燃尽阶段。滚动炉排利用旋转作用，使圆筒炉排形成半周工作、半周冷却的状态，滚筒转速可依据炉内温度和烟气成分情况分别控制。但是，对于垃圾料层较厚的情况，滚动炉排应用具有一定的局限性，料层较厚使得翻动困难，造成燃烧基本接近层燃方式，引起燃烧不完全。

助燃空气从炉排下部送入，在炉排面上与高温的固体燃料接触并发生燃烧，燃料热分解产生的可燃气体和部分颗粒物质则上升到炉排上部空间，与助燃空气和另外加入的二次风接触并实现充分燃尽。燃烧烟气和炽热的炉排燃烧层通过对流换热和辐射换热方式将热量传递给锅炉受热面，燃烧灰渣则通过炉排的运动而排出焚烧炉，完成燃烧过程。

表5-1对典型机械炉排焚烧炉的综合技术性能进行简单比较。往复炉排与滚动炉排焚烧炉均属于成熟技术，比较适合国内的高水分、低热值垃圾。

表5-1 典型机械炉排焚烧炉综合技术性能比较

炉排型式	滚动炉排焚烧炉	倾斜往复阶梯炉排焚烧炉	
		倾斜逆推往复炉排	倾斜顺推往复炉排
炉排调节	多个滚筒 速度单独可调可控	整个炉排 整体动作	几段炉排 分别可调节
炉排面积	中	小	大
垃圾搅拌性	好	好	好
炉排片互换性	好	不好	好
低热值垃圾适应性	一般	好	好
炉排冷却性	好	较好	较好
炉排检修难易程度	容易	容易	容易

5.2.4.2 流化床焚烧炉

流化床燃烧技术是20世纪70年代发展起来的先进燃烧技术，对于低热值燃料的适应性较好。在我国，流化床焚烧炉主要是国内自主研发技术，投资成本较低，中国科学院、清华大学、浙江大学等均开展了大量的研究工作。

流化床焚烧炉没有运动的炉体和炉排，炉体通常为竖向布置，炉底设置了多孔分布板，并在炉内投入了大量石英砂作为热载体。流化床焚烧炉需提前将炉内石英砂通过喷油等辅助燃料实现预热，将床温加热至600℃以上，并由炉底鼓入200℃以上预热空气，使床料沸腾，再将垃圾送入炉内。垃圾进炉接触到高温的床料而被迅速加热，同砂石一同沸腾，垃圾很快被干燥、着火并开始燃烧。未燃尽的垃圾密度较小，继续沸腾燃烧，而已燃尽的垃圾灰渣因密度增大，逐步下降与砂石一同落下，并最终通过排渣装置排出炉外。利用分选设备将炉渣分级，粗渣、细渣送到厂外，留下少量的中等颗粒的渣和石英砂床料，通过提升机送回炉内作为床料循环使用。

图 5-3 为较为典型的流化床焚烧炉的结构示意。

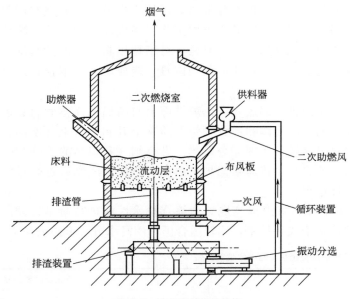

图 5-3 流化床焚烧炉结构

流化床焚烧工艺燃料适应性广，可燃烧高水分、低热值的垃圾，床内混合均匀，而且大量床料的存在使得流化床蓄热量大，燃烧较为稳定，也从另一个方面提高了可利用的垃圾燃料范围。流化床中剧烈的传热传质环境，使垃圾与空气的接触面积和接触机会增大，反应速度快，燃烧迅速、充分。

流化床焚烧炉的不足之处在于对入炉垃圾粒度有要求，一般要求不大于150mm，大尺寸垃圾必须破碎后才能入炉焚烧，否则垃圾在炉内无法保证沸腾状态，所以需要配备大功率的破碎装置，增加了能源消耗。床料的存在造成焚烧炉本体阻力大，空气鼓入压力高，动力消耗比其他焚烧方案高。运行和操作技术难度相对较大，对于调节手段的灵敏度和专业技术人员操作有较高要求。

5.2.4.3 回转窑焚烧炉

回转窑焚烧炉也是常用的垃圾焚烧设备，结构简图见图 5-4，其利用以一定的倾斜角度（1%～3%）旋转的高温筒体作为传热和燃烧空间，垃圾在回转窑内受热、分解、燃烧，高温烟气和燃烧残渣从回转窑末端排出。回转窑内壁可采用耐火砖砌筑，也可采用管式水冷壁以保护滚筒，筒壁上可设置内构件以调整物料运动方式。回转窑操作温度一般控制在900～1050℃，当窑内温度不能达到工艺要求时，可通过燃烧器进行喷油燃烧给窑内提供热量以补充垃圾燃烧热量的不足。由于垃圾在筒内翻滚，可与空气充分接触，经过着火、燃烧和燃尽进行较完全的燃烧。可通过调整回转窑转速控制垃圾在窑中的停留时间，并且对垃圾在高温气氛中的运动状态进行控制，实现充分燃烧并防止燃烧异常[3,7]。回转窑焚烧炉一般还会配备二次燃烧室，即垃圾热分解产生的可燃气体在回转窑内可能不能完全燃尽，需要在二次燃烧室内继续燃尽。

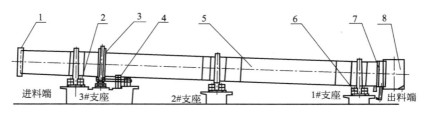

图 5-4　回转窑结构简图
1，7—密封装置；2，6—支撑装置；3—大齿圈装置；4—传动装置；5—回转窑体；8—出料端

根据燃烧气体流向与固体废物前进方向是否一致，回转窑焚烧炉可以分为顺流和逆流两种。焚烧处理高水分固体废物时可选用逆流式，利用燃烧烟气的热量干燥入炉原料，助燃器设置在回转窑出渣口方向。顺流式回转窑更适合处理高挥发分原料，以保证在燃烧不同阶段有充分的可用助燃空气。

回转窑焚烧方式焚烧处理能力强，操作弹性大，原料适用范围广，对于原料性状、水分、热值等的敏感度低，是处理多种垃圾混合原料的良好选择。同时，回转窑机械结构简单，设备费用低，操作维修方便，厂用电耗与其他燃烧方式相比也比较低，能量回收率高。然而，回转窑炉体转动较为缓慢，垃圾处理量受到限制，因此该方式的应用规模受到一定的限制。由于燃烧方式和结构的限制，回转窑燃烧过程控制较为复杂，自动化的燃烧监测与燃烧组织较为困难。同时，由于长期工作于高温、旋转的环境，回转窑本体还会出现转动部件故障率高、耐火衬里磨损严重等问题。

5.2.4.4　气化熔融焚烧炉

为了更为高效地回收垃圾中的能量，并满足更为严格的排放标准，世界各国都在开发新一代的垃圾焚烧技术，其中气化熔融焚烧技术就是目前发展的第二代垃圾焚烧工艺，日本、德国、美国、西欧等国家和地区，以及我国清华大学、东北大学、浙江大学等进行了深入的研究。该技术可以更高效地回收垃圾中的资源、能源，同时满足更严格的垃圾焚烧污染物排放标准，特别是二噁英、重金属等二次污染物的排放可降至更低水平，并同时提高锅炉效率和发电效率。气化熔融焚烧技术可分为一步法和两步法。

① 一步法熔融焚烧技术是将垃圾的气化过程和熔融焚烧过程置于一个设备中进行，工艺过程设备简单，工程投资和运行费较低。

② 两步法熔融焚烧技术，先将垃圾置于 500~600℃ 温度的设备中进行热解、然后将热解炭渣分拣出有价值的金属等之后再置于温度高于 1300℃ 的设备中进行熔融处理[4,8]。

垃圾气化熔融技术主要采用两种炉型，回转窑式和流化床式。回转窑式气化熔融技术将垃圾置于内热式回转窑中进行部分燃烧和气化，垃圾在无氧环境下缓慢热分解气化，产生的可燃气进入下游的回转式熔融炉，而在回转窑下部将产生的半焦和不燃物质排出，最后对残留物进行分选，金属回收，含碳可燃物进入熔融炉进行熔融处理，熔融温度可达 1300℃，使炉渣以熔融态排出。流化床式气化熔融技术将垃圾置于流化床气化炉中进行气化，不燃物从炉底排出并进行分选，含碳可燃物和低热值可燃气体进入熔融炉进行熔融处理。两种技术的单炉最大处理能力目前大都低于 250t/d，发电效率一般在 30%~32% 之间，而且流化床式技术的热回收率要更高一些。两种技术污染物排放均较低，熔渣经过高温处理，对环境无害，熔渣和金属都可回收利用。

采用气化熔融技术将垃圾的低温热解气化与固态剩余物的高温熔融处理结合起来，实现了较为深度的无害化、减量化。城镇垃圾先在还原性气氛下热分解产生可燃气体，同时垃圾中的 Cu、Fe 等金属也不易形成促进二噁英类形成的催化剂，有利于抑制二噁英类物质的生成，也能降低直接燃烧过程的 NO_x 排放。垃圾中的有价金属没有被氧化，利于金属的回收利用。含碳灰渣在 1300℃ 以上的高温状态下进行熔融燃烧处理，在回收能量的同时，能有效分解有毒有害物质，最大限度地保证熔渣的再循环回收利用。

5.3 垃圾焚烧发电污染物防控

与燃煤电站燃料组成相对单一不同，垃圾焚烧场一般采用混合垃圾，即多种不同来源的废弃物组成的混合物，组成更为复杂，因此垃圾焚烧过程产生的气体物质和固体残渣将会包含更为复杂的大气污染物或者对土壤、水体有毒有害的物质。垃圾焚烧发电过程的污染物防控任务比燃煤电站更为艰巨，包括在垃圾焚烧过程中污染物释放的抑制和焚烧后产物污染物排放的控制。例如，我国颁布实施的国家标准《生活垃圾焚烧污染控制标准》（GB 18485—2014）对生活垃圾焚烧的污染物排放进行了严格的限定，部分污染物的控制值见表 5-2。对生活污水污泥、一般工业固体废物的专用焚烧炉排放烟气中二噁英类污染物浓度,要求焚烧处理能力 50t/d 以下的系统,二噁英类排放限值 1.0ng TEQ/m^3;焚烧处理能力 50~100t/d 的系统,限值 0.5ng TEQ/m^3;处理能力 100t/d 以上的系统,限值 0.1ng TEQ/m^3。

表 5-2 生活垃圾焚烧炉排放烟气中污染物限值

序号	污染物项目	限值	取值时间
1	颗粒物/(mg/m^3)	30	1h 均值
		20	24h 均值
2	氮氧化物(NO_x)/(mg/m^3)	300	1h 均值
		250	24h 均值
3	二氧化硫(SO_2)/(mg/m^3)	100	1h 均值
		80	24h 均值
4	氯化氢(HCl)/(mg/m^3)	60	1h 均值
		50	24h 均值
5	汞及其化合物(以 Hg 计)/(mg/m^3)	0.05	测定均值
6	镉、铊及其化合物(以 Cd+Tl 计)/(mg/m^3)	0.1	测定均值
7	锑、砷、铅、铬、钴、铜、锰、镍及其化合物(以 Sb+As+Pb+Cr+Co+Cu+Mn+Ni 计)/(mg/m^3)	1.0	测定均值
8	二噁英类/(ng TEQ/m^3)	0.1	测定均值
9	一氧化碳(CO)/(mg/m^3)	100	1h 均值
		80	24h 均值

5.3.1 烟气污染物形成与控制

5.3.1.1 垃圾焚烧烟气中污染物的种类及形成机理

由于垃圾成分的复杂性和不均匀性,焚烧过程中发生了复杂的化学反应,产生的烟气中除包括过量的空气和二氧化碳外,还含有对人体和环境有直接或间接危害的成分。根据污染物性质的不同,可将其分为颗粒物、酸性气体、重金属和有机污染物四大类[4,9,10,23]。

(1) 颗粒物

垃圾焚烧过程中,由于高温热分解、氧化的作用,燃烧物及其产物的体积和粒度减小,其中的不可燃物大部分在炉排上以炉渣的形式排出,一小部分物质在气流携带及热泳力作用下,与焚烧产生的高温气体一起在炉膛内上升,经过热交换后从锅炉出口排出。烟气流中携带的颗粒物,即飞灰,粒度较小,排放到周围环境中,就构成了大气中颗粒物污染的一个重要来源。

（2）酸性气体

酸性气体污染物主要由 SO_x、HCl 和 NO_x 组成，其中 SO_x、HCl 主要是垃圾中所含的 S、Cl 等化合物在燃烧过程中产生的。城市垃圾中含硫成分有 30%～60% 转化为 SO_2，其余则残留于焚烧底灰或被飞灰所吸收。NO_x 主要来源于垃圾中含氮化合物的分解转换和空气中氮气的高温氧化，其主要成分为 NO。与农林生物质原料的燃烧不同，垃圾燃烧中酸性气体污染物的排放要更为严重。

（3）重金属

重金属类污染物源于焚烧过程中垃圾所含重金属及其化合物的蒸发。该部分物质在高温下由固态变为气态，一部分以气相形式存在于烟气中，如 Hg；另有相当一部分重金属分子进入烟气后被氧化，并凝聚成很细的颗粒物；还有一部分蒸发后附着在焚烧烟气中的颗粒物上，以固相的形式存在于焚烧烟气中。

（4）有机污染物

有机污染物主要是指在环境中浓度虽然很低，但毒性很大，直接危害人类健康的二噁英类化合物，其主要成分为多氯二苯并二噁英（PCDDs）和多氯二苯并呋喃（PCDFs）。通常认为，垃圾的焚烧、特别是含氯化合物的垃圾焚烧，是环境中这类化合物产生的主要来源。二噁英可能来源于垃圾自身含有的微量二噁英类前体物质，也可能是在垃圾焚烧过程中特定的燃烧环境下产生的二噁英类物质。垃圾焚烧中二噁英的产生原因非常复杂，迄今研究者仍在对二噁英的产生机理和途径进行研究。一般认为，垃圾焚烧炉中二噁英产生的可能机制有以下 3 种。

① 焚烧炉中温度较低或者停留时间太短，造成垃圾中 PCBs（多氯联苯）、PCDDs、PCDFs 等有机物不能有效分解而形成。

② 由氯化有机芳香族类的二噁英前驱物在下游设备的低温区域（250～350℃）下生成。

③ 由非氯化有机物、氯盐、氧气和水分子在飞灰中金属盐类化合物（如氯化铜等）的催化作用下，在下游设备的低温区域生成。

5.3.1.2 垃圾焚烧烟气净化

（1）颗粒物净化技术

垃圾焚烧厂的颗粒物净化可采用静电分离、过滤、离心沉降及湿法洗涤等形式，静电除尘器和袋式除尘器广泛应用于垃圾焚烧厂烟气净化。静电除尘器可以使颗粒物浓度（标）控制在 $45mg/m^3$ 以下，而袋式除尘器可使颗粒物的浓度控制在更低水平，同时具有净化其他污染物的能力（如重金属、PCDDs 等）。袋式除尘器虽然易受气体温度和颗粒物黏性的影响，致使滤料（耐高温、耐冲击）的造价增加和清灰不利，但净化效率却不受颗粒物比电阻和原始浓度的影响，而过高或过低的比电阻却使静电除尘器的净化效率降低，故二者各有其优缺点。文丘里湿式洗涤器也可以达到很高的除尘效率，并能够脱除多种污染物，但其能耗高且存在后续的废水处理问题，所以不作为主要的颗粒物净化设备。

(2) 酸性气体净化技术

对垃圾焚烧尾气中 SO_2、HCl 等酸性气体的处理方法，有干式、湿式和半干式洗气技术。

① 干式净化是指用压缩空气将碱性固体粉末直接喷入烟气通道上的反应器内，与酸性废气直接接触反应，达到中和酸性气体的目的。

② 湿式净化是指将烟气与洗涤碱性液体充分接触，使酸性气体分离出来，但过程中产生废水并且对管道具有腐蚀作用。

③ 半干式净化介于干式净化和湿式净化之间，是目前应用最为广泛的酸性气体净化方式，多采用喷雾干燥器。

NO_x 的净化是最困难且费用昂贵的技术，这是由 NO 的惰性（不易发生化学反应）和难溶于水的性质决定的。垃圾焚烧烟气中的 NO_x 以 NO 为主，其含量高达 95％ 或更多，降低烟气中 NO_x 的方法主要有通过分级燃烧的方式和选择性催化还原 SCR、选择性非催化还原 SNCR 等方式。SCR 技术加入氨作为还原剂，通过贵金属的催化将 NO_x 转化生成 N_2 而得到净化，反应温度一般在 300～400℃，必须加入专门设备。SNCR 可在焚烧炉内完成，通过喷入氨或尿素，过程温度较高，反应温度需要达到 800℃ 以上。这些净化技术在工程上均有应用。

(3) 重金属的捕获

焚烧前对垃圾进行归类分拣，将重金属含量较高的废旧电池及电器、杂质等从原生垃圾中分拣出来，可以大幅减少焚烧产物中的 Hg、Pb、Cd 等的含量。焚烧过程中对重金属的捕获，可采用冷凝、喷入特殊试剂等方法吸附，还可以通过催化转变及尾气洗涤等方法控制重金属。

(4) 有机污染物的净化

PCDDs、PCDFs 和其他痕量有机污染物的净化越来越受到重视，我国颁布的《生活垃圾焚烧污染控制标准》（GB 18485—2014）中也对 PCDDs、PCDFs 排放浓度有严格规定。目前在垃圾焚烧过程二噁英排放抑制方面的技术主要有以下几种。

① 改善燃烧条件，维持炉内高温，延长气体在高温区的停留时间，加强炉内湍动，促进空气扩散，从源头抑制这类有害物质的产生。研究发现，燃烧过程中 Cu 或 Fe 的化合物在悬浮微粒的表面催化了二噁英前驱物生成，在 300～500℃ 的温度环境下促成了二噁英类物质的炉外合成，因此应尽量缩短烟气在冷却和排放过程中处于 300～500℃ 温度域的停留时间[10,11]。

② 垃圾焚烧时加入脱氯物质，或喷入 CaO 以吸收 HCl，以及可在烟气中喷入 NH_3 以控制前驱物的产生，这两种方法已被证实能有效地抑制二噁英生成。采用垃圾与含硫量较高的煤进行掺烧也是一种有效的方式。煤燃烧产生的 SO_2 能抑制二噁英的形成：一方面当 SO_2 存在时，其与氯化合物、水蒸气相互作用，减少氯化作用，进而抑制二噁英的生成；另一方面 SO_2 与 CuO 反应，生成催化活性小的 $CuSO_4$，从而降低了 Cu 的催化活性，减少催化形成二噁英的可能性[12]。

③ 对于烟气中的二噁英物质，采用袋式除尘并结合活性炭吸附的方法，也能够有效减排。由于活性炭具有较大的比表面积，吸附能力较强，能有效地吸附二噁英。常

用的方法有两种：一种是在袋式除尘器之前的管道内喷入活性炭；另一种是在烟气进入烟囱排放之前附设活性炭吸附塔，一般控制吸附塔处理温度为130～180℃[13]。

5.3.2 灰渣处理与利用

焚烧灰渣是垃圾焚烧过程一种必然的副产物。焚烧灰渣包括焚烧炉的炉排下炉渣和烟气除尘器等中收集的飞灰，主要是不可燃的无机物以及部分未燃尽的有机物。焚烧炉渣与除尘设备收集的焚烧飞灰应分别收集、储存、运输和处置。焚烧炉渣为一般工业固体废物，工程应设置相应的磁选设备，对金属进行分离回收，然后进行综合利用，或按要求进行储存、处置；焚烧飞灰属危险废物，应按危险废物污染相关控制标准进行储存、处置，同时鼓励焚烧飞灰的综合利用，但所用技术应确保二噁英的完全破坏和重金属的有效固定、在产品的生产过程和使用过程中不会造成二次污染。

垃圾发电厂飞灰中2/3以上的成分是硅酸盐和钙，其他的化学物质主要是铝、铁和钾，而水冷熔渣中主要的化学物质是硅酸盐和铁，其他的化学成分主要是铝和钙。根据垃圾成分的不同，灰渣量一般为垃圾焚烧前总重量的5%～20%。灰渣特别是飞灰中由于含有一定量的有害物质，尤其是重金属，若未经处理直接排放，将会污染土壤和地下水源，对环境造成危害。由于灰渣中含有一定数量的铁、铜、锌、铬等金属物质，具有回收和资源再利用价值。

5.3.2.1 灰渣处理

垃圾焚烧飞灰的处置方法有固化稳定化、酸或其他溶剂洗提法等。固化稳定化包括常温固化和高温固化，一般水泥固化、沥青固化、化学药剂固化等属常温固化，而熔融固化则为高温固化，如经过处理后的产物能够满足浸出毒性标准或者资源化利用标准，则可进行资源化利用或进入普通填埋场进行填埋处置[14]。

水泥固化法是将飞灰和水泥混凝土混合形成固态，经水化反应后形成坚硬的水泥固化体。通过固化包容，减少飞灰的表面积和降低其可渗透性，从而达到降低飞灰中危险成分浸出的目的。沥青固化法是利用沥青良好的黏结性、化学稳定性和不透水性，通过加热使有害物质均匀地包容在沥青中，将飞灰表面包覆固定，防止有害物质浸出。在飞灰与沥青的混合物中也可添加特定的添加剂，例如硫化物，以减少重金属的浸出量。石灰固化法是以石灰为固化剂，以粉煤灰或水泥窑灰为填料，用于固化含有硫酸盐或亚硫酸盐类废渣的一种固化方法，在飞灰有害物质稳定化中也有一定应用。

药剂稳定化是利用化学药剂，通过化学反应使有毒有害物质转变为低溶解性、低迁移性及低毒性物质的过程。根据废弃物中所含重金属的种类，可采用的稳定化药剂有石膏、漂白粉、磷酸盐、硫化物（硫代硫酸钠、硫化钠）和高分子有机稳定剂等[15]。

飞灰熔融处理主要是使飞灰中二噁英等有机物在熔融温度（1000～1500℃）下热解或燃烧，无机物形成熔渣，低沸点的重金属及盐类将蒸发成气相，由排气集尘系统收集，而 Fe、Ni、Cu 等有价金属则还原成金属熔液，可回收再利用，其他重金属则残留于熔渣中。由于飞灰中的 SiO_2 在熔融时会产生网状构造，能将残留于熔渣晶格中的重金属完全包封，使重金属在形成的熔渣中不易溶出[16]。

酸或其他溶剂洗提法是通过酸、碱、生物或生物制剂提取或者高温提取等方法，将飞灰中的重金属提取出来，然后再进行资源化利用。根据处理物的化学组成或使用的药剂，可分为酸提取氢氧化物处理法、酸提取硫化物处理法、酸提取重金属固定剂处理法[17]。

5.3.2.2 焚烧灰渣的利用

焚烧产生的底灰具有物质组成多样复杂、毒性小的特点，其重金属浸出量和溶解盐含量小，可认为基本没有毒性，因此可将底灰送垃圾填埋场进行填埋处置，而且也可资源化再利用，通常的利用方式有石油沥青铺面集料、路基建筑填料、填埋场覆盖材料、回收黑色金属等[18,26]。

底灰经筛分、磁选等方式去除其中的黑色及有色金属并获得适宜的粒径后，可与其他集料相混合，用作石油沥青铺面的混合物，美国、日本及欧洲一些国家均有使用实例。底灰物质组成多样复杂、稳定性好、密度低，其物理和工程性质与轻质的天然集料相似，并且焚烧灰渣容易进行粒径分配，因此成为一种适宜的路基、路堤等的建筑填料。

对底灰进行压缩可有效减少其渗透，合适的含水率加以合适的压力，可使其渗透率达到较高水平，处理后作为填埋场的覆盖材料可有效减少污染物的释放。另外，利用磁选和筛分从底灰中提取黑色金属的技术在许多欧美国家的垃圾焚烧厂也得到了应用。

5.3.3 废水处理

5.3.3.1 废水来源及性质

垃圾焚烧发电厂废水来源复杂，含有多种污染物，如缺少合适的净化和处理，将会对水体和土壤等造成较为严重的污染。垃圾焚烧发电过程产生的废水主要分为垃圾渗滤液、生产生活污水等[22,23]。

垃圾渗滤液主要产生于垃圾储坑，是垃圾在储坑中发酵腐烂后，垃圾内水分排出造成的，产生量主要受进厂垃圾的成分、水分和储存时间的影响，其中餐厨垃圾和果皮类垃圾含量是影响渗滤液组分和数量的主要因素。垃圾渗滤液的特点是臭味强烈、有机污染物浓度高、氨氮含量高。高浓度的垃圾渗滤液主要是在酸性发酵阶段产生的，其 pH 值为 4~8，COD 能达到 20000~80000mg/L，此外还含有较多重金属如 Fe、Mn、Zn 等，而且由于渗滤液中含有较多的难降解有机物，一般即使经过生化处理之后，其 COD 值仍偏高。

生产生活污水主要来源于几个方面：a. 垃圾运输车和倾倒平台冲洗时产生的废

水，废水产生量与洗涤次数、平台面积、洗涤方法及垃圾性质有关，主要污染物质是有机物；b.垃圾焚烧灰渣冷却时产生的废水；c.燃烧烟气喷水冷却而产生的废水，与喷射量、喷射方法有关；d.洗烟设备中为去除烟气中有害气体成分而产生的废水，其中还含有Cd、Zn、Hg、Pb等较多的重金属。

5.3.3.2 废水处理技术

污水处理程度的确定，需要综合考虑污水性质和下游排放要求。一般污水经处理后有三种排放途径：一是排入市政下水系统；二是排放进入自然水体；三是中水回用。在建有城市生活污水处理厂的地区，可将渗滤水经预处理后达到《污水排入城市下水道水质标准》(GB/T 31962—2015)，然后排进污水管网。生产生活污水中，除出灰废水、灰槽废水和洗烟废水有可能需要对超标的重金属离子进行预处理外，其余基本可以直接排进城市污水管网。当处理后的污水需要直接排入自然水体时，水质标准应满足相关的污水排放标准，例如《污水综合排放标准》中规定的最高允许排放浓度限值。当污水处理后作为中水应用时，需要在前述污水处理流程后增加处理设施，使回用水达到《生活杂用水水质标准》。

典型的废水处理技术包括以下几种类型。

① 混凝沉淀＋生物处理法，通过混凝沉淀去除废水中对微生物有害的重金属等物质，再与其他污水混合进行生物处理，此流程适于处理灰冷却水和洗烟废水等排放水体。对于灰冷却水和洗烟废水等污水排入下水道前的预处理，可采用分段混凝沉淀法。重金属用碱性混凝沉淀时，不同的重金属离子在不同的pH值条件下才能达到最佳处理效果，需分几段进行混凝处理。

② 膜处理＋生物处理法可应用于排放要求较高的垃圾渗滤水处理，通过膜处理去除悬浮物质和大分子难生物降解的有机物，降低下游生物处理的负荷，使水质达标排放。

③ 生物处理＋活性炭处理法或生物处理＋混凝沉淀＋过滤处理工艺适于必须再利用废水的深度处理，前段生物处理段分解有机物，后段通过活性炭吸附或滤料截留去除残留的污染物。

④ 活性污泥法＋接触氧化法工艺可实现深度净化，适用于废水排放要求高的地区。

5.4 垃圾焚烧发电工程建设与运营

5.4.1 工程总体规划及建设原则

根据国家《城市生活垃圾处理及污染防治技术政策》的相关规定，垃圾焚烧发电适用于进炉垃圾平均低位热值高于 5000kJ/kg、卫生填埋场地缺乏和经济发达的地区，选址必须符合所在城市的总体规划、土地利用规划及环境卫生专项规划（或城市生活垃圾集中处置规划等）。焚烧设备应符合国家鼓励发展的环保产业设备关于固体废物焚烧设备的主要指标及技术要求，除采用流化床焚烧炉处理生活垃圾的发电项目，其掺烧常规燃料质量应控制在入炉总量的 20% 以下外，采用其他焚烧炉的生活垃圾焚烧发电项目不得掺烧煤炭。有工业热负荷及采暖热负荷的城市或地区，生活垃圾焚烧发电项目应优先选用供热机组，以提高环境效益和社会效益。

垃圾焚烧发电厂与常规燃煤发电厂工艺流程基本类似，工程的总体规划可以参照火电厂相关标准和规范，其差别主要在原料储存和预处理单元、烟气净化单元。

图 5-5 为垃圾焚烧典型工艺流程。

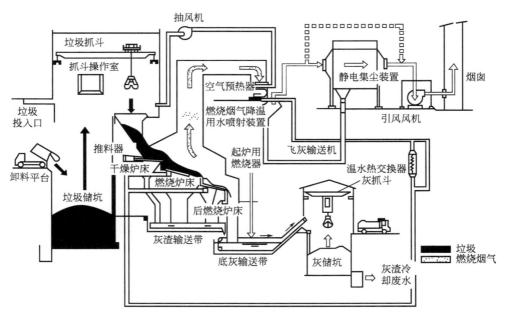

图 5-5　垃圾焚烧典型工艺流程

场内设置大型的垃圾储存槽和垃圾输运装置，垃圾由垃圾收集车输送至垃圾储存槽存放，由垃圾抓斗、卷起装置、行走装置以及配电、计量和控制设备组成的垃圾起重机输送至下料斗，然后进入焚烧炉内。在炉内，垃圾经历烘干、燃烧、燃尽等过程。焚烧过程固体残渣由排渣装置排出炉外，经除铁后送至灰渣池，燃烧过程飞灰也送至灰渣池，然后送至场外。燃烧后的高温烟气经过炉膛、对流受热面、省煤器、空气预热器等排出锅炉，然后经历脱酸、脱硫脱硝以及除尘等烟气净化工艺之后，通过烟囱排放。

垃圾焚烧发电厂内垃圾在储坑内的储存期一般都在 3d 以上，因有机垃圾的特殊性，在储存过程中会产生大量的可燃性气体，包括甲烷、硫化氢等易燃易爆、有毒、有害气体，应加强通风，防止可燃性气体积聚，并严格防止火种卸入垃圾储坑。同时，应特别重视消防安全，按照国家和行业相关标准设置消防灭火设施和给水系统。同时，因部分有机垃圾容易腐败、发臭等，垃圾储存车间的通风、除臭等也是需要考虑的问题，处理不当会严重影响周边生产生活环境。垃圾卸料、垃圾输送系统及垃圾储存池等采用密闭设计，垃圾储存池和垃圾输送系统采用负压运行方式，垃圾渗滤液处理构筑物必须加盖密封处理。在非正常工况下，必须采取有效的除臭措施。

垃圾焚烧发电厂属市政和电力工程，因此垃圾发电厂的选址和规划既要符合市政工程要求又要符合电力行业的要求。垃圾焚烧发电厂的总体规划，是指在拟定的厂址区域内，结合用地条件和周围的环境特点，对发电厂的厂区、厂内外交通运输、水源地、供排水管线、储灰场、施工场地、生活区、绿化、综合利用、防排洪等各项工程设施，进行统筹安排和合理的选择与规划[18-20]。

设计依据包括《工业企业总平面设计规范》（GB 50187—2012）、《厂矿道路设计规范》（GBJ 22—87）、《总图制图标准》（GB/T 50103—2001）、《防洪标准》（GB 50201—2014）、《生活垃圾焚烧处理工程技术规范》（CJJ 90—2009）、《小型火力发电厂设计规范》（GB 50049—2011）、《火力发电厂与变电所设计防火规范》（GB 50229—2006）、《建筑设计防火规范》（GB 50016—2014）、建设用地地形图、用地红线图以及相关的国家及地方定额、标准、规范[18,22,24,25]。

总平面布置原则包括：
① 满足生产工艺和各设施功能要求；
② 功能分区及布局合理，节约使用土地；
③ 道路设置顺畅，满足消防、物料输送及人流通行疏散需求；
④ 竖向设计合理，便于场地排水，减少土石方工程量；
⑤ 合理布置厂区管网，力求管网短捷顺畅；
⑥ 妥善处理好建设与发展的关系，为预留扩建留有余地；
⑦ 创造良好的生产环境，搞好绿化，降低各类污染；
⑧ 满足国家现行的防火、卫生、安全等技术规程及其他技术规范要求。

根据生产工艺、运输组织和用地条件，厂区布置以如下功能分区：
① 主要生产区，由主厂房、烟囱、上料坡道等组成；
② 水工区，由净化水装置、综合泵房、净水池及冷却塔等组成；
③ 垃圾渗滤液处理区，主要由综合机房和渗滤液综合处理池组成，其中综合处理池包括调节池、厌氧池、硝化池、返硝化池、污泥浓缩池等；
④ 辅助生产区，包括地磅房、油泵房及地下油罐等；
⑤ 行政管理区，主要由综合楼、门卫等组成。

厂区管线大体包括生产给水管、生活给水管、消防给水管、生产排水管、生活污水管、循环水管、雨水管、电力电缆、照明电缆、仪控电缆、蒸汽管、渗滤液管等。管线布置原则主要有：a.与厂区平面布置、竖向布置及绿化布置统一协调；b.满足生产、安全及检修的要求；c.管线布置顺畅、短捷，减少交叉；d.认真执行相关规范，满足管线之间及管线与相邻建构筑物和各种设施的间距要求；e.管线交叉时，满足管线间垂直间距的要求；f.合理管线排序，同类管线相对集中布置，有条件的采用共沟、共架敷设，节约用地，为发展留有余地。

5.4.2 工程运营实例

5.4.2.1 炉排焚烧炉垃圾焚烧发电

深圳市垃圾焚烧厂是我国首座现代化的垃圾处理厂，占地面积 $2hm^2$，建筑面积 $7000m^2$，首期工程装备 2 台 150t/d 处理能力的马丁型焚烧炉，焚烧炉由日本三菱重工引进，焚烧炉投产迄今运转正常，主要处理城市生活垃圾。城市垃圾由专用车辆运进场内，经计量称重后卸入垃圾储坑，储坑顶部装备 2 台抓斗式起重机，可供垃圾倒垛、拌和以及送料之用。起重机操作室与垃圾储坑密闭隔离，采用遥控式操纵，将垃圾通过炉前料斗送入焚烧炉，投入的垃圾量自动计量并记录。垃圾从料斗沿滑槽下落至焚烧炉的送料器，将垃圾原料输送到向上倾斜角度为 26°的炉排，通过炉排往复运动，垃圾依次经历干燥、燃烧和燃尽区。燃烧用空气经过空气预热器 2 次预热到 260℃后，作为一次风从炉排下方送入炉内，一部分不经预热的空气从炉膛内炉拱处的两排喷嘴送入炉内作为二次风，一次风和二次风的风量根据炉内燃烧情况和锅炉出力进行调节。经充分燃烧后，垃圾灰渣由炉排端部圆筒下落到推灰器，经过冲水熄火降温后，被推送到振动式输送带，灰渣中的金属物因振动而分离，并通过磁选机可将铁件吸出另做处理。

燃烧产生的高温烟气，经过废热锅炉降温并生产蒸汽，然后经过空气预热器等热交换器进一步降温，然后送入静电除尘器净化，最后被送入烟囱排放。燃烧过程产生的灰分，粒径较大者在分离器中被分离下落到灰斗中，再通过气力输送或者机械输送到灰渣池；粒径较小的粉尘颗粒和喷入烟道的石灰粉等则随烟气进入静电除尘器设备，被分离后也送入灰渣池。

1998 年年底我国第一个处理能力 1000t/d 的大型生活垃圾焚烧厂在上海浦东新区开工建设。根据浦东新区环卫部门统计，浦东新区的垃圾日均清运量 1996 年达到每日 1727.9 车吨（1 车吨＝0.46t），利用法国政府贷款并采用法国引进技术建造生活垃圾焚烧厂，以解决浦东新区生活垃圾的出路问题。设计处理规模 $3.65×10^5$ t/a，原料设计热值为 6060kJ/kg，波动范围 4600～7500kJ/kg；烟气排放标准系引进欧盟标准，见表 5-3[5,20,21]。

表 5-3 烟气排放标准及期望烟气排放值（标）

污染物名称	欧盟排放标准/(mg/m³)	期望值/(mg/m³)
颗粒污染物	30	<20
氯化氢	60	<30

续表

污染物名称	欧盟排放标准/(mg/m³)	期望值/(mg/m³)
二氧化硫	300	<200
一氧化碳	100	<50
氮氧化物	400	<320
氟化氢	2	—
汞及化合物	0.1	0.05
镉及化合物	0.1	0.05

厂区主要建筑包括主车间（包括垃圾卸料区、垃圾储存区、焚烧区、烟气净化区、汽轮发电区、灰渣储存区等）、综合管理楼，磅站，燃料油罐区，上网变电站，污水处理站及配套公用工程，总建筑面积约22200m²，项目垃圾发电系统主要工艺流程如图5-6所示。

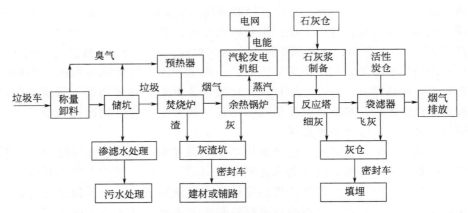

图5-6 垃圾发电厂主要工艺流程

主体设备焚烧炉采用倾斜往复阶梯式机械炉排焚烧炉，炉排型式SITY-2000，是从最早应用于垃圾焚烧的马丁炉排发展改进而来，由ALSTHOM公司开发。该炉型炉排材料采用耐热防腐铸铁，炉排下进风孔位于炉排条凸起端的后部，并呈锥形断面，可减少堵塞；一次风从水平方向进入，有利于减少飞灰量；适应低热值、高水分垃圾的焚烧，在设计热值及处理规模范围内基本不用添加助燃油，便可保证焚烧炉内温度高于850℃，燃烧烟气在高温区停留时间2s，以彻底分解去除类似二噁英、呋喃等有机有害物质，使焚烧对大气的影响减少到最小程度。单台焚烧炉处理能力15.2t/h，每条生产线年最大连续运行时间8000h。

锅炉形式为角管式自然循环锅炉，单台锅炉蒸发量29.3t/h，单线烟气量70000m³/h，单套汽轮发电机组额定功率8500kW。锅炉进水温度提高至130～135℃，焚烧炉一次风进炉温度达220℃，从而使整个工艺可获得较高的热效率，尽可能多地发电上网,提高运行经济效益,按设计水平每年可向电网供电约1.1亿千瓦时。在烟气净化工艺中,半干法+布袋除尘器工艺配置并预留脱氮装置接口,可适应更高的环保要求。

垃圾焚烧处理后,可减容90%,产生的灰渣主要是无机物,可作为建材或者铺路用,而烟气净化装置收集的飞灰,因含重金属较多,可进行填埋处置。同时,垃圾储存单元产生的垃圾渗滤液经过处理达到污水处理站可以接纳的指标后再进入污水站处理。

项目日处理1100t垃圾,按运行寿命30年和政府财政无偿投入测算,每吨垃圾处理总成本平均为150元,运营成本(未考虑辅助燃油消耗)为100元。

5.4.2.2 流化床焚烧炉垃圾发电

2007年广西来宾垃圾焚烧发电厂建设并投入运行,采用了流化床焚烧炉作为主体设备。发电厂采用国产技术,配备2台35t循环流化床焚烧炉,2台7.5MW凝汽式汽轮发电机组,发电系统经主变压器升压至35kV接入当地电力网,日处理垃圾能力达到500t[6]。

工程选用的循环流化床焚烧炉由无锡太湖锅炉有限公司生产,主要技术参数为,额定蒸发量38t/h,额定蒸汽参数450℃/3.82MPa,给水温度105℃,一次风热风温度204℃,二次风热风温度178℃,一、二次风配比2:1,排烟温度160℃,设计热效率>82%。锅炉设计燃料为城市生活垃圾80%、烟煤20%,设计燃料热值8700kJ/kg,设计燃烧温度850~950℃,烟气净化采用半干法脱酸和布袋除尘。各项排放指标全部达到我国生活垃圾焚烧污染控制标准,二噁英等主要指标达到欧盟污染控制标准[3,5,6]。

工程总体布局主要由垃圾储存及输送给料系统、焚烧与热能回收系统、烟气处理系统、灰渣收集与处理系统、给排水处理系统、发电系统、仪表及控制系统等子项组成。

① 垃圾储存与输送给料系统由垃圾储坑、抓斗吊和输送给料设备等组成。垃圾储坑起着储存、调节、熟化、均化、脱水的作用,其容积可储存7~10d系统运行所需垃圾。设有2台垃圾抓斗吊车将垃圾从储坑抓到料斗并对垃圾进行翻动。2台垃圾焚烧炉并列布置,各自配备垃圾输送给料线,并共用1条煤助燃输送线。煤助燃输送线采用胶带输送设备,垃圾输送给料由胶带输送机、链板输机和拨轮给料机等组成。在垃圾卸料间和储坑屋顶设无动力排汽扇,保证停炉时臭气外排。

② 焚烧与热能回收系统由循环流化床焚烧炉和鼓风机、引风机、罗茨风机等燃烧空气系统的辅助设备组成。焚烧炉由流化床、悬浮段、高温旋风分离器、返料器和外置换热器等部分组成。在旋风分离器的烟气出口布置对流管束,尾部烟道依次布置有省煤器和一、二次空气预热器。外置换热器采用空气流化、高温循环物料为热载体,使高低温过热器管束布置在酸性腐蚀气体浓度极低的返料换热器内,降低了过热器管束与垃圾焚烧产生的腐蚀气体直接接触发生高温腐蚀的条件,有效地解决了垃圾焚烧高温腐蚀问题。

③ 烟气处理系统主要由脱酸反应塔、布袋除尘器、给粉系统、增湿器、飞灰回送循环和排灰系统等组成，采用半干脱酸法和布袋除尘工艺。垃圾渗滤液处理系统，采用高温热解方法由泵将垃圾储坑收集的渗滤液喷入焚烧炉内燃烧处理。

④ 垃圾焚烧产生的固体废弃物主要是飞灰和炉渣，飞灰及炉渣分开收集。飞灰采用大型灰罐储存，单独安全处理或综合利用，炉渣则考虑作为建筑或路基材料利用。

⑤ 全厂用水由河边泵站和市政管网供给。在厂区设置循环冷却系统供厂区设备使用，其用水由河边泵站供给。锅炉给水采用混床除盐工艺，以保证锅炉给水符合相关技术标准要求。厂区清洗废水、生活污水采用序批式活性污泥法处理后达到《污水综合排放标准》Ⅰ级标准后排放。

参考文献

[1] 孙立，张晓东. 生物质发电产业化技术. 北京：化学工业出版社，2011.
[2] 李大中. 生物质发电技术与系统. 北京：中国电力出版社，2014.
[3] 周菊华. 城市生活垃圾焚烧及发电技术. 北京：中国电力出版社，2014.
[4] 张衍国，李清海，康建斌. 垃圾清洁焚烧发电技术. 北京：中国水利水电出版社，2004.
[5] 汪玉林. 垃圾发电技术及工程实例. 北京：化学工业出版社，2003.
[6] 刘晓，李永玲. 生物质发电技术. 北京：中国电力出版社，2015.
[7] 陈敬军. 危险废物回转窑焚烧炉的工艺设计. 有色冶金设计与研究，2007，28（2-3）：81-83.
[8] 王华. 城市生活垃圾直接气化熔融焚烧技术. 北京：冶金工业出版社，2004.
[9] 田宜水. 生物质能资源清洁转化利用技术. 北京：化学工业出版社，2014.
[10] 徐旭，严建华，岑可法. 垃圾焚烧过程二噁英的生成机理及相关理论模型. 能源工程，2004（4）：42-45.
[11] 沈伯雄，姚强. 垃圾焚烧中二噁英的形成和控制. 电站系统工程，2002，18（5）：8-10.
[12] 石谊双. 硫对垃圾焚烧过程中二噁英生成的抑制作用研究. 杭州：浙江大学，2005.
[13] 钱莲英，潘淑萍，徐哲明，等. 生活垃圾焚烧炉烟气中二噁英排放水平及控制措施. 环境监测管理与技术，2017，29（3）：57-60.
[14] 王旭. 生活垃圾焚烧飞灰资源化利用研究. 杭州：浙江大学，2017.
[15] 张叶. 开封市垃圾电厂飞灰特性及化学药剂稳定化实验研究. 开封：河南大学，2016.
[16] 景明海. 垃圾焚烧飞灰的熔盐法处理及资源化利用研究. 西安：长安大学，2018.
[17] 王筵辉. 污泥焚烧飞灰重金属提取的实验研究. 杭州：浙江大学，2016.
[18] 李宝玲. 生活垃圾焚烧炉渣建材资源化研究. 烟台：烟台大学，2014.
[19] 杨勇平，董长青，张俊娇. 生物质发电技术. 北京：中国水利水电出版社，2007.
[20] 张益. 城市生活垃圾焚烧厂设计方案研究. 城市环境与城市生态，2000，13（3）：26-30.
[21] 张静. 浦东新区生活垃圾焚烧厂工程实例. 上海环境科学，2000，19（1）：37-39.
[22] 杨慧芬. 固体废物处理技术及工程应用. 北京：机械工业出版社，2003.

[23] 胡桂川,朱新才,周雄.垃圾焚烧发电与二次污染控制技术.重庆:重庆大学出版社,2011.
[24] 住房和城乡建设部标准定额研究所.生活垃圾清洁焚烧指南.北京:中国建筑工业出版社,2016.
[25] 李朝晖,李权.垃圾焚烧发电建设项目管控手册.北京:中国电力出版社,2018.
[26] 过震文,李立寒,胡艳军,等.生活垃圾焚烧炉渣资源化理论与实践.上海:上海科学技术出版社,2019.

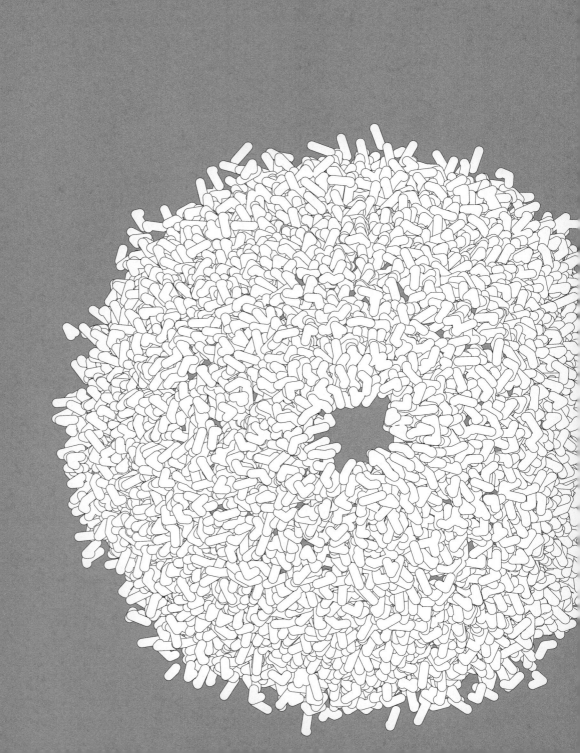

第6章

沼气发电技术

6.1 沼气生产技术

6.2 沼气净化与储存

6.3 沼气发电及联产系统

参考文献

沼气是有机物在厌氧条件下经过微生物的分解转化作用而产生的可燃气体，主要成分是甲烷和二氧化碳。利用沼气在燃气机中燃烧并产生动力，带动发电机发电，即为沼气发电。由于沼气制备原料的广泛性以及废弃物处理的需求，沼气发电已发展成为一种重要的发电方式，技术日益成熟，国际上和国内的沼气发电产业发展迅速。

6.1 沼气生产技术

6.1.1 发酵原料

沼气生产过程的本质就是有机废弃物原料的厌氧发酵过程，是微生物利用发酵原料不断生长、繁殖并代谢出沼气的过程。发酵原料是沼气生产的物质基础，供给厌氧发酵细菌完成各项生命活动的能量，更是其养料的来源[1,2]。常见的发酵原料主要有两大来源：一类是为获取生物质能而专门种植的农林作物，称为能源作物；另一类是有机废弃物，包括工业、农业和人们日常生活中的废弃物（城市固体废弃物）等。

6.1.1.1 能源作物

（1）农作物

农作物资源巨大，分布广泛。2005年，全国主要农作物产量约为5.1亿吨，2010年约为5.7亿吨，2015年约为6.5亿吨，呈现逐年增加的趋势，其中玉米、谷物、牧草和甜菜是最常见的农作物资源。

玉米适宜生长地域较广、亩产高、易降解，因此成了一些发达国家农业沼气工程中最常见的原料。玉米平均产量可达每公顷45t，砂质土壤每公顷产35t，高产地区每公顷甚至超过65t。被用作沼气工程的玉米一般是青储12周左右的玉米，可以使用全株玉米，也可以使用玉米芯[3]。

谷物对沼气生产过程的微调比较有用，这是因为谷物降解速度快，沼气产量高，因此在沼气工程中谷物特别适合作为现存底物的补充物料。牧草和玉米一样，种植收割及青储草的使用都可机械化进行。青储的牧草产量变化幅度较大，这是由于草场的集约使用情况和地区环境条件不同。适宜的温度和天气条件，精耕细作的土地可获得每年3~5次收割，生物量巨大。甜菜生长速度快，可作为能源作物，但其干物质含量低且糖分高，所以储存比较困难。把甜菜青储或者和玉米一起青储是适于甜菜沼气生产的储存方式。几种常见作物的沼气产量见表6-1[3,4]。

表 6-1 常见能源作物的沼气产量

底物	沼气产量(标)/(m³/t 底物)	甲烷产量(标)/(m³/t 底物)	VS 基甲烷产量(标)/(m³/t 底物)
玉米青储	170~230	89~120	234~364
牧草青储	170~200	93~109	300~338
甜菜	120~140	65~76	340~372
甜菜饲料	75~100	40~54	332~364

(2) 林业作物

森林资源在我国生物质能源中占有重要地位,根据第八次全国森林资源清查(2009~2013年)结果显示,全国森林面积 2.07 亿公顷,活立木总蓄积 164.3 亿立方米,森林蓄积 151.3 亿立方米,森林覆盖率为 21.6%。据统计,我国每年的林业资源可提供约 4 亿吨生物质原料。传统的林业作物生长周期较长,而专门用来获取能量的林业作物周期要短得多,一般只需 2~4 年的生长就可将其树干砍下作为生物质资源,树桩则会继续生长,此循环大约能维持 30 年,因此也会产生可观的生物质产量[5]。

6.1.1.2 有机废弃物

有机废弃物包括农、林业的废弃物,动物的排泄物,城市生活垃圾以及工业废弃物等。

(1) 农作物秸秆

农作物秸秆是农作物生产系统中一项重要的生物质资源,近年来农作物秸秆成了农村面源污染的重要源头,提高农作物秸秆的综合开发利用成为一个重要环境议题。农作物秸秆用途广泛,除可用于肥料、饲料、基料以及造纸等工业原料外还可用于能源。据估计,我国 2018 年产生约 9.6 亿吨秸秆,约有 50%以上可作为能源使用。表 6-2 为可用于沼气生产的农作物秸秆产量情况[6]。秸秆主要成分为木质纤维素,其经过降解可以成为微生物可分解利用的小分子底物,从而为沼气工程提供了充足而廉价的原料来源。

表 6-2 主要农作物秸秆产量　　　　　　　　　　　　　　　　　　　　　　单位:万吨

农作物	谷草比	2010 年产量		2015 年产量		2018 年产量	
		农作物	秸秆	农作物	秸秆	农作物	秸秆
稻谷	1:0.623	19576.1	12195.9	20822.5	12972.4	21212.9	13215.6
小麦	1:1.366	11518.1	15733.7	13018.5	17783.3	13144.0	17954.7
玉米	1:2.0	17724.5	35449.0	22463.2	44926.4	25717.4	51434.8
豆类	1:1.5	1896.5	2844.75	1589.8	2384.7	1920.3	2880.5
薯类	1:0.5	3114.1	1557.1	3326.1	1663.1	2865.4	1432.7
油料	1:2.0	3230.1	6460.2	3537.0	7074.0	3433.4	6866.8
棉花	1:3.0	596.1	1788.3	560.3	1680.9	610.3	1830.9
甘蔗	1:0.1	11078.9	1107.9	11696.8	1196.68	10809.7	1081.0
合计	—	—	77136.9	—	89681.5	—	96697.0

注:根据《中国统计年鉴》等数据整理计算。

(2) 畜禽粪便

牛、猪、鸡、鸭等畜禽的粪便为沼气工程提供了良好的原料，畜禽粪便具有可抽送性，生物易降解，且储存方便，所以容易在沼气工程中使用。对于畜禽粪便的使用需要对资源总量进行统计，还要考虑资源的可收集性。规模化养殖产生的畜禽粪便的收集较为便利，但是分散养殖的收集则较为困难，收集利用率较低。各种畜禽粪便的沼气生产能力相关数据见表 6-3[3,4]。

表 6-3 各种畜禽粪便的沼气生产能力

底物	沼气产量(标)/(m³/t)	甲烷产量(标)/(m³/t)	VS 基甲烷产量(标)/(m³/t 底物)
牛粪污	20～30	11～19	110～275
猪粪污	20～35	12～21	180～360
固体牛粪	60～120	33～36	130～330
家禽粪便	130～270	70～140	200～360

(3) 农产品加工废弃物

农产品加工废弃物一般指的是加工植物类产品产生的物质或者副产品，主要包括以下几种，其沼气生产潜力见表 6-4[1,3]。

表 6-4 常见农产品加工业副产物的沼气产量

底物	沼气产量(标)/(m³/t 底物)	甲烷产量(标)/(m³/t 底物)	VS 基甲烷产量(标)/(m³/t 底物)
麦酒糟	105～130	62～112	295～443
谷物酒糟	30～50	18～35	258～420
粗甘油	240～260	140～155	170～200
土豆渣	70～90	44～50	358～413
土豆汁	50～56	28～31	825～1100
甜菜渣	60～75	44～54	181～254
糖浆	290～340	210～247	261～355
苹果渣	145～150	98～101	446～459
葡萄渣	250～270	169～182	432～466

① 酿酒生产副产物。啤酒生产副产物，其中占最大比例的是啤酒糟，约占 75%，其次是酵母和糟底，再次是热污泥、冷污泥、硅藻土，产量最少的是麦芽糖泥。酒糟作为生产酒精的副产品，最通常的用途是干化后作为肥料或者牛饲料，因为新鲜酒糟中干物质含量较少，所以也会被用于制作沼气。

② 淀粉生产副产物。马铃薯加工生产淀粉时，会产生马铃薯渣、马铃薯汁及工艺废水。大部分的马铃薯汁被用作农田肥料，小部分被用作动物饲料。因为马铃薯汁被用作农田肥料时会引起地下水的盐碱化，又考虑到这些副产品容易发酵，所以这些副产品也可用于沼气发酵。

③ 水果加工剩余物。水果加工生产果汁或者红酒时产生的副产品称为果渣，

可被用作果胶原料、动物饲料及制酒原料,品质较差的剩余物均可用于沼气发酵。

④ 制糖工业副产物。糖甜菜制砂糖过程中会有许多副产品产生,例如糖浆和湿甜菜浆,去掉水分形成干糖渣即可作为动物饲料。糖浆和甜菜浆残糖含量较高,也可作为沼气发酵的辅助底物。

⑤ 粗甘油和菜籽饼。近年来发展较为迅速的生物柴油产业,其以菜籽油作为原料生产生物柴油时,最主要的副产品是粗甘油和菜籽饼,这两种物质常被用作农业沼气工程的辅助底物。但菜籽饼发酵过程中,因菜籽油较高的硫和蛋白质含量而容易产生高浓度硫化氢。

(4) 城市固体废弃物

城市固体废弃物主要为工业生产和居民生活产生的各种垃圾,还有一些来源于如学校、医院、公园等公共场所,主要有下水道污泥、食物残渣、建筑用残料等。随着经济发展和人类生活水平的提高,工业和生活垃圾也逐渐增多。城市垃圾中各类垃圾混杂,成分复杂,有机成分中餐厨垃圾较多,而废纸、塑料橡胶类物质等高发热量物质相对较少,无机质含量较高,而有机质较少,发热量较低。垃圾含水率较高,一般都在30%以上。城市垃圾产生量和成分受到诸多因素的影响,例如城市经济发展水平、人口密集程度等,其高含水量的有机成分均可成为沼气生产的原料。

6.1.2 原料特性及产气潜力

生物质原料资源丰富,种类繁多,分布广泛。这些原料用于沼气生产,需要评估其生产能力,常用的指标即产甲烷潜力(Biochemical Methane Potential,BMP),是指单位有机物料在厌氧条件下发酵产生甲烷气体的数量。有机物料的产甲烷潜力分析对于了解沼气发酵效率及其过程稳定性、沼气工程的规模和工艺设计、生产优化策略和沼气工程投资收益评估都具有十分重要的意义。与生物质原料产甲烷潜力密切相关的就是原料的特性,包括以下多项指标。

6.1.2.1 总固体、挥发性固体和悬浮固体

(1) 总固体(total solid,TS)

又称干物质,包括可溶性固体和不可溶性固体,是指发酵原料烘干后剩余的物质。原料中的总固体含量一般用百分率来表示,液体样品也可用 mg/L 或 g/L 来表示。其测定方法为,把原料样品置于 103~105℃ 的干燥箱中烘干,达到恒重时称量物质质量,即样品的总固体量。

(2) 挥发性固体(volatile solid,VS)

是指原料总固体中除去灰分(不能挥发的残余物)后的物质。测定方法为,把所得原料总固体置于 500~550℃ 的马弗炉内灼烧 1h,挥发性固体为样品减轻的质量,残余物即为灰分物质。在沼气发酵过程中,产沼气微生物一般不能利用原料中

的灰分，而只可利用挥发性固体。

（3）悬浮固体（suspended solid，SS）

是指液态原料中呈悬浮状态的固体。测定方法通常用滤纸过滤水样，滤后截留物置于105℃温度中进行干燥，恒重后称重即可得悬浮固体的量。

6.1.2.2 化学需氧量和生化需氧量

（1）化学需氧量（chemical oxygen demand，COD）

指的是一定条件下用强氧化剂处理样品所消耗的氧的量，表示液态物料中有机物质含量的指标，也表示还原性物质的多少，单位为 mg/L。COD 的测定值与需测定液体样品中还原性物质含量和测定方法有关，目前应用广泛的是重铬酸钾氧化法与酸性高锰酸钾氧化法。

（2）生化需氧量（biochemical oxygen demand，BOD）

又称生化耗氧量，是指好氧微生物将有机物分解为无机质所消耗的溶解氧的量，单位为 mg/L。通常使用的是五日生化需氧量，用 BOD_5 表示，指在20℃下经过5d培养所消耗的溶解氧的量，是反映液体中有机物多少的一个综合指标。

6.1.2.3 可生物降解性

生物质原料需要经过厌氧发酵过程才能产生沼气，因此需要重点关注原料的可生物降解性。可生物降解性是指有机物能够被微生物降解的可能性。可生物降解性好的原料通常经过简单的预处理即可被厌氧消化，而可生物降解性较差的原料如含纤维素、木质素含量高的秸秆类则需要经过复杂的预处理，才能被进一步厌氧消化，否则产气效率会大幅降低。常采用 BOD_5/COD 值来表示有机物的可生物降解性，可参考表 6-5。由于结构和组成不同，不同发酵原料的可生物降解性不同，因此发酵过程的产气速率也存在很大的差异，可生物降解性好的原料更容易在较短时间内完成发酵过程。

表 6-5 BOD_5/COD 值与可生物降解性参考数据

可生物降解性	分解速度	BOD_5/COD	举例
好	较快	>0.4	单糖、淀粉、蛋白质、脂肪
可生物降解	一般	0.4~0.3	生活污水、多种工业废水
差	较慢	0.3~0.2	纤维素、农药、烃类
较难	很慢	<0.2	塑料、木质素

6.1.2.4 原料产气潜力

自然界中的有机物质基本上都能被微生物利用而产生沼气，但是产气量或者产气潜力是与有机物质的组成、浓度等相关的。不同发酵原料的产气能力应根据实际测试确定，实测有困难的，一般可参照同类发酵原料的资料进行确定。最常见的方式是根据原料的 COD 估算产气潜力，常用的几种发酵原料特性详见表 6-6。

表 6-6 沼气工程部分发酵原料的特性

原料名称	pH 值	COD/(mg/L)	BOD_5/(mg/L)	SS/(mg/L)
牛粪水	7.2～8.2	70948～116285	30000～75000	50000～70000
猪粪水	7.0～7.8	11000～26000	7000～13000	10000～60000
鸡粪水	6.5～7.5	43000～77000	17000～32000	50000～70000
酒精醪液	3.0～5.0	30000～60000	15000～30000	10000～30000
糖蜜酒精废水	4.0～5.0	40000～150000	20000～60000	50000～100000
柠檬酸废水	4.0～4.6	20000～40000	6000～25000	20000～40000
淀粉废水	4.6～5.3	20000～25000	1600～7000	约 4000
啤酒废水	4.0～6.0	500～6000	350～1200	150～500
味精废水	1.5～3.2	20000～60000	10000～30000	1000～12000

注：数据来源于《沼气工程技术规范》(NY/T 1220)。

原料的产气率与发酵原料的含水率密切相关，如果发酵原料加水过少，发酵料液的浓度过高，有机酸聚积就会过多，发酵会受阻，产气率就会随之降低；如果加水过多，发酵料液浓度就会过稀，发酵滞留期缩短，容易出现原料发酵未充分就被排出，产气率就会下降，也会造成发酵原料的浪费。具体来说，畜禽粪便原料的含水率与清粪工艺是直接相关的。以养猪场为例，较大规模的养猪场目前的主要清粪工艺有干清粪工艺、水泡粪（自流式）和水冲清粪三种。干清粪工艺的粪便一旦产生就会产生分流，污水量少，而水泡粪和水冲式清粪工艺耗水量较大，排出的污水和粪尿混合在一起，这都会影响产气量和发酵装置的处理能力。

6.1.3 厌氧消化工艺

6.1.3.1 工艺类型

从不同的角度，厌氧消化工艺有不同的分类方法。

（1）以发酵阶段划分

1）单相发酵工艺

所有的发酵原料在同一个装置中，产酸产甲烷也在同一装置中进行，该工艺应用典型的是全混合沼气发酵装置。

2）两相发酵工艺

两相发酵工艺又称两步厌氧消化，是把厌氧发酵过程的水解阶段、产乙酸阶段、产甲烷阶段安排在两个反应装置中进行。水解、产酸阶段一般选择未封闭的完全混合式或塞流式发酵装置，产甲烷阶段采用厌氧过滤、污泥床等高效厌氧消化装置。两相发酵工艺将产酸菌和产甲烷菌从空间上分离开来，使其各自创造适合的生活环境并得到迅速繁殖。与单相工艺发酵相比，两相工艺发酵效率较高，可控性强，但工艺更为复杂。

(2) 以发酵温度划分

1) 高温发酵工艺

发酵料液温度控制在 50~60℃ 范围，该工艺具有有机物分解快、产气率高、处理负荷高的优点。高温发酵对各种病原菌和寄生虫卵都能有效的杀灭，因此从卫生角度和杀毒灭菌来说，高温发酵对于废弃物处理是一个不错的选择。但是其需要消耗较大能量来维持厌氧发酵反应器的高温运行，因此高温发酵工艺多用于处理高温工艺流程排放的轻工食品废水、酒精废醪等。

2) 中温发酵工艺

发酵料液温度控制在 30~38℃ 范围，该工艺产气速度快，能耗较低，常年都能稳定运行。工程上还经常采用近中温发酵工艺，发酵料液温度控制在 25~30℃，能减少发酵反应器的能量消耗，且产气率也较为均匀。

3) 常温发酵工艺

该工艺温度受自然条件影响，不需人为控制，发酵料液的温度随着周围环境的变化而变化，例如气温、地温。该工艺发酵装置运行不需要消耗热量，对保温和加热的投资较少。但因一年四季温差较大，导致产气率随季节和气温的变化幅度也较大。

(3) 按发酵级差划分

1) 单级沼气发酵工艺

该工艺产酸发酵及产甲烷发酵都在同一个发酵装置中进行，装置结构简单，便于管理，修建投资费用较低。

2) 多级沼气发酵工艺

该工艺是将多个发酵装置串联起来进行发酵，应用较多的是二级发酵，也有部分工艺采用了三级甚至更多。第一级发酵装置主要功能是快速发酵产沼气，然后没有被消化完全的物料进入第二级发酵装置进行有机物的分解。大多数的两级沼气发酵装置，第一级发酵装置设置搅拌和加热设备，而第二级发酵装置一般不需设置搅拌和加热设备。多级发酵工艺装置占地面积大，成本较高，但能够使废物中的 BOD 处理彻底，提高物料停留时间和产气率。

(4) 以投料方式划分

1) 连续发酵

发酵启动后，每天加入一定量或者连续性加入发酵原料，使其达到预定处理量，并排走相同量的料液，如此能将发酵持续进行下去。稳定是该工艺最大的特点，稳定的发酵条件、稳定的发酵原料消化速率导致稳定的沼气产出。但连续式发酵系统及装置较为复杂，以致造价较高，适合大型的沼气发酵系统，如城市污水、大型畜牧废水的处理。同时，为了有效地发挥发酵装置的负荷能力，还需要保证充足、稳定的发酵原料供给。

2) 半连续发酵

半连续发酵工艺在工艺启动时需要投入较多物料，一般占到整个发酵周期物料量的 $1/4\sim1/2$，发酵一段时间后开始产气，产气达到高峰后产气量出现下降时，再定量加入物料以维持持续产气。半连续发酵工艺应用最广的方式即为农村普遍采用的沼气池。

3) 批式发酵

批式发酵工艺是成批量地进行发酵,发酵原料成批量地投入发酵装置,待发酵后完全取出,再加入批量的新原料进行下一周期发酵。该发酵工艺虽然产气分布不均匀,沼气品质相对较差,但发酵装置启动物料投加完成后即无需再进行额外操作,管理方便,所以较为适合原料供应不稳定的情况。物料浓度较高的干式发酵装置,也是采用了批式处理的方式。

(5) 以料液流动方式划分

1) 无搅拌且料液分层的发酵工艺

发酵装置未设置搅拌装置时,如固体物含量比较高,料液在发酵过程中将会出现分层。下层为沉渣层,中下层为活性层,中层为清液层,上层为浮渣层。该工艺中,上层原料因不能与产沼气微生物充分接触而降解缓慢,而下层沉淀占有的有效容积会越来越多,所以需采取大换料的方法清除沉淀和浮渣来解决容积产气率和原料产气率的问题。

2) 全混合式发酵工艺

该工艺发酵装置内设置机械搅拌或者料液回流搅拌,使料液处于完全均匀或者基本均匀的状态,优点是消化速度快、容积产气率和容积负荷率比较高、微生物和原料接触性好。大型沼气工程和畜禽粪便处理中主要应用了全混合式发酵工艺。

3) 塞流式发酵工艺

塞流式也称推流式工艺,发酵原料从一端进入,从另一端排出。发酵装置内无纵向混合、发酵后的料液随着新鲜料液推动而排走,原料在发酵装置的停留时间能够得到保证。因不需要搅拌,发酵装置结构简单,能耗低,稳定性高,比较适合高悬浮固体废水的处理。但是,固体物易沉淀于底部,影响反应器有效容积,使停留时间缩短,降低发酵效率,而且一般需要固体和微生物的回流作为接种物。

(6) 按发酵浓度划分

1) 液体发酵工艺

发酵料液的干物质浓度一般需在10%以下,发酵液处理量大,可以实现连续输送生产。液体发酵工艺是目前发酵工艺的主流,技术成熟,易于控制,发酵速率高而且稳定,但是对于水的用量和发酵废水处理的需求大,在水源不足的干旱地区液体发酵工艺可能受到限制。

2) 干发酵工艺

发酵原料的固体浓度一般要求在20%以上,原料层处于一种干式的状态,通过发酵液体的回流等方式实现发酵底物与微生物的接触。干式发酵从容积产气率和装置处理能力上要优于液体发酵工艺,而且产生的发酵液体量相对较小,因此废水处理量小,发酵后固体剩余物的处理和利用具有一定优势,适合肥料生产。但由于原料进出料均为固态,因此对于物料输送和进出料的设备要求较高,特别是对于连续生产工艺。

6.1.3.2 工艺流程

沼气发酵工艺流程一般可分为四个环节，即原料预处理、厌氧消化、后处理、综合利用，如图 6-1 所示。

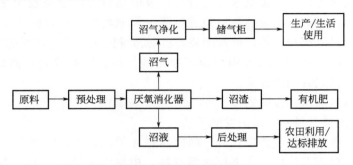

图 6-1 沼气工程工艺流程

生物质资源的多样性、性质复杂性以及外形差异性决定了其工业化应用过程必须经过预处理环节。对于不同的原料，所需要的预处理也有不同的要求，主要目的是除掉其中的杂质和抑制性成分，为后续的沼气发酵过程菌群创造适宜的生存条件。对于畜禽粪便和工业废水而言，主要是处理原料中的砂子、毒性组分，调整碳氮比和浓度等，使其能够达到最佳发酵效果；而秸秆类等难降解原料，除了处理水分外，还应进行切碎或粉碎以降低粒度，并进行部分降解以加强其后续发酵强度。

物料进入厌氧反应器，通过厌氧微生物的吸附、吸收和生物降解作用，使有机物转化为以甲烷和二氧化碳为主的沼气。厌氧发酵系统包括进料单元、厌氧发酵单元、保温增温单元及输运管网等。厌氧反应器内设置搅拌设备使物料与活性菌群充分混合，外部设增温管网系统及保温层以保证发酵温度。

厌氧反应器内产生的沼气，经收集后通过输送管路送入后续沼气净化处理单元，经过脱硫、脱水、脱氨以及过滤等过程后，送入沼气储存装置。

厌氧反应器可能需要定期排渣，排出部分过程物质，以保持反应器内微生物的活性。排渣需根据厌氧反应器类型、发酵原料以及发酵过程等实际情况确定，每天一次或数天一次。

沼气工程厌氧消化后产生的液体和固体剩余物，即沼液、沼渣，需固液分离。脱水干化后的沼渣，如品质满足相关要求，可进行固态有机肥料的生产。分离出的沼液进入储液池存放和后续进一步加工处理，根据成分组成可以作为液体有机肥料的原料，以环保为主要目的的沼气工程则要求采用进一步的生物处理以降低有机物或有害物质含量，使出水达标排放。常用的好氧生物处理工艺包括稳定塘、好氧处理系统、稳定塘＋好氧处理系统及人工湿地等。

沼气工程综合利用主要包括沼肥利用和沼气利用。沼肥利用系统涉及沼液和沼渣，包括沼肥加工设备、储液池以及输送设备等，可利用附近的农田消纳沼渣、沼液。沼气利用系统是沼气从储气柜进入应用设备的过程。沼气有如下利用途径：a.经配气系统配送至家庭用户作为民用燃料和照明；b.沼气经过预处理及分离提纯得到高品质生物燃气而用于车用燃料或民用燃料；c.用沼气经进一步处理后用作化工原料；d.沼气用于燃气机发电或者热电联产等过程。沼气发电机组的余热还可用于沼气生产和制冷、采暖等，其综合热效率可达80%以上。

6.1.4 厌氧发酵装置

厌氧发酵装置有时又称沼气池、发酵罐，是沼气发酵的核心设备，有机物的分解转化、微生物的繁殖、沼气的生成都是在此进行的，应根据发酵条件和发酵原料的性质来选择工艺类型和发酵装置结构。

6.1.4.1 运行参数

负荷率是表征厌氧发酵装置处理能力的一个参数。负荷率有容积负荷率（N_v）、污泥负荷率（N_s）和投配率三种表示方法。容积负荷率是指反应器单位有效容积在单位时间内接纳的有机物量。污泥负荷率指反应器内单位重量的污泥在单位时间内接纳的有机物量。投配率指每天向单位有效容积投加的新料的体积。滞留期也是一个重要的设计参数，包括微生物滞留期（MRT）、固体滞留期（SRT）和水力停留时间（HRT）。MRT 是从微生物细胞的生成到被置换出厌氧反应器的时间。SRT 是悬浮固体物质在厌氧反应器里被置换的时间。通常固体有机物分解较慢，而可溶性有机物较易分解，所以固体滞留期是尤为重要的一个参数。HRT 是指厌氧反应器内的发酵液按体积计算被全部置换所需要的时间，是决定常规发酵装置体积的重要因素。

6.1.4.2 反应器类型

根据 MRT、SRT 和 HRT 相关性的不同，厌氧发酵装置可分为三大类（见表 6-7）。为提高厌氧发酵过程效率，应在一定 HRT 条件下设法延长 SRT 和 MRT，并使微生物与原料充分混合。

表 6-7 厌氧反应装置类型

类型	滞留期特征	厌氧反应器	特征
常规型	MRT＝SRT＝HRT	完全混合式、塞流式反应器	液体、固体、微生物出料时同时被排出，不能在反应器内积累起足够浓度的污泥，且固体物质可能由于滞留期较短而得不到充分消化，效率较低
污泥滞留型	(MRT 和 SRT)＞HRT	厌氧接触器、UASB、USR、折流式反应器	通过各种固液分离方式，将 MRT、SRT 和 HRT 加以分离，从而在较短的 HRT 情况下获得较长的 MRT 和 SRT，即在发酵液排出时，微生物和固体物质所构成的污泥仍能得到保留
附着膜型	MRT＞(SRT 和 HRT)	厌氧滤器、膨胀床、流化床	在反应器内安放惰性支撑物供微生物附着，使微生物呈膜状固着于支撑物表面，从而在进料液体和固体穿流而过的情况下滞留微生物于反应器内，获得较高的效率

6.1.4.3 常用的厌氧反应器

随着科技的不断进步,沼气工程建设发展迅速,厌氧发酵装置也获得了持续的创新,原有的一些技术缺点不断得到克服。新型反应器取得的最大突破就是大量的厌氧活性污泥可以滞留在反应器内,活性污泥可以逐步形成颗粒状,使其具有较高的生物活性和良好的沉降性能,使反应器的负荷和产气率得到提升[1,8,9]。

(1) 完全混合式反应器 (CSTR)

完全混合式反应器内部安装搅拌装置,混合液在反应器内充分循环流动,使发酵原料和微生物得以充分混合,效率得到明显提高(见图6-2),该反应器适用于处理高浓度及含有大量悬浮固体的原料,污水处理厂好氧活性污泥的厌氧消化多采用此工艺。物料进入反应器内,经过搅拌与发酵液混合,充分接触后,通过厌氧微生物的吸附、吸收和生物降解,废水中的有机物转化为沼气。完全混合式反应器是典型的 HRT、SRT、MRT 完全相等的反应器,为了使生长缓慢的产甲烷菌的增殖和冲出速度保持平衡,要求 HRT 较长,一般需要 10~15d 或更长的时间。根据运行经验,完全混合式反应器在高温发酵时的负荷一般为 5~6kg COD/(m^3·d),中温发酵时的负荷为 3~4kg COD/(m^3·d)。

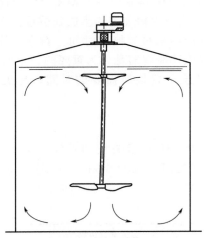

图6-2 完全混合式反应器结构

完全混合式反应器内物料分布均匀,增加了底物和微生物的接触机会,因此物料可以具有高悬浮固体含量;反应器内温度分布较为均匀,而且进入反应器的发酵抑制物质能够迅速分散并保持较低浓度水平,有利于发酵过程,同时也具有调节、稀释和中和的能力,耐冲击负荷能力强。搅拌混合的特点也避免了浮渣、结壳、堵塞、气体溢出不畅和短流等现象。完全混合式反应器的缺点主要有:反应器体积较大,基建费用高,充分搅拌能量消耗较高,运行成本高。

(2) 厌氧接触工艺反应器 (AC)

厌氧接触工艺反应器也是完全混合式的,在完全混合式厌氧反应器 (CSTR) 的基础上进行了改进(见图6-3)。反应器排出的混合液首先在沉淀池中进行固液分离,沉淀池下部的污泥被回流至厌氧反应器内，污水由沉淀池上部排出。该工艺采用了循环回流和污泥沉淀装置，保证污泥不会流失，增加了微生物和废水之间的接触反应，从而提高了反应器的有机负荷率，大大缩短了水力停留时间，处理效率也相应有所提高，减少了占地面积。厌氧接触工艺适合处理有机物浓度和悬浮物浓度均较高的有机废水。

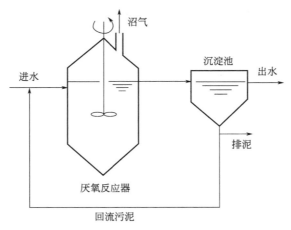

图 6-3　厌氧接触工艺反应原理

在该类型反应器中，为使污泥保持悬浮状态需要进行适当的搅拌。搅拌可以采用机械方法，也可采用回水泵循环的方法。厌氧接触法反应器容积负荷较高，中温消化时一般为 $2\sim5\text{kg COD}/(\text{m}^3 \cdot \text{d})$，水力停留时间短，可直接处理颗粒较大和悬浮固体含量较高的料液，无堵塞现象。通过污泥回流，反应器内具备较高的污泥浓度，一般为 $10\sim15\text{g/L}$，因此反应器耐受冲击负荷的能力强，而且混合液经沉降后可以获得较好的出水水质。但是，相比传统发酵装置，需要增加沉淀池、污泥回流和脱气设备等，系统较为复杂。

（3）塞流式厌氧反应器（PFR）

塞流式厌氧反应器是塞流式发酵工艺的典型代表，反应器为长方形非完全混合式反应装置，高浓度悬浮固体原料从反应器一端进入，呈活塞式推流状态流过反应器过程中发生反应转化，然后从另一端流出。塞流式反应器结构如图 6-4 所示。在进料端呈现较强的水解酸化作用，然后随着流动而继续分解为甲烷和二氧化碳，因此沼气的产生随着物料向出料口方向的流动而逐渐增强。在反应器内设置挡板结构，以改变料液的流动型式，增加流动扰动并避免短流现象。在出料端一般会布置污泥回流，以解决进料端缺乏接种物的问题。

塞流式厌氧反应器进料粗放，可以采用大尺寸的原料，料液流动不用泵送，不需要搅拌装置，结构简单，能耗低；适用于高悬浮固体废物的处理，运转方便，故障少，稳定性高。但是，推流过程中固体物质可能沉淀于底部，影响反应器有效体积，因此不适于易生成沉淀的发酵原料。

（4）升流式厌氧固体反应器（USR）

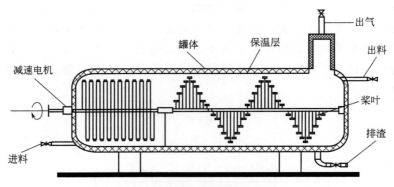

图 6-4 塞流式厌氧发酵罐结构示意

升流式固体反应器是一种结构简单，适用于高悬浮固体原料的厌氧反应器，其结构特点是反应器内部没有搅拌和三相分离装置，而是通过高有机固体含量的进料所产生沼气的上升而带动搅拌和混合，底部设有排泥口。

升流式厌氧固体反应器的工作原理如图 6-5 所示。

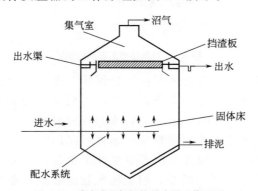

图 6-5 升流式厌氧固体反应器工作原理

高有机物固体含量（>5%）的废液由反应器底部配水系统进入并均匀分布，然后向上升流通过含有高浓度厌氧微生物的固体床，使厌氧微生物和废液中的有机固体充分接触反应，有机物被分解产生沼气。产生的沼气随水流上升并同时具有搅拌混合的作用。因为重力作用使得固体床区具有自然沉淀作用，密度较大的固体物由于沉降被累积在固体床下部，使反应器内生物量和固体量较高，微生物滞留期和固体滞留时间较长。经过固体床的水流从反应器上部的出水渠溢流排出，反应器液面会形成一层浮渣层，浮渣层达到一定厚度后趋于动态平衡。运行过程中不断有固体被沼气携带到浮渣层，与此同时，经脱气的固体也会返回到固体床区。沼气透过浮渣层进入反应器顶部的集气室，再经导气管引出反应器后进入沼气储柜。

升流式厌氧固体反应器的工艺特点有：结构简单，运行稳定，可处理高悬浮固体的原料；无需污泥回流，发酵微生物和未消化的生物质固体颗粒依靠被动沉降滞留于反应器内，上清液从上部排出，可得到比 HRT 高得多的 SRT 和 MRT，反应器发酵效率和固体有机物分解率更高。升流式厌氧固体反应器在畜禽养殖业粪污资源化利用方面应用广泛。

(5) 上流式厌氧污泥床反应器（UASB）

上流式厌氧污泥床反应器由污泥反应区、气液固三相分离器（包括沉淀区）和气室三部分组成，工作原理如图 6-6 所示。

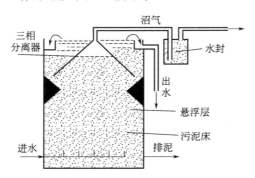

图 6-6　上流式厌氧污泥床反应器工作原理

在底部反应区存留着大量厌氧污泥，这些厌氧污泥浓度很高且呈絮状或者颗粒状，具有良好的沉淀性能和凝聚性能，在下部形成污泥床。发酵原料有机废水从厌氧污泥床底部流入，经布水管进入污泥床，与污泥层中的污泥进行混合接触，水中的有机物被污泥中的微生物分解，转化为沼气。沼气以微小气泡的形式不断放出，在上升过程中，不断合并，逐渐形成大的气泡。在污泥床上部，由于上升的气泡和沼气的搅动，形成一个污泥浓度较稀薄的污泥悬浮层。反应器的上方设有气、液、固三相分离器，沼气、污泥和水一起上升进入三相分离器。沼气碰到分离器下部的反射板时，经反射穿过水层进入气室，由导气管导出。固液混合液经过反射进入三相分离器的沉淀区，污水中的污泥不受上升气流的冲击，在重力作用下沉降。沉淀至斜壁上的污泥沿着斜壁返回厌氧反应区内，使反应区内积累大量的污泥，而与污泥分离后的处理出水从沉淀区溢流堰上部溢出。

上流式厌氧污泥床反应器的优点有：反应器上部设置三相分离器，因此一般无需再设置污泥回流设备，并取消了搅拌装置，从而简化了工艺，节约了投资和运行费用。UASB 反应器有机负荷高，水力停留时间短，可维持较高的进水容积负荷率和较高的污泥浓度，厌氧反应器单位体积的处理能力大为提高。其缺点主要是进水中只能含低浓度的悬浮固体，如果悬浮固体含量很高，会导致出水含泥量增高，对污泥颗粒化不利，减少反应区的有效容积并可能引起堵塞，同时该类型反应器对水质和负荷的突然变化比较敏感。

(6) 膨胀颗粒污泥床反应器（EGSB）

膨胀颗粒污泥床属于第三代厌氧反应器，由荷兰瓦格宁根大学 Lettinga 等研究者于 20 世纪 90 年代率先开发。膨胀颗粒污泥床是对上流式厌氧污泥床反应器的改进，所不同的是膨胀颗粒污泥床反应器是通过采用出水循环回流获得较高的表面液体升流速度。膨胀颗粒污泥床反应器液体的升流速度可达 5~10m/h，这比完全混合式反应器的升流速度（一般在 1.0m/h 左右）要高得多。

膨胀颗粒污泥床反应器的基本构造与流化床类似，其特点是具有较大的高径比，一般可达 3～5，较大的高径比也是提高升流速度所需要的；生产性装置反应的高可达 15～20m。膨胀颗粒污泥床反应器正是通过采用很大的回流比和相当高的上流速度，而使反应器中颗粒污泥处于完全或部分"膨胀化"的状态，使废水与颗粒污泥可以更加充分地接触，其工作原理见图 6-7。

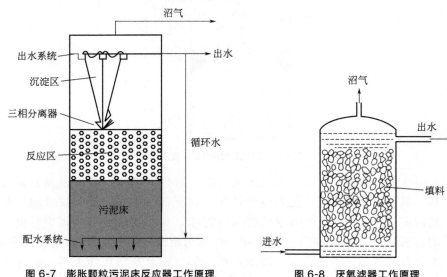

图 6-7　膨胀颗粒污泥床反应器工作原理　　图 6-8　厌氧滤器工作原理

（7）厌氧滤器（AF）

厌氧滤器是一种高速厌氧反应器，采用填充材料作为微生物载体。厌氧微生物呈膜状附着于填料的表面，形成固定的滤床。当含有机质的废水自上而下或自下而上通过填料层时，在填料表面生物膜的作用下，废水中的有机物被微生物降解产生沼气，沼气从反应器顶部排出（见图 6-8）。

厌氧滤器可分为升流式和降流式。升流式厌氧滤器中废水从底部进入，从上部排出；降流式则是废水从反应器上部进入，从底部排出。填料可采用石质滤料，如碎石、卵石等，也可使用塑料填料、合成纤维等。细菌生长在填料上不随出水流失，污水在流动过程中与充满厌氧细菌的填料接触。由于污泥泥龄较长，所以可以在水力停留时间（HRT）较短的情况下获得较高的处理能力，COD 负荷率高的情况下甚至可以达到 15kg COD/(m·d)的处理水平。厌氧滤器的缺点主要是填料载体价格较贵，填料寿命较短而需定时更换，反应器建造费用高，而且当污水中悬浮固体含量较高时，容易发生短路和堵塞问题。

6.1.4.4　厌氧反应器类型的选择

厌氧消化工艺和反应器应根据发酵原料特性、发酵时间、进料方式以及进料条件等经技术经济比较后确定。厌氧消化器的类型的选择应基于发酵原料的特性和拟达到的处理目标，例如高固体含量或其他难降解的有机废水宜选用完全混合式厌氧消化器、升流式厌氧固体反应器或厌氧接触工艺，溶解性有机废水宜选用厌氧滤器、升流式厌氧污泥床等反应器。几种典型的厌氧反应器中温发酵时的适用性能比较见表6-8。

表6-8 几种典型的厌氧反应器中温发酵时的适用性能

反应器类型	设计负荷率/[kg COD/(m³·d)]	适用范围
完全混合厌氧反应器	3~4	处理高固体含量或其他难降解的有机废水，如畜禽粪便、秸秆等
厌氧接触反应器	2~5	处理高浓度、高悬浮物的有机废水，悬浮固体可达50000mg/L，COD不低于3000mg/L，如肉类加工废水等
升流式厌氧固体反应器	3~6	处理高固体含量(TS≥5%)的有机废液，如畜禽粪水
上流式厌氧污泥床	5~10	适用于悬浮固体含量低(≤2000mg/L)的有机废水，如酒精废醪液、屠宰废水、啤酒废水、淀粉废水等
膨胀颗粒污泥床反应器	15~20	适用于低温、悬浮固体含量较少和浓度相对较低的有机废水
厌氧滤器	2~12	适用于悬浮固体含量较低的有机废水，如屠宰、合脂酸、豆制品等废水

厌氧消化工艺可根据消化阶段的要求，按照一级厌氧消化或两级厌氧消化工艺进行设计，以保证发酵过程的充分和原料彻底处理。厌氧反应器的设计参数可参考国家标准《大中型沼气工程技术规范》（GB/T 51063）的相关规定，如表6-9所列，当不满足要求时可通过试验进行确定。

表6-9 厌氧消化器设计参数

反应器类型		完全混合式厌氧反应器（CSTR）	升流式固体反应器（USR）	高浓度推流式反应器（HCPF）	升流式厌氧污泥床反应器(UASB)	内循环厌氧反应器(IC)	颗粒污泥膨胀床反应器(EGSB)
进料条件	TS/%	6~12	≤6	10~15	—	—	—
	SS/(mg/L)	—	—	—	≤1500	≤1000	≤2000
设计参数	高径比	1:1	>1:1	长径比≥4:1	<3:1	(4:1)~(8:1)	(3:1)~(5:1)
	有效水深/m	不限	不限	—	4~8	15~25	15~20
	上升流速/(m/h)	不限	不限	—	<0.8	上:2~10 下:10~20	3~7
	是否带搅拌装置	是	否	是	否	否	否
	是否带布料装置	否	是	否	是	是	是
	出料装置	顶部溢流	顶部溢流	顶部溢流	设置三相分离器	设置三相分离器	设置三相分离器

6.1.4.5 厌氧反应器配置

采取中温运行的大中型沼气工程，厌氧反应器料液温度一般是35℃左右，采取高温运行的料液温度一般是54℃左右，对采用常温发酵的厌氧反应器，料液温度应保证不低于12℃。反应器周围环境温度随着昼夜交换和四季交替的变化而变化，因此必须对厌氧反应器进行温度调节来确保其运行于恒温条件下，以保证稳定的运行工况。料温的调整可采用厌氧反应器内热交换或外热交换，也可采用蒸汽直接加热，蒸汽通入点宜在集水池内。厌氧发酵过程中的增温主要包括两部分：一部分主要在进料池中进行，目的是把参与反应物料的温度由常温提升到反应温度；另一部分是补偿运行过程中散失到环境中的能量来以确保厌氧反应器能够在相对稳定的温度下运行。厌氧反应器的外保温采用聚苯乙烯和聚氨酯等材料，对于管路部分则可采取地埋管的方式，地上管路可采用常规保温方式[25,26]。

厌氧反应器内物料的搅拌，常用的方式有机械搅拌、发酵液回流搅拌和沼气回流搅拌三种。通常在反应器内安装叶轮，通过机械装置运转达到搅拌的目的。发酵液回流搅拌，是将发酵液从反应器中抽出后，用泵加压后送至浮渣层表面或其他部位实现循环搅拌，一般与进料和反应器外加热合并进行。另外，将厌氧反应器产出的沼气从底部重新送入反应器，将产生较强的气体回流，也可实现搅拌效果，沼气回流搅拌又可以分为气体扩散式搅拌、竖管式搅拌和气提式搅拌等几种形式。在沼气工程应用中，高浓度的厌氧发酵工艺多采用机械搅拌方式，而中低浓度的沼气发酵采用发酵液回流搅拌居多。

6.1.5 厌氧发酵过程参数控制

沼气工程是一个生物化学过程，其核心技术为厌氧发酵，复杂的反应参数及微生物代谢、变化的原料供应等都会导致发酵系统的稳定运行受到破坏，出现失稳现象，因此对厌氧发酵过程进行实时的监测和控制成为沼气工程的重要环节。厌氧发酵过程涉及众多参数如温度、氧气、pH值、营养物、有机负荷、氧化还原电位、抑制物毒性、搅拌和混合、微生物种类及其存在方式（量）等，这些影响因素可归结为两大类，即生物因子和非生物因子；厌氧发酵控制技术即是调控这些因子从而实现发酵过程性能的优化[3,10,11]。

6.1.5.1 关键生物因子控制

有机物发酵产沼气过程通常包含有机物的水解、酸化及甲烷化3个阶段，故与发酵产沼气相关的微生物菌群主要有水解酸化菌及产甲烷菌。在发酵过程的不同阶段起主要作用的微生物菌群不同，与该阶段相对应的微生物的数量不同，相应的有机物的转化程度也不同。甲烷是沼气的最主要成分，产甲烷是产甲烷菌获得能量的唯一途径，同时产甲烷菌是唯一以甲烷作为代谢终产物的微生物类群。因此，产甲烷菌的种类及数量就成了影响发酵产沼气的关键生物因子。

（1）微生物种类强化

目前已经发现的产甲烷菌的种类很多，根据对底物的选择性，可以把产甲烷菌分为 3 类，即还原二氧化碳营养型产甲烷菌（利用氢气或者甲酸）、甲基营养型产甲烷菌（利用甲醇、甲胺等甲基化合物）和乙酸营养型产甲烷菌（利用乙酸）。由于发酵底物的复杂性及微生物生长环境的差异性，产甲烷微生物的最佳生长环境、产甲烷效果等往往存在着较大差异。如乙酸盐营养型产甲烷菌部分属于鬃毛甲烷菌属（Methanosaete），对乙酸盐有较高的亲和力；另一部分属于甲烷八叠球菌属（Methanosarcina），对基质的亲和力较低。当乙酸盐浓度较低时，甲烷鬃毛菌属将占优势，而当乙酸盐浓度较高时，甲烷八叠球菌属将占优势。因此，选择、培养、驯化高效产甲烷菌就成为众多研究者的目标。

混合菌种强化和接种物强化是微生物种类强化最常见的两种方式。利用厌氧活性污泥作为废弃物厌氧发酵产沼气的接种物是最常规的一种菌种强化方式，因为厌氧活性污泥中含有丰富的水解、产酸和产甲烷菌，能够协同作用转化废弃物为沼气。但是针对一些特殊发酵底物，如高纤维的难降解物质，则需要根据发酵底物的特性定向驯化、筛选适宜菌群再进行发酵产甲烷。

（2）微生物存在方式（量）强化

通常，在不影响传质和微生物活性的情况下，反应体系中的生物量越多，发酵过程运行越好。因此，细胞固定化生长系统与悬浮生长系统相比具有很多优势，最明显的就是反应器内生物量高且可以重复使用。常用的甲烷微生物细胞固定化方法为污泥颗粒化、自絮凝，以形成颗粒污泥，然后将其应用于厌氧反应器提高甲烷产率。

6.1.5.2　关键非生物因子控制

影响发酵产沼气的关键非生物因子主要有底物因子和环境因子，其中关键底物因子主要包括有机、无机营养物及氮源和有机负荷等，而关键环境因子主要包括温度、氧气、pH 值、氧化还原电位、抑制物毒性、搅拌和混合操作方式等[11-13]。

（1）营养物强化

微生物对于营养物有特殊需求，例如大量元素、维生素以及微量元素。这些成分的可获得性和含量会对不同群体的生长和活性产生影响。发酵过程中微生物得到适量的营养，才会在底物中转化尽可能多的甲烷。

发酵过程中，对沼气生产有重要影响的、需要首先考虑的是发酵料液中的碳、氮、磷元素含量的比例。根据研究显示，厌氧发酵过程的碳氮比（C/N）最佳为(20～30)：1，过高或者过低都会影响产沼气能力。C/N 值过低，容易造成铵盐的积累，对消化产生抑制作用；C/N 值过高，会造成细胞合成所需氮源不足，影响缓冲能力，从而造成 pH 值的降低。对于一些工业污水，氮、磷含量不足，应及时补充到适宜的值。磷不足，可以用磷酸盐补充；氮源不足，可以用氯化铵、氨水或尿素补充。对于农副产品生产污水，氮、磷含量通常均能达到规定比例，无需另外投加。

产甲烷菌可以利用氨氮作为氮源，在蛋白质、氨基酸等有机氮源存在时需要氨化细菌将有机氮转化为氨氮。为了防止微生物的活性降低，一般要求反应器中氨氮的浓度需大于 40mg/L 或大于 70mg/L（根据发酵环境不同）。在沼气发酵的启动阶段，为了促进细菌的迅速繁殖，通常氮和磷的浓度较高，而在沼气发酵运行过程后期，磷的浓度较低，细菌繁殖受到一定抑制，剩余污泥量减少。

尽管沼气发酵所需要的微量金属元素比较少，但是微量金属元素对沼气发酵来说是也是必要的。微量金属元素缺乏会造成微生物活力下降，缺少哪一种元素都可能会抑制整个发酵过程。重要的微量金属元素有铁、镍和钴等，而钨、镁、锰、硼、钼、锌、硒、铜等也都在厌氧过程中发挥着一定的作用。

（2）有机负荷控制

有机负荷（OLR）是重要的运行参数，指的是单位时间内投加到单位有效发酵罐容积的挥发性固体的量。通常情况下，厌氧发酵微生物群进行酸化转化的能力较强，对酸化环境条件的适应能力也强，而进行气化转化的能力则较弱，对气化环境的适应能力较脆弱，因此就形成了发酵过程前强后弱的特征，因两种类型菌群转化能力的不同而导致过程转化速率难以达到平衡。当有机物负荷较小时，产酸量较少，形成碱性发酵状态，是一种虽稳定但低效的状态。当有机负荷很高时，超出了甲烷细菌的吸收利用能力，有机酸会在消化液中积累，pH 值下降，形成酸性发酵状态，这种状态低效而不稳定，应尽量避免。当有机负荷适中时，形成一种稳定而又高效的发酵状态，pH 值维持在 7～7.5 之间，产甲烷菌基本上可以吸收利用产酸细菌代谢产物中的有机酸并将其转化为沼气，从而形成弱碱性发酵状态，这是负荷的最佳状态。

（3）温度控制

一般而言，化学反应会随着温度升高而加快，但是因为微生物在参与新陈代谢过程中会有不同的适宜温度，所以发酵过程温度应根据微生物的需求进行调整。如果环境温度比微生物的适宜温度偏高或者偏低，其生长就会受到抑制。在厌氧发酵过程中，温度对微生物的影响主要是通过影响其体内的酶的活性，从而对微生物的代谢速率和生长速率产生影响，原料的消化率和产气率也会受到影响，而且还会对沼气的成分产生影响。通常高温发酵所产沼气的甲烷含量要比中温发酵低，并且在高温时会排出更多的二氧化碳。

厌氧发酵过程存在两个最适温度。在沼气发酵过程中，已知的大多数产甲烷细菌的最佳生长温度在 37～42℃ 范围内，这个范围内的发酵称为中温发酵，中温发酵工艺稳定性好、沼气产量相对较高，所以大多数沼气工程都是中温发酵。有部分嗜高温的微生物，其适宜温度范围在 50～60℃ 之间，采用这个温度段的发酵称为高温发酵。高温发酵具有黏度低、分解速度高的优点，但是过程热量消耗大。各种产甲烷菌具有不同的最适温度，所以出现了各自的最适温度范围，例如巴氏甲烷八叠球菌最适温度为 35～40℃、布氏甲烷杆菌为 37～39℃、嗜热自养甲烷杆菌为 65～70℃。最适温度还与发酵原料有关，例如中温发酵垃圾和其他有机固体废弃物时最适温度为 40～42℃，而中温发酵畜禽粪便时的最适温度为 35～39℃。

厌氧发酵对温度的突变特别敏感，温度波动越大，对厌氧发酵产沼气影响越大，一般要求厌氧过程运行每天的温度波动在 2~3℃ 范围内。沼气发酵温度的选择需要考虑能源消耗和发酵速率两方面的因素，虽然采用较高温度的发酵过程可以获得较高的产气率和转化速率，但是也需要消耗更多的能量。

（4）氧含量控制

微生物发酵分解有机物，在厌氧的条件下生成甲烷，在好氧的条件下产生二氧化碳。在发酵产沼气过程中，厌氧发酵微生物首先把有机物分解成简单的有机酸等物质，然后产甲烷菌将有机酸等转化为甲烷。产甲烷菌是专性厌氧菌，氧气对产甲烷菌具有毒害作用，所以产甲烷菌需要在严格的厌氧条件下生存和繁殖。因此，沼气生产过程中应保证厌氧环境，确保发酵液中氧含量受到监控。

厌氧环境主要以体系中的氧化还原电位（ORP）来反映。氧化还原电位是衡量物质吸收或释放电子能力的指标，是微生物正常生长繁殖不可缺少的环境因子之一，对微生物的生存状态有重要影响。产甲烷菌的最适氧化还原电位在 -150~-400mV，非产甲烷菌可以在 $+100$~-100mV 的氧化还原电位环境下正常生长和活动。

（5）pH 值控制

反应器内料液的 pH 值是发酵过程微生物生长环境中的重要参数，不同降解阶段微生物适宜生长的 pH 值需求是不同的。产甲烷微生物的最适 pH 值一般在 6.5~7.5（最好在 6.8~7.2）范围。酸的形成特别是乙酸对 pH 值影响最大，如果 pH 值长期过低，就会造成乙酸菌的大量繁殖，沼气发酵过程就会产生酸化，甚至很难恢复发酵。当含有大量氨基酸和含蛋白质的原料加入反应体系后，pH 值会略有上升，而含有大量可溶性碳水化合物的原料加入反应体系则会导致 pH 值迅速降低。在大中型沼气工程中，在向发酵反应器投入原料时，为避免投料量过多而导致产酸过多，可以测定挥发酸或者 pH 值的方式来控制投料量。发酵过程中可以采用的另一种调控方式，是在基础料中加入维持 pH 值的物质（如 $CaCO_3$）或具有缓冲能力的试剂（如磷酸缓冲液等）。另外，还可以通过补料的方式调节 pH 值。

（6）抑制物和有毒物质的减弱或解除

抑制沼气产生的原因有很多，抑制物即是其中之一。常见的抑制性物质有重金属、有机酸、硫化物、氰化物、氨氮及其他一些有机物等。这些有机物在含量低的时候可能起到发酵促进作用，但是达到一定的浓度就会产生抑制作用，如果含量达到毒性浓度，就可能会导致降解过程停止。例如，氨在不同 pH 值条件下具有不同的存在状态，氨浓度在 50~200mg/L 时对甲烷菌的生长繁殖具有促进作用，浓度达到 1500~3000mg/L 时，pH 值为 7.4~7.6，此时对产甲烷菌具有中等抑制作用，当浓度超过 3000mg/L 时，则有毒害作用。

在给发酵罐进料时应该考虑底物的浓度，因为底物的某些成分可能在含量过高时对发酵菌产生不利影响，从而抑制发酵反应，尤其是发酵原料中如果有除草剂、消毒剂、抗生素、重金属这类物质，则对降解过程的抑制更为敏感。有些抑制物还会与其他物质发生反应，例如重金属在溶解状态下对发酵有危害作用，但有时会在发酵过程中与硫化氢反应而生成硫化物沉淀,避免了对发酵过程的影响。

发酵过程本身也会产生许多对发酵具有抑制作用的物质。例如过高的游离氨浓度会对发酵过程产生抑制作用,游离氨浓度易受温度和pH值的影响,随温度和pH值的增加而升高。氨与水反应会产生铵离子和氢氧根离子,所以氢氧根含量增加,平衡发生转移,氨含量也会随之增加,随着发酵罐温度的升高,体系就会向着抑制氨产生的方向进行,所以较高的氨含量不适合在发酵系统中出现。此外,发酵过程挥发酸浓度过高时,也会对发酵产生抑制作用。

(7) 搅拌和混合

搅拌对沼气发酵来说是非常重要的,搅拌可以使微生物与物料有效接触。特别是在间歇进料的反应器中,在不搅拌的情况下,发酵液通常自然沉淀而出现明显的分层,而发酵液体的分层对产气及微生物生长都是不利的,会造成微生物和原料分布空间的分离。微生物活动较为旺盛的场所只限于活性层内,此处的厌氧条件好,但是却出现了原料缺乏。对反应器进行有效搅拌,可增加微生物与发酵原料的接触面,保证物料均匀,料液温度更为均匀,加快发酵速度。经常搅拌、回流会破坏分层现象,使活性层扩大到全部发酵液中,搅拌还能防止沉渣沉淀,防止产生或破坏浮渣层,促进气液分离,从而有利于提高产气率。但搅拌也不宜过于频繁,除了增大能量消耗之外,频繁的搅拌也不利于发酵菌的附着和繁殖。另外,部分厌氧发酵装置采用了产气搅拌或者回流搅拌的方式,机械搅拌是不需要的。

6.1.6 垃圾填埋气生产

6.1.6.1 填埋气的来源与组成

填埋气(Landfill Gas)是指垃圾填埋过程中产生的以甲烷和二氧化碳为主的气体,其来源于垃圾中可生物降解有机物受微生物的作用而分解。填埋气成分较为复杂,且随着垃圾的组成和特性、填埋地区水文地质、填埋方式等因素而变化。在填埋初期,填埋气的主要成分是CO_2,随填埋时间延长,CO_2含量逐渐降低而CH_4含量逐渐增大,在稳定期间一般CH_4占45%~60%,CO_2占40%~60%,另外还含有少量N_2、O_2、NH_3、H_2、CO_2、H_2S以及一些微量组分,与厌氧沼气的组成较为类似[14,15]。

填埋气热值高,具有利用价值,将填埋气回收和净化之后可用于能源用途。同时,垃圾填埋过程的产气量也较为可观,据研究,每吨湿垃圾产生填埋气的量可达到100~400m^3,而且垃圾填埋场产气寿命长,可以达到15~20年,因此在大型填埋场进行填埋气收集和发电利用具有经济价值[16]。

6.1.6.2 填埋气的收集

填埋气产生于有机物的厌氧发酵过程,因此填埋场中填埋气的产生是分散在各处的，而其利用就需要将分散的气源进行收集、集中。

填埋气的导出和收集通常有水平收集和竖向收集井两种形式。

(1) 水平收集

水平收集方式就是沿着填埋场纵向逐层横向布置水平收集管，直至两端设立的导气井将气体引出。水平收集管通常采用高密度聚乙烯多孔管，周围铺砾石透气层。此收集方式适用于小面积、窄形、平地建造的填埋场，简单易行，可以适应垃圾填埋作业，在垃圾填埋过程直至封顶时使用都方便。

(2) 竖向收集

竖向收集井或竖井横斜向收集管的导排收集方式较为常用，此方式结构相对简单，集气效率高，材料用量少，一次投资省，在垃圾填埋过程中容易实现密封。竖井除了提供透气排气空间和通道之外，还同时将填埋场内渗滤液引至底部并排送到渗滤液调节池和污水处理厂。在垃圾填埋过程中进行竖井建设时，竖井是随垃圾填埋过程而依次加高的，加高时应注意密封和井的垂直度。

不论采用竖井还是水平管线收集，最终均需要将填埋气汇集到总干管进行输送。垃圾填埋气的收集系统由收集井、集气柜、输气管道和抽气泵站等组成，输气管道除设置有必要的控制阀、流量压力监测仪和取样孔外，还应考虑冷凝液的排放[14,15]。图6-9为通常采用的主动导排式填埋气导排收集系统，在填埋场内铺设一些垂直的导气井或水平的盲沟，为垃圾厌氧过程产生的气体提供排放空间，然后利用抽气设备通过连接管道对导气井和盲沟抽气，将分散的填埋气抽出来并集中处理。主动导排系统的抽气流量和负压可以随产气速率的变化而进行调整，因此可以最大限度地将填埋气导排出来，抽出的气体可直接利用，经济效益良好，但是系统利用机械抽气，运行成本较高。

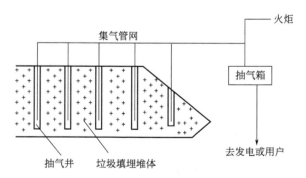

图 6-9 主动导排式填埋气导排系统

如不用机械抽气设备，而是依靠填埋气自身的压力沿着导排井和盲沟排向填埋场外，此系统即为被动导排，适用于小型填埋场和垃圾填埋深度较小的填埋场，排气效率低，排出的气体利用价值低。

填埋气经收集后，通过主干管输送到集中处理单元，例如净化单元和储存单元、发电利用单元等，这与沼气的处理和利用基本相同。

6.2 沼气净化与储存

6.2.1 沼气组成与净化要求

除了主要成分 CH_4 和 CO_2 之外，沼气还含有其他多种少量杂质，最常见的包括 H_2S、NH_3、O_2 和 N_2 等。杂质的成分和含量主要取决于发酵原料和发酵工艺，典型的垃圾填埋气和厌氧发酵沼气组成见表 6-10。

表 6-10 典型的垃圾填埋气和厌氧发酵沼气组成

组成	单位	垃圾填埋气	厌氧发酵沼气
甲烷	(体积分数)%	30～60	50～80
二氧化碳	(体积分数)%	15～40	15～50
氮气	(体积分数)%	0～50	0～5
氧气	(体积分数)%	0～10	0～1
硫化氢	mg/m^3	0～1000	100～10000
氨	mg/m^3	0～5	0～100
总氯	mg/m^3	0～800	0～100
总氟	mg/m^3	0～800	0～100
硅氧烷	mg/m^3	0～50	—

尽管这些杂质含量大都很低，但是如果不进行处理则可能会导致设备腐蚀和机械磨损，影响到设备的稳定运行和沼气的利用，因此需要根据利用方式的不同进行预处理[3,8]。

主要杂质组分的形成原因和特性介绍如下。

(1) 二氧化碳

二氧化碳形成于有机物的降解过程，其存在会降低沼气的单位体积热值。如果沼气被用于车辆燃料或者进入城市燃气管网，需要更高的热值和能量密度，就需要把二氧化碳去除。对于发电或者产热等应用，一般不需要对二氧化碳进行脱除处理。

(2) 水

厌氧消化过程离不开水，部分过程水会挥发进入沼气中。沼气中的水常常处于饱和状态，水分含量取决于发酵罐的温度和压力。沼气中的水会与二氧化碳形成碳酸，导致管线的腐蚀。水的存在还会降低沼气热值，从而影响沼气的应用。

(3) 硫化氢

H_2S 是沼气中常见的杂质，也可能还会有其他含硫杂质。H_2S 可能来源于发酵罐中的硫酸盐被硫还原菌还原，还可能来源于半胱氨酸和蛋氨酸等含硫蛋白质，尤其是富含硫的原料发酵产生更多的 H_2S，例如酒糟、大型藻类和造纸工业废水等。H_2S 可能造成沼气利用设备的腐蚀，含有 H_2S 的沼气燃烧会产生硫酸排放，而且 H_2S 本身就具有高毒性，会产生严重的健康风险，因此沼气脱硫是非常必要的。

(4) 氧气和氮气

沼气生产在厌氧条件下进行，氮气和氧气都不应该存在。如果采用生物脱硫工艺进行沼气脱硫，为了除去 H_2S 会引入少量的空气，会导致沼气中存有少量的氧气和氮气。垃圾填埋气中存在的氮气是因为低压抽气导致空气进入填埋空间，氧气大部分被填埋空间的微生物消耗掉，而氮气则存留在填埋气中。必须严格限制氧气含量，以避免形成可燃混合气体。

(5) 氨

氨也是沼气中的常见杂质，其形成于屠宰场废弃物等富含蛋白原料的水解。过高的氨会抑制厌氧反应过程，而且氨在沼气利用中也会产生腐蚀等问题。

(6) 挥发性有机化合物（VOCs）

VOCs 大都是跟随原料进入反应器的，包括烷烃、硅氧烷、卤代烃等。化合物的种类取决于沼气生产的原料，含量则取决于化合物的挥发性和发酵罐温度。

沼气的净化处理要求取决于沼气的利用途径。沼气可用于产热，也可用于热电联产，还可以用于车辆燃料。沼气的不同利用方式对沼气有不同的质量要求。一般来说，气体处理得越干净，利用设备的维护费用就越低。因此，气体净化方案可以看作是在净化深度和维护成本之间寻找平衡点。同时，评估沼气利用所需要的净化深度，也不应仅考虑其中的某一个组分，因为各种组分之间会相互影响，如 CO_2 和 H_2S 相互作用而更容易溶于水而形成酸。

6.2.2 沼气脱水

为保护沼气利用设备不受严重磨损和损坏，并达到下游净化设备的要求，必须去除沼气中的水蒸气。沼气中包含的水或蒸汽量取决于其温度，沼气相对湿度达到 100% 即意味着沼气中水蒸气达到饱和。沼气工程中可应用的脱水方法主要有重力法、冷凝干燥、吸附干燥（硅胶、活性炭）、吸收干燥（乙二醇脱水）等[3,17]。

(1) 重力法

重力法主要采用重力式和循环式分离器，靠重力的不同实现气体与液体的分离，其缺点是分离效率低，分离不彻底，设备体积和重量较大。

(2) 冷凝干燥

冷凝干燥方法的原理是通过提高压力或者降低温度来改变水在沼气中的饱和度，

从而对水蒸气进行冷凝分离。冷却可以通过地埋管方式实现，管道需要具有足够的长度并以适当的倾斜度安装，且需配备排水和冷凝阱。除水蒸气外，其他杂质如部分颗粒和硅氧烷等也会在冷凝中被移除。需定期对冷凝水分离器进行排水，且冷凝水分离器需安装于防冻区域。在对气体进行冷却之前，压缩沼气可进一步改善冷凝效果。

(3) 吸附干燥（硅胶、活性炭等）

吸附干燥工艺是用沸石、硅胶及氧化铝等吸附材料处理沼气，将水分吸附于干燥材料上而除去，吸附干燥能达到明显更好的干燥效果。吸附装置安装在固定床上，可在正常压力或 600～1000kPa 的压力下运行，适用于中小沼气量的干燥。用过之后的吸附材料可以通过热力或非热力的方式进行再生，并循环使用。

(4) 吸收干燥（乙二醇脱水等）

吸收干燥工艺是通过在吸收塔中利用乙二醇、三乙二醇溶液或吸水性盐与沼气的逆流接触而实现水分吸收，可将水蒸气和烃类化合物从沼气中移除。在乙二醇作为吸收液时，可通过将溶剂加热到 200℃，使其中杂质挥发来实现吸收液的再生。从经济性看，该方法适用于较高流量（例如 500m^3/h 以上）的应用，可以考虑作为沼气提纯并网利用的预处理方法。

6.2.3 沼气脱硫

沼气脱硫的方法有很多种，根据其应用可分为生物脱硫法、化学脱硫法和物理脱硫法。除了沼气的成分，影响脱硫效果的关键因素是沼气的流量。在沼气工程运行期间，向发酵罐中添加新鲜底物后会出现短时的较高产气率，使沼气流量增大，甚至可能比平均流量高出 50%。因此，为确保脱硫质量，在实践中经常会采用较大处理量的脱硫单元或采用不同技术类型的组合[8,17]。

6.2.3.1 化学脱硫法

(1) 干法化学脱硫

干法化学脱硫可以采用的脱硫剂有氧化铁、氧化锌等。一般采用氧化铁包埋材料作为脱硫剂，铁离子与沼气中的 H_2S 反应生成 FeS。脱硫剂一般可以通过加热进行再生，直至氧化铁脱硫剂表面的大部分空隙被硫或其他杂质覆盖而失去活性为止。其反应式为：

脱硫 $\quad\quad\quad\quad Fe_2O_3 + 3H_2S \longrightarrow Fe_2S_3 + 3H_2O$

再生 $\quad\quad\quad\quad 2Fe_2S_3 + 3O_2 \longrightarrow 2Fe_2O_3 + 6S$

脱硫装置多为塔式，主要包括主体钢结构、脱硫剂填料、观察窗、压力表、温度表等组件，如图 6-10 所示。

在沼气进入干式脱硫塔之前，应首先设置冷凝水罐或沼气颗粒过滤器，以干燥沼气并消除沼气中夹杂的颗粒杂质，使得沼气在进入脱硫前具有一定湿度。脱硫塔

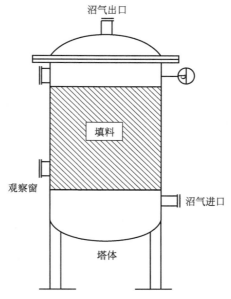

图 6-10 塔式干法脱硫装置

内,含硫化氢的沼气首先与底部入口处负荷相对较高的脱硫剂反应,而脱硫塔上部是负载低的脱硫剂层。通过设计适宜的沼气流动速度,干式脱硫能到达良好的精脱硫效果。干式脱硫塔通常设计为一用一备,当观察到脱硫剂变色,或系统压力损失过大时,应交替使用另一个脱硫塔。脱硫塔在沼气放空后进行自然通风或加热,对脱硫剂进行再生。多次使用而再生效果不佳时,应从塔体底部将废弃的脱硫剂排除,加入新鲜脱硫填料。

干法脱硫是一种简易、高效、相对低成本的脱硫方式,一般适于沼气量小、H_2S 浓度低的沼气脱硫。

(2) 湿法化学脱硫

湿法化学脱硫可以分为罐内脱硫和罐外脱硫。罐内脱硫可以通过往发酵罐中添加铁离子来实现,以 $FeCl_2$、$FeCl_3$ 或者 $FeSO_4$ 的形态存在的铁离子与 H_2S 反应生成不溶于水的 FeS 沉淀,从而避免了 H_2S 进入沼气中。FeS 沉淀会与沼渣一起排出发酵罐,反应如下:

$$Fe^{2+} + S^{2-} \longrightarrow FeS$$
$$2Fe^{3+} + 3S^{2-} \longrightarrow 2FeS + S$$

罐外化学湿式脱硫常采用湿式氧化脱硫工艺,就是以碱性物质(如纯碱或氨水)去吸收酸性气体 H_2S,同时选择适当的氧化催化剂将中和反应被吸收的 H_2S 再氧化成单质硫而分离除去,从而使脱硫溶液得到再生。此后,还原态的催化剂可由空气氧化成氧化态,再循环使用。

吸收过程:$H_2S + Na_2CO_3 \longrightarrow NaHS + NaHCO_3$

再生过程: $2NaHS + O_2 \longrightarrow 2NaOH + 2S$(载氧体催化剂作用)

$$NaOH + NaHCO_3 \longrightarrow Na_2CO_3 + H_2O$$

整个脱硫工艺包括吸收、再生、回收三个步骤：第一步用氨水或纯碱液吸收气体中的 H_2S 进行中和反应；第二步采用载氧体催化剂进行催化氧化反应，将负二价硫氧化成单质硫；第三步利用空气氧化失活的催化剂使其得到再生并反复使用，同时将单质硫浮选出来进行分离。

湿式氧化脱硫工艺一般在大型脱硫工程中作为初脱硫工艺，可使沼气中的 H_2S 含量从 6000×10^{-6} 降至 100×10^{-6} 以下。脱硫系统不会使空气进入沼气中，对沼气品质影响小，因而更适于沼气提纯项目。

6.2.3.2 生物脱硫

生物脱硫工艺是近年发展起来的一项新工艺，通过微生物的作用将 S^{2-} 氧化为 S 或者 SO_4^{2-}，从而达到脱除 H_2S 的目的。一般生物脱硫需要经历 H_2S 溶解、微生物吸收、微生物分解转化三个阶段。自然界中能氧化硫化物的微生物种类很多，大部分属于化能营养型，主要可以分为光合硫细菌、丝状硫细菌和无色硫细菌三大类。沼气生物脱硫中常用的主要是无色硫细菌，如氧化硫硫杆菌、氧化亚铁硫杆菌等。

生物脱硫工艺已在德国、丹麦等国家的沼气工程中得到广泛使用，我国国内也有部分工程采用，其主要优点是能耗低、可回收单质硫、去除效率高，而且不需要催化剂、不需要处理化学污泥。根据脱硫工艺的不同，生物脱硫可以分为发酵罐内生物脱硫、生物滴滤脱硫和生物洗涤脱硫方式。

（1）发酵罐内生物脱硫

生物脱硫在发酵罐内进行，一般只适用于顶部有足够储气空间的发酵罐，尤其是顶部安装有储气膜的一体式发酵罐。在发酵罐顶部人为引入少量空气或氧气（通常为沼气量的 3%～6%），在微氧条件下，硫细菌将硫化氢转化成硫单质和硫酸，硫单质随着发酵罐底物排出，最终作为化肥施用于农田。罐内生物脱硫不需要额外为硫细菌生长提供营养环境，因为发酵罐内已经拥有这一转化过程所需的充足营养物。如果现有脱硫表面积不足以满足脱硫需要，需要为硫细菌生长提供额外的附着表面。

罐内生物脱硫工艺简单、可靠、性价比高，几乎不需要维护，因此在国外的小型农业沼气工程中得到广泛采用。由于罐内脱硫需要引入空气或氧气，将降低沼气的燃烧品质，因此不适于沼气生产生物甲烷等替代天然气的用途。

（2）生物滴滤脱硫

为弥补罐内生物脱硫的不足，可在发酵罐外使用生物滴滤工艺进一步脱硫。生物滴滤脱硫装置原理见图 6-11。

生物滴滤塔内放置一定高度的惰性填料（一般采用塑料或陶瓷填料），惰性填料表面生长有一层生物膜，循环滴滤液自塔顶喷淋而下为生物膜内微生物的生长提供必需的湿度和氮、磷、微量元素等营养物质。沼气从塔底进入填料床与循环滴滤液逆流接触，硫化氢被吸收并传质进入生物膜，被生物膜内硫细菌氧化为单质硫和硫

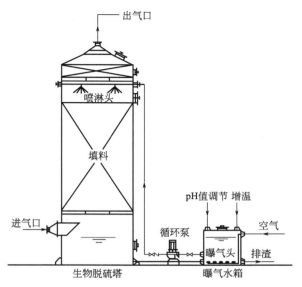

图 6-11　生物滴滤脱硫装置原理

酸盐，净化后的沼气从塔顶排出。

生物滴滤工艺可实现高达 99% 的脱硫率，剩余气体中的硫含量将少于 50mL/L。罐外生物脱硫可控性好，能更准确地按照生物脱硫所需的参数进行，如引入的空气/氧气量。由于空气的进入，净化沼气中空气含量约为 6%，因此也不适合用于生产生物甲烷。

（3）生物洗涤脱硫

生物洗涤脱硫工艺是能够将沼气提纯到天然气质量的生物脱硫工艺，其原理如图 6-12 所示。

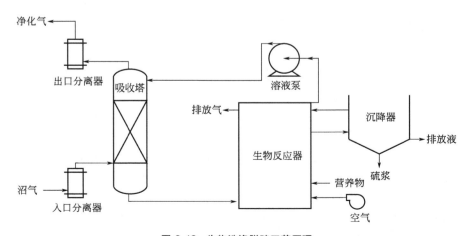

图 6-12　生物洗涤脱硫工艺原理

生物洗涤工艺对沼气中 H_2S 的去除分为吸收和生物降解反应两个过程。首先含 H_2S 的气体进入洗涤器，和洗涤塔里的弱碱性溶液（可加入烧碱、氢氧化铁、碳酸氢钠等）进行接触，H_2S 气体被吸收并随碱液进入生物反应器。在生物反应器的含氧环境下，硫化物被脱硫菌氧化成元素硫，然后以料浆的形式从生物反应器中析出，分离后可干燥成单质硫粉末。生化反应器出水进入沉淀池进行泥水分离，上清液排出，污泥回流。

生物洗涤工艺反应条件易控制，压降低，填料不易堵塞，但设备多，系统复杂，并需要外加化学药剂，投资和运行成本较高，一般适用于高气体流量、高硫化氢负荷或者燃气品质要求高的沼气工程。

6.2.3.3 物理脱硫

物理脱硫方法包括溶剂吸收法和活性炭吸附法。溶剂吸收法采用水或者有机溶液作为吸收剂对沼气中的硫化氢进行去除。活性炭吸附的原理是在活性炭的表面催化氧化硫化氢，可通过采用碘化钾或碳酸钾浸泡活性炭或添加助剂的方法来提高脱硫反应率和处理负荷。活性炭脱硫去除率很高，处理效果可以达到硫化氢含量<4mL/L，因此可用于精脱硫。由于需要连续消耗化学药剂，活性炭需要更换，因此成本较高，一般用于需要深度脱硫、产品燃气硫化氢浓度特别低的工程应用。

6.2.4 沼气储存

由于沼气生产和使用速率之间的不平衡，必须设置储气柜进行调节。储气柜可以分为低压气柜和高压气柜两大类，低压储气柜按密封方式分为湿式和干式两种，湿式又分为直立式和螺旋式；干式气柜是利用弹性垫片及油封填充方法保持密封，目前使用较少。高压气柜通常称为高压储气罐，有圆筒形（立式或卧式）和球形，常用于生物甲烷、天然气等高品质燃气的小规模储气[8,18]。

6.2.4.1 低压湿式气柜

低压湿式气柜是最简单、常见的一种气柜，由水封槽、钟罩和升降导向装置三部分组成，如图 6-13 所示。

钟罩是无底、可以上下活动的圆筒形容器，通过钟罩在水中的升降达到气体储存的目的。储气压力主要是由钟罩的重量造成，也可通过增加配重以达到提高储气压力的目的。如果储气量大，钟罩可以由单层改成多层套筒式，各节之间以水封环形槽密封。寒冷地区为防低温时水封槽结冰，需用蒸汽加热槽中的水。

湿式气柜按照导轨形式可分为导轨为螺旋形的螺旋气柜、导轨为带外导架的直导轨的外导架直升式气柜、导轨焊接于活动节塔壁上的无外导架直升式气柜等。湿式气柜构造简单，易于施工，安全可靠，压力稳定；但是其土建基础费用高，易腐蚀，冬季耗能大，检修时产生大量的污水，设计寿命一般为 10 年。

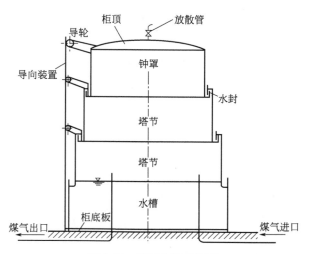

图 6-13 低压湿式气柜示意

6.2.4.2 低压干式气柜

低压干式气柜是内部设有活塞的圆筒形或多边形立式气柜，主要由外筒、沿外筒上下运动的活塞、底板及顶板组成，结构见图 6-14。

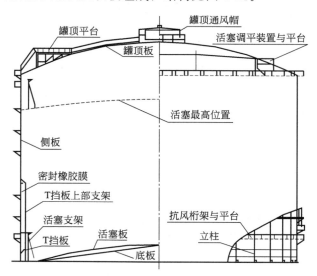

图 6-14 低压干式气柜结构

活塞直径约等于外筒内径，其间隙靠稀油或干油气密填封，随储气量增减，活塞上下移动。燃气储存在活塞以下部分，随活塞上下移动而增减其储气量。

干式气柜不设置水槽，故可以大大减少罐基础荷载，这对于大容积储气柜的建造是非常有利的。干式储气柜的最大问题是密封问题，也就是如何防止在固定的外筒与上下活动的活塞之间产生漏气。根据密封方法不同，目前有阿曼阿恩（MAN）型采用稀油密封、可隆（KLONNE）型采用润滑脂密封和威金斯（WIGGNS）型干式储气柜采用橡胶夹布密封三种形式。

6.2.4.3 双膜干式储气柜

双膜干式储气柜是近年来发展的先进的储气柜结构，其主体由外层膜、内层膜和底膜组成，另外配有恒压控制、安全保护及一些控制设备和辅助材料，如图6-15所示。

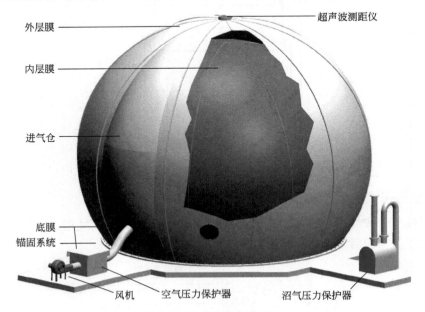

图6-15 双膜干式储气柜结构

外层膜构成储气柜外部球体形状，内层膜与底膜围成内腔，为沼气存储提供空间。储气柜配备防爆鼓风机，鼓风机自动按要求调节气体的进出量，以保持储气柜内气压的稳定，同时在恶劣天气条件下保护外层膜。外层膜设有一道上下走向的软管，由鼓风机把空气经此软管送进外层膜与内层膜之间的空间，使外层膜保持球体形状并同时把沼气压送出去。沼气的存储体积由进入与排出的气体体积所决定。当储存气体增加时内膜扩张，控制设备将排出外膜的调压空气以增加存储空间，而当储气减少时则控制设备向调压层注入空气以平衡柜内压力并稳定外膜。

双膜干式储气柜的主体由特殊加工聚酯材质制成，质量较轻，安装方便，可以由钢轨固定于水泥基座上，还可以直接布置在沼气发酵罐的顶部，组成一体化的厌氧反应器，既节省了占地空间，又节省了发酵罐顶盖的造价。气柜没有水封、油封、弹簧等部件，安全系数高。储气柜可抵抗强风的吹刮及积雪的重压，保证设备安全运行，且外形美观，因此近年来其在大中型沼气工程方面得到了快速应用。

6.2.4.4 储气方式的选择

常用储气柜的优缺点见表6-11。在工程应用中，需要根据实际情况，在对技术经济条件加以比较后确定。需要考虑的因素主要有供气区域范围、管道敷设地的环境状况、使用成本控制、供气量的大小等。

表 6-11 沼气工程常用储气装置

储气柜种类	结构形式	优点	缺点
高压储气柜	圆柱形柜 球形柜	耗钢量小,基础费用少;可以实现远距离送气、降低管网成本;占地面积小	需要压缩机存入,消耗能源;工艺复杂、施工要求高、并需要定期维护
低压湿式储气柜	直立导轨升降式 螺旋导轨升降式	结构简单,安装操作及保养方便;造价低,无需额外动力;制作安装精度要求相对干式柜和高压柜低,施工难度小	荷重大,基础费用高;需防腐、运行费用高、建设周期长,使用年限短;对于寒冷地区必须采取防冻采暖措施;占地面积大
低压干式储气柜	稀油密封 润滑脂密封 橡胶夹布密封	燃气可以保持干燥状态,尤其适用于干燃气;寒冷地区不需要采用防冻采暖措施;荷重小,土建投资小、建设周期短;使用年限长,占地面积小	一次性投资大;制作安装精度要求较高,施工难度大,密封过于复杂,需要安检;工作压力高,利用时需要加压
双膜式储气柜	低压单膜气柜 双膜储气柜	质量轻,土建费用低;在寒冷地区不用担心结冰问题;现场安装迅速,使用寿命长,免维护时间长,无需防腐;外表美观	系统设备维护较为复杂,有能源消耗

6.3 沼气发电及联产系统

沼气发电技术应用始于 20 世纪 70 年代,其后在世界范围内得到了快速推广,由于沼气发电技术成熟度高、规模化效益以及环境效益显著,已逐步发展成为生物质发电技术中应用规模最大的利用方式。生物质沼气发电并网在德国、丹麦、奥地利、芬兰、法国、瑞典等国家的能源体系中占据较大比例。在沼气发电工艺设备方面,德国、丹麦、奥地利、美国等的沼气发电机组技术较为先进,气耗率可以达到低于 $0.5 m^3/(kW \cdot h)$ 的水平。我国沼气发电的产业应用也已经有 20 多年的历史,目前国内 5MW 以下各级容量的沼气发电机组均已定型生产,主要包括单纯使用沼气的发动机和部分使用沼气的双燃料发动机。受农业生产方式影响,我国沼气工程普遍规模较小,更加适合采用几十到几百千瓦级的发电机组,形成分布式的发电应用,而兆瓦级的机组则适用于大规模、集中的沼气工程,例如大型畜禽养殖场、生态农场以及大型的污水、工业废水处理厂等。

以沼气为原料在燃气机中燃烧并带动发电机组发电,同时将发电机组产生的以烟气、蒸汽、热水等形式存在的余热回收,用于沼气工程加温、输出热力,或者在夏季不需要加温时用于制冷需求，实现热冷电联产，提升沼气发电系统的能源效率和经济性。由于沼气工程的规模普遍较小，以及对热源的较稳定需求，大部分沼气发电工程都采用了热电联产系统。内燃发电机组发电效率最高能达到40%，1m^3沼气可以产出2.4kW·h电力。通过采用热电联产发电机组，热电总效率一般可以达到80%~90%，即只有10%~15%的沼气能源未被利用。以典型的内燃机热电联产机组为例，其各部分的能量利用比例大致分布如下：电能占38%，尾气回收热量占19%，套管水中回收热量占13%，润滑油及空气冷却回收热量占10%，总的能量利用效率为80%。虽然不同型号的发电机组各部分能量比例有所不同，但通过热回收系统尽可能将余热能源回收，沼气内燃机热电联供系统的综合效率一般都可以达到80%以上[9,17]。

沼气发电工程普遍采用内燃发动机，将燃料与空气注入气缸混合压缩，点火引发其爆燃做功，通过气缸连杆和曲轴驱动发电机发电。内燃机的余热一般有排烟和冷却水（冷却器缸套、润滑油等）两种形式，不同形式余热的温度不同，应针对不同品位的余热组织合理有效的利用方式，以实现能量的梯级利用。除了发电供热之外，沼气发电机组余热还可用于制冷，特别是在热需求较小的夏季，热电冷联产的效益更好。

沼气工程热电冷联产系统的基本组成如图6-16所示。

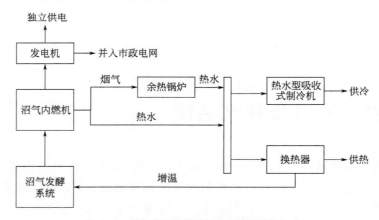

图6-16 沼气工程热电冷联产系统的基本组成

联产系统中，除了内燃发动机和匹配的发电机之外，系统还包括空气进气系统，发动机、发电机和管路散热与热回收系统，废气处理和余热利用系统，润滑油回路和隔声罩等。为了增加系统供电、供热、供冷的稳定性和可靠性，还可以配备电动制冷机、燃气锅炉、蓄能装置等。通过余热回收而提取的热量，通过热分配器被分配到各个热循环，春、秋、冬季节主要用于为沼气厌氧发酵系统提供增温热源或者对外提供热力，在夏季不需要热源时可以通过热水型吸收式制冷机组满足制冷需求。除了满足沼气工程现场的热能需求，向沼气工程以外单位供热供冷还可带来额外的经济效益[17,19]。

6.3.1 沼气发动机

发电机组根据所采用的原动机种类不同可以分为内燃机发电机组、燃气轮机发电机组、斯特林发电机组和燃料电池发电机组等。目前沼气工程中普遍使用的是内燃发动机与发电机联合制动的小型热电联产机组，使用微型燃气涡轮驱动发电机、外燃式斯特林发动机或燃料电池等新型技术用于沼气发电，目前在经济性及技术方面尚存在一定的问题。

沼气由于甲烷含量高，所以辛烷值高，抗爆性能好，用作内燃机燃料时可以采用较高的压缩比。当采用汽油机改装的内燃机时，可对内燃机进行适当调节，增加压缩比。沼气是一种低能量密度气体燃料，沼气中含有大量的二氧化碳会对甲烷燃烧过程形成阻碍，在内燃机中沼气与空气混合燃烧时，会出现着火温度高、燃烧速度慢、后燃严重等问题，也会导致内燃机的功率和动力性能有一定程度的下降。因此用于常规内燃机时沼气与助燃空气混合气难以自行着火，必须使用引燃方式或增加点火系统。相应的，沼气内燃发动机根据燃料性质和点火方式可以分为两类，气体火花点火发动机和引燃气体发动机，即分别为单燃料发动机和沼气/柴油双燃料发动机[7,9,19]。

6.3.1.1 气体火花点火发动机

气体火花点火发动机是基于奥托循环而设计的用于气体燃烧的发动机。为最大限度地减少氮氧化物的排放量，发动机运行时使用的空气量高于理论需要量，即稀薄燃烧模式。在稀薄燃烧模式下，发动机内的燃料转换率较低，导致功率降低，而这可以通过涡轮增压来弥补。气体火花点火发动机允许沼气中最小甲烷浓度约为45%，低于该值发动机将停止运行。如果沼气供应不足，气体火花点火发动机也可以使用天然气等其他燃气运行。

以沼气为原料的气体火花点火发动机基本适于各类沼气工程，规模大的沼气工程使用经济效益更好。其优点包括为使用气体专门设计、满足各种污染物排放标准、维护次数少、整体效率高于引燃气体发动机等。由于沼气燃烧速度慢，一般采用高能点火系统，增大点火系统的初级电流和电压能明显改善点火式沼气发动机的性能。其不足之处主要是与引燃气体发动机相比，初始投资略高，而且在较低的输出功率范围内能量效率较低。气体火花点火发动机一般安装紧急冷却器，以防热需求低时产生过热现象。

6.3.1.2 引燃气体发动机

引燃气体发动机是基于柴油发动机的原理，经过改装而用于燃气的发动机，可以采用沼气、柴油双燃料。沼气通过混合器与空气混合，随后由引燃油点燃，再通过注射系统进入燃烧室。引燃气体发动机运行时，引燃油的添加负荷由引燃油和沼气质量决定，通常引燃油的能值占所供应燃料总能量的2%~5%。由于引燃油的注入量相对较小和喷嘴冷却方式的缺乏，使得发动机更容易面临焦化和更快损耗的风险。如果出现沼气供应短缺问题，引燃气体发动机可以方便地转换为利用引燃油或柴油替代燃料运行，尤其是在沼气工程的启动阶段，可以为沼气工程顺利启动提供所需的热量，因此使用比较灵活。

引燃气体发动机适用于各种类型的沼气工程，但小型的沼气工程经济效益更好。引燃气体发动机在电输出较低时，与气体点燃式发动机相比具有较高的发电效率。采用引燃方式，可使沼气的着火滞后期乃至整个燃烧期缩短，从而解决沼气发动机后燃严重、排气温度高与热负荷大等问题。但是，发动机的运行需要添加额外燃料（点火油），整体效率较低，使用寿命较短。因喷嘴焦化问题而可能产生更高的废气（NO_x）排放，并需要更频繁的维护。

引燃气体发动机与气体火花点燃式发动机的主要工艺参数对比见表6-12。

表6-12 气体发动机工艺参数对比

参数	气体火花点燃式发动机	引燃气体发动机
电输出功率	一般大于1MW	最高可达约340kW
发电效率	34%～42%（额定输出>300kW）	30%～44%（对于小型沼气发电效率约30%）
引燃油添加	不需要	需要，添加量一般为所供燃料总能量的2%～5%
沼气甲烷浓度	一般大于45%	可以采用较低的甲烷浓度，必要时需要辅助燃料
工作寿命	约60000h	约35000h

目前，国内的沼气发动机一般是由柴油机或汽油机改装而成，专为沼气而设计开发的专用机还比较少。沼气内燃机的润滑性能较差，对喷气系统等关键部件应采取相应措施以保证内燃机的可靠工作。通过优化沼气与空气的均匀混合，使沼气燃烧完全，并可以降低内燃机有害物质的排放。

6.3.2 发电机组

发电机组既有同步也有异步（感应）发电机。由于高电流的消耗，基本只在功率低于100kW的机组使用异步发电机，沼气工程普遍采用同步发电机。同步发电机可分为旋转电枢式和旋转磁极式两种类型[19]。

(1) 旋转电枢式发电机

旋转电枢式发电机的磁场是固定的，而电枢由原动机拖动旋转，三相交流电流通过滑环和电刷的引接输送到负载。这类发电机的优点是铁心硅钢片的利用率高，而且定子是机座可作磁轭，节约钢材；其缺点是输出容量受到限制，电压也不能太高。另外这类发电机结构较复杂，造价也较贵。基于上述原因，用这类发电机供电已很少采用，通常用无刷发电机作交流励磁机。

(2) 旋转磁极式发电机

旋转磁极式发电机的电枢是固定的，而磁极则是旋转的，电枢绕组均匀分布在整个铁芯内。按其磁极的形状，旋转磁极式同步发电机又可分为凸极式和隐极式两种。凸极式发电机有明显的磁极，在磁极铁芯上套有集中磁极绕组。其气隙是不均匀的，极弧下气隙较小，而极间部分气隙较大。隐极式发电机没有明显的磁极，磁极绕组分散地嵌在转子铁芯槽内。由于其转子为圆柱形，因此其气隙是均匀的。旋转磁极式发电机有较多的空间位置来嵌放电枢绕组和绝缘材料，电枢绕组的输出电流可直接送往负载，其机械强度和绝缘条件均较好，可靠性也比较高。

沼气发电的供电方式一般采用独立回路方式，即生产的电力通过独立的回路进行供电而与市电回路分开，一般作为不间断电源用来供应特定的负荷设备。如果其电力有余，也可以通过切换开关，作为高峰负荷供电或作为市电停电时的备用电源。

6.3.3 余热回收与利用

6.3.3.1 余热回收换热器

沼气发动机运行于高温下，因此有大量的余热可供利用，主要是发动机冷却水和高温排气热量回收，图 6-17 示出了沼气发动机冷却和余热回收系统[9,24]。

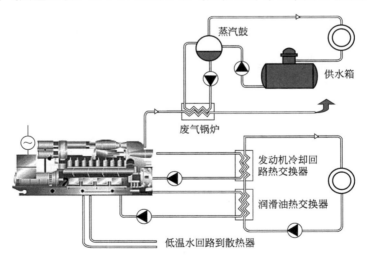

图 6-17 沼气发动机冷却和余热回收系统

沼气热电冷联供系统中所采用的余热回收换热器有回收发动机冷却水余热的水-水换热器和回收排烟余热的烟气-热水（或蒸汽）换热器。换热器的结构可采用管翅式、管壳式、板式、螺旋板式等多种形式。大多数情况下，板式换热器用于提取冷却水系统中的热能。在回收烟气冷凝热时，除了常规的间壁式换热器之外，还可以采用直接接触方式，即水直接通过喷嘴以逆流方式与热烟气气流接触，将烟气冷却到低于进口烟气的露点温度，并最终以低温饱和状态离开系统，而水则被加热后离开系统。水和烟气的直接接触可在喷雾室内、挡板盘塔或填充塔内完成。由于水与烟气接触之后会具有一定酸度,因此一般利用二级换热器,将回收的热量通过中间工艺流体向外传出。

回收的余热一部分送往发酵罐,为厌氧发酵过程加温,以维持最佳的产气温度,可以在发酵罐外层敷设余热利用管路;另一部分余热的综合利用要根据实际情况确定,沼气发电厂如果靠近居民生活区或者工矿企业,可以通过水-水热交换器产生热水为建筑供暖,可通过余热锅炉为工业或生活提供热水或蒸汽。在夏季用户热需求较少时,可以考虑制冷和空调利用。

6.3.3.2 溴化锂吸收式制冷机

溴化锂吸收式制冷机是一种以热能为动力,以水为制冷剂,以溴化锂溶液为吸收剂,用来制取冷量的制冷设备。沼气热电冷联产机组适合采用热水型单效溴化锂吸收式制冷机。沼气发动机的气缸套、过冷器等可产生85～95℃的热水,另外也可以回收排烟废热产生的热水,用作热水型吸收式制冷机的热源。

单效溴化锂吸收式制冷机由发生器、冷凝器、蒸发器、吸收器、节流装置等组成,其工作原理如图6-18所示。为了提高机组的热力系数,还设有溶液热交换器。为了装置能连续工作,使工质在各设备中进行循环,制冷机系统还装备有屏蔽泵(溶液泵、冷剂泵)以及相应的连接管道、阀门等[19]。

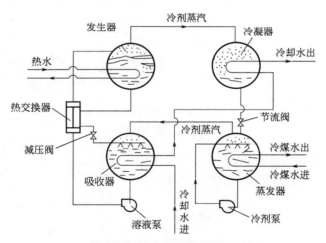

图6-18 单效溴化锂吸收式制冷机工作原理

在发生器中,浓度较低的溴化锂溶液被加热介质加热,温度升高,并在一定的压力下沸腾,使水分离出来,成为冷剂蒸汽,溶液则被浓缩,这一过程称为发生过程。发生器中产生的冷剂蒸汽进入冷凝器,被冷凝器中的冷却水冷却而凝结成冷剂水,这一过程称为冷凝过程。冷剂水经节流装置进入蒸发器,由于蒸发器的压力很低,冷剂水在吸取了蒸发器管内冷媒水的热量后立即蒸发,形成冷剂蒸汽,使冷媒水的温度降低(即制冷)。为了使蒸发过程得以加强,冷剂水利用冷剂泵送往蒸发器的喷淋装置,均匀地喷淋在蒸发器的管簇上。为使蒸发器中冷剂水的蒸发过程不断地进行,必须将产生的冷剂蒸汽带走。由发生器出来的浓度较高的浓溶液,在压差和位差的作用下，经溶液热交换器向来自吸收器的稀溶液放热后，再进入吸收器，在吸收器中吸收来自蒸发器的冷剂蒸汽，稀释成稀溶液，同时向冷却水放出溶液的吸收热，这就是吸收过程。从吸收器流出的稀溶液，经溶液泵升压，流经溶液热交换器，被来自发生器的浓溶液加热，然后再进入发生器，这样便完成了一个制冷循环。实际工作过程中，循环过程连续进行，蒸发器中也就连续地产生制冷效应，达到制冷的目的。

6.3.4 沼气发电工程实例

沼气发电技术已经较为成熟，产业化应用广泛，在德国、奥地利、丹麦等欧洲国家，大部分的沼气工程都采用了发电或者热电联产的方式，采用的原料包括各种青储秸秆、农产品加工废弃物、畜禽养殖废弃物、工业生产废水等。在我国，沼气发电受到国家促进可再生能源发展的相关政策和财税措施的支持，因此近年来发展非常迅速，据统计，截至2015年我国沼气发电装机容量约30万千瓦，到2020年将达到50万千瓦的水平，较为典型的沼气发电工程项目包括民和牧业3MW畜禽养殖场沼气发电工程、德青源2MW畜禽养殖场沼气发电工程等[5,20]。

6.3.4.1 畜禽粪便沼气发电工程

(1) 民和牧业3MW集中式热电肥联产工程项目

山东民和牧业3MW集中式热电肥联产工程项目，利用大型畜禽养殖场的鸡粪和污水为原料进行厌氧发酵生产沼气，养殖场存栏130万羽种鸡和370万羽肉鸡，日产鸡粪500t。项目主要建设内容包括：6000m^3集水池1座，2000m^3水解除砂池2座，发酵系统采用8座3300m^3厌氧发酵罐和1座2000m^3后发酵罐；沼气净化储存单元包括生物脱硫塔和2150m^3双膜干式储气柜；发电机组采用3台1MW沼气发电机组，并配备3台0.7t/h余热蒸汽锅炉。

厌氧发酵单元原料进料TS浓度基于能量平衡和氨氮浓度进行综合考虑选择。从能量平衡的角度，高TS浓度有利于减少物料总量，从而减少增温热量，而从氨氮浓度考虑，物料TS不宜过高以避免氨抑制现象的发生并保证发酵过程稳定。一般情况下发酵浓度大于8%时，发电机组提供的余热可以满足发酵系统寒冷季节自身增温的需要。鸡粪原料中含有大量的氨氮，厌氧发酵所能承受的最大游离氨浓度为0.5kg/m^3，因此工艺中控制最大进料TS浓度在10%，以保证厌氧过程不会发生氨抑制。

粪便原料在进行厌氧处理之前，首先要经过水解除砂工艺将鸡粪中混杂的砂砾除去以保证发酵效果。发酵工艺采用38℃中温厌氧工艺，日产沼气30000m^3。发酵罐采用全混式CSTR工艺，两级发酵，一级罐停留时间18d，二级罐停留时间6d，两级发酵合计停留24d，后发酵停留时间2d。厌氧罐内采用低转速（转速16r/min）低能耗中心搅拌机，搅拌机采用上下两层桨叶，上层用于破壳，下层用于物料充分混合。除搅拌机之外，在一、二级发酵罐之间还设置回流泵，将二级厌氧罐的污泥部分回流到一级发酵罐，增强发酵效果，加强罐内传质并减少了污泥损失。在厌氧罐内设置增温盘管，罐外选用聚乙烯保温材料，利用发电机组余热对罐体进行保温增温。

沼气净化采用高效生物脱硫工艺，由于鸡粪原料中含硫量较高，沼气中硫化氢含量可达 $4000×10^{-6}$ 水平，经生物脱硫后可降低到 $200×10^{-6}$ 以下，能够满足发电机组的运行需求。生物脱硫利用无色硫细菌，如氧化硫硫杆菌、氧化亚铁硫杆菌等，在微氧条件下将硫化氢氧化成单质硫而实现脱除。工程采用两级生物脱硫，具备良好的抗冲击性能，当厌氧系统负荷变化导致沼气产量出现升高或者降低的时候，仍能够确保脱硫效果的稳定。

经净化后的沼气送入双膜干式储气柜进行储存，气柜一般维持在 $1.2\sim1.5$ kPa 的压力，能够承载设计范围内的风雨雪等荷载，同时将内膜内的沼气送入输气管道用于热电联产机组，日发电量 60000kW·h。

发电机组采用 GE Jenbacher 生产的 1MW 发电机组 3 台，发电效率 38%，热效率 42%，总体能量效率为 80%，发电机组烟道气通过余热锅炉换热，以蒸汽的形式回收，提供给发酵系统自身增温，以保证寒冷天气下发酵设备的正常运行，多余热量进入养殖场蒸汽管网，用于养殖场保温供暖。发电机组缸套水余热以热水形式在热水罐内储存，通过管道泵和厌氧罐盘管对厌氧罐进行保温增温。包括中冷器、润滑油、缸套水、烟道气热能等在内，每台发电机组可回收余热 1104kW。

发酵后产生的沼液沼渣含有丰富的氮磷钾营养物质，可作为有机肥施用，用于周边蔬菜水果和粮食产地的有机肥料。同时，该项目实现了温室气体减排，每年有 85000t 二氧化碳当量的减排量，并在 CDM 机制下进行了减排量注册。

(2) 德青源 2MW 集中型气、热、电、肥联产工程项目

北京德青源 2MW 集中型气、热、电、肥联产工程采用了类似工艺，日处理蛋鸡粪便 212t，年产沼气量 $7×10^6$ m³，发电 $1.4×10^7$ kW·h。在系统主要工程设施方面，建设 1000m³ 集水池和水解除砂池各 1 座，4 座 3000m³ 一级厌氧发酵罐和 1 座 4000m³ 二级厌氧发酵罐，5000m³ 沼液储存池 1 座，20m³ 一级生物脱硫塔 4 座，120m³ 二级生物脱硫塔 1 座，2150m³ 双膜干式储气柜 1 套，1MW 沼气发电机组 2 台。厌氧发酵采用全混式 CSTR 工艺，TS 浓度 10%，38℃中温发酵，装置容积产气率达到 1.8m³/(m³·d)。发电机组余热用于厌氧罐的增温和企业生产供热，沼液用作蔬菜大棚及周边 40000 亩（1 亩≈667m²）果园和饲料基地的优质液态有机肥料，同时还有部分沼气用于集中供应周边 180 户居民用燃气。

6.3.4.2 有机废水沼气热电冷联产工程

广州珠江啤酒股份有限公司沼气热电冷联产工程项目，利用啤酒厂生产废水进行厌氧发酵沼气生产，沼气经处理后进行热电冷联产，取得了良好的经济效益和环境效益[21-23]。沼气工程原料来源于啤酒生产过程麦芽车间、酿造车间、包装车间等的生产废水，废水中含有大量高强度有机污染物，COD 一般为 $2200\sim2800$ mg/L，废水量每日为 $(1.2\sim1.5)×10^4$ m³。

沼气生产采用了内循环厌氧处理技术，该技术是在上流式厌氧污泥床 UASB 工艺基础上发展起来的高效反应器技术，其依靠沼气在升流管和回流管间产生的密度差在反应器内部形成流体循环，加强有机物和颗粒污泥之间的传质，具有有机负荷高、传质效果好、有机物去除能力强等优势。

每天产生沼气$(1\sim1.2)\times10^4 m^3$，其中甲烷含量为75%～80%，属于高品质的燃气。沼气通过生物脱硫、冷凝过滤等除水、除颗粒物等净化工艺之后，送入沼气储柜稳压，再进入沼气发电机组。工程配备2台内燃发电机组，发电能力1421kW，气量大时开2台机组全负荷运行，气量小时则开1台机组。因甲烷含量高，每立方米沼气发电量可达2～2.2kW·h。内燃机排出的烟气高温余热、缸套冷却水余热等经换热器回收，在吸收式制冷装置中制取7～10℃的冷水，用于麦芽车间等生产车间的用冷。制冷部分配备1台1700kW溴化锂吸收式制冷机，制冷机具有烟气、热水及沼气补燃的功能，能够满足各种工况条件下的制冷需求。

整个沼气发酵、余热回收、热电冷联产系统，多种工艺集成，实现了高浓度有机废水的有效处理，并获得了较高的能量回收利用效率，减排污染物和二氧化碳效果明显。系统配备了较为完善的过程监测控制系统、防火防爆安全系统等，保证工程的稳定连续运行。经测算，工厂年产$1.5\times10^6 t$啤酒，每年沼气产量在$3\times10^6 m^3$左右，年发电量可达到$6\times10^6 kW\cdot h$，发电通过输配电网供应厂内用电，发电余热用于制冷，制冷量可达每年$2.9\times10^7 MJ$。工程投资回报期为2年，年节能量2700t油当量，年减排二氧化碳8100t，产生了较为显著的经济效益和社会效益。

6.3.4.3 农场混合原料沼气发电工程

德国、丹麦、荷兰等国的很多农场都普遍建设有沼气发电或热电联产工程，利用农场自身的生产加工废弃物等为原料进行自用能源生产并上网[24,27]。德国柏林 Farm Wiesenau 沼气发电工程利用农场生产的玉米青储、谷物、草、牛粪等作为发酵原料进行沼气发电，已经成功运转多年。项目一期工程于2006年建成，发电装机容量为500kW；二期工程于2007年建成，发电装机容量为1MW。两期工程均采用一步发酵工艺，固体原料经进料机搅拌均匀后直接进入CSTR反应器，液体部分经储液池被泵入CSTR反应器，同时向储液池中添加化学脱硫剂进行原位脱硫；反应器中料液不断被泵入外部热交换器中进行热交换，使得反应器中的料液温度维持在40℃进行发酵。料液在CSTR反应器中厌氧发酵停留时间21d，发酵后料液进入一体化二次发酵反应器进行30～40d的二次发酵，产生的沼气与CSTR反应器中产生的沼气在反应器顶部经生物脱硫后在膜式储气柜中暂存并用于发电上网，产生的沼渣沼液进入沼液池储存，作为肥料施用于附近农田。

Friedersdorf 沼气发电工程则采用干发酵工艺，发酵原料为玉米青储、苜蓿、牛粪等，发电总装机容量500kW并实现了热电联产。玉米青储与苜蓿堆放9d后与牛粪按比例混合，并调节TS至33%，之后用铲车将混合后的原料运送至干发酵仓进行厌氧发酵，发酵周期为24d，共有8个干发酵仓进行交替式发酵，每隔3d对其中 1 个干发酵仓进行进出料。发酵产生的渗滤液由发酵仓底流入地下水罐，水罐中设置加热系统使罐中液体保持 43℃。水罐中的液体由干发酵仓顶部的喷头喷入仓内，保持发酵原料适宜的湿度，同时也可以维持发酵仓内 40℃ 左右的温度。发酵产生的沼气进入膜式储气柜中储存，加压后用于发电上网，而发电余热除用于水罐中液体加热外，还用于附近学校等公共设施的取暖；发酵残渣可进行堆肥，腐熟后的肥料施用于附近农田。

参考文献

[1] 袁振宏. 生物质能高效利用技术. 北京：化学工业出版社，2014.
[2] 环境科学杂志社. 能源与环境. 北京：电子工业出版社，2011.
[3] 董仁杰，伯恩哈特·蓝宁阁. 沼气工程与技术. 北京：中国农业大学出版社，2013.
[4] 沈剑山. 生物质能源沼气发电. 北京：中国轻工业出版社，2009.
[5] 贾敬敦，马隆龙，蒋丹平，等. 生物质能源产业科技创新发展战略. 北京：化学工业出版社，2014.
[6] 国家统计局. 中国统计年鉴—2019. 北京：中国统计出版社，2019.
[7] 刘晓，李永玲. 生物质发电技术. 北京：中国电力出版社，2015.
[8] 张全国. 沼气技术及其应用. 第 3 版. 北京：化学工业出版社，2013.
[9] 孙立，张晓东. 生物质发电产业化技术. 北京：化学工业出版社，2013.
[10] 蒲贵兵，孙可伟. 厌氧发酵产氢的关键生态因子强化研究进展. 北京联合大学学报，2007，21（4）：42-48.
[11] 陈琳，李东，文昊深，等. 蔬菜废弃物中温厌氧发酵酸化失稳预警指标筛选. 农业工程学报，2017，33（1）：225-230.
[12] Dong Zhang, Yinguang Chen, Yuxiao Zhao, et al. A new process for efficiently producing methane from waste activated sludge: alkaline pretreatment of sludge followed by treatment of fermentation liquid in an EGSB reactor. Environmental Science & Technology, 2011, 45（2）: 803-808.
[13] Samuel Jacob, Rintu Banerjee. Modeling and optimization of anaerobic codigestion of potato waste and aquatic weed by response surface methodology and artificial neural network coupled genetic algorithm. Bioresource Technology, 2016, 214: 386-395.
[14] 石磊，赵由才，唐圣钧. 垃圾填埋沼气的收集、净化与利用综述. 中国沼气，2004，22（1）：14-17.
[15] 解强，罗克洁，赵由才. 城市固体废弃物能源化利用技术. 北京：化学工业出版社，2019.
[16] 王伟，韩飞，袁光钰，等. 垃圾填埋场气体产量的预测. 中国沼气，2001，19（2）：20-24.
[17] 唐艳芬，王宇欣. 大中型沼气工程设计与应用. 北京：化学工业出版社，2013.
[18] 段常贵. 燃气输配. 第五版. 北京：中国建筑工业出版社，2015.
[19] 江亿. 天然气热电冷联供技术及应用. 北京：中国建筑工业出版社，2008.
[20] 国家能源局. 生物质能发展"十三五"规划，2016.

[21] 席铁鹏. 污水厌氧处理后的沼气发电及余热利用的实践. 节能, 2008, 27（4）: 38-40.
[22] 冯永强. 三级恒温沼气冷热电联供系统的构建与优化研究. 兰州: 兰州理工大学, 2011.
[23] 魏大钧, 孙波, 赵峰, 等. 小型生物质沼气冷热电联供系统多目标优化设计与运行分析. 电力系统自动化, 2015, 39（12）: 7-12.
[24] 全国畜牧总站, 中国饲料工业协会, 国家畜禽养殖废弃物资源化利用科技创新联盟. 沼气生产利用技术指南/畜禽粪污资源化利用技术丛书. 北京: 中国农业出版社, 2017.
[25] 齐岳. 沼气工程建设手册. 北京: 化学工业出版社, 2013.
[26] GB/T 51063—2014.
[27] 何荣玉, 宋玲玲, 孟凡茂. 德国典型沼气发电技术及其借鉴. 可再生能源, 2010, 28（1）: 150-152.

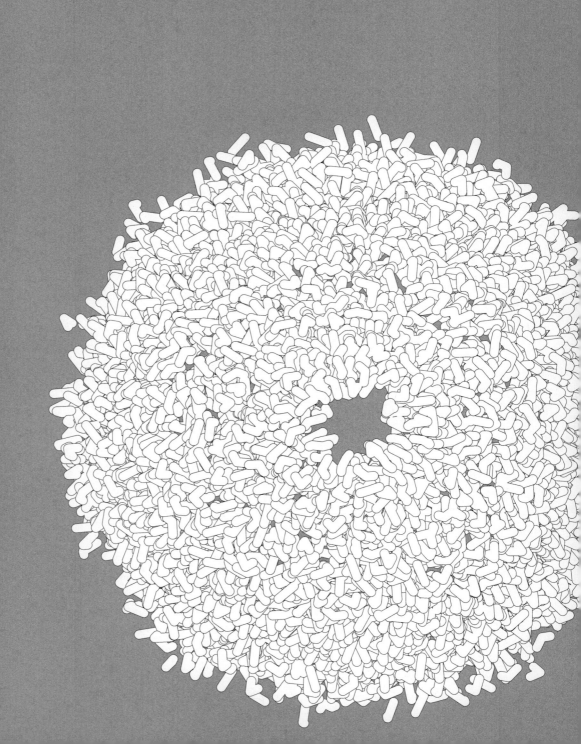

第 7 章

农林生物质直燃发电技术

7.1　生物质燃烧特性

7.2　生物质燃烧方式和装置

7.3　生物质燃烧发电系统

7.4　农林废弃物直燃发电工程应用

7.5　农林生物质直燃发电面临的主要问题

7.6　生物质混燃发电技术及应用

参考文献

农林生物质直燃发电是目前总体技术最成熟、发展规模最大的现代化生物质发电利用技术。《可再生能源中长期发展规划》和国家能源局《生物质能发展"十三五"规划》中明确提出,力争到2020年生物质发电装机容量达到3000万千瓦。从传统的炉灶燃烧到省柴节煤灶、燃池,再到现代化的工业锅炉燃烧,发展了多种形式的生物质直燃技术,规模和效率有了很大提升。

7.1 生物质燃烧特性

7.1.1 农林生物质燃料

对于生物质直接燃烧发电来说,目前最为常见的原料为农作物秸秆、木材加工剩余物等农林业废弃物。由于品种、来源、形成途径的差异,生物质原料在物理、化学特性方面差异极大,突出体现在外观形貌、质地结构以及水分、杂质含量等方面。从燃料角度看,生物质的上述特性差异会对燃料的收集、运输、干燥、预处理一直到燃烧组织的全过程产生深刻影响,因而掌握燃料的相关特性对于燃烧工艺的设计至关重要。对于固体燃料而言,工业分析和元素分析是描述其燃烧特性的重要指标,以木质纤维素类生物质为例,其相关分析数据及其他物化特性如表7-1所列,表中同时给出典型煤炭的数据作为对比。

表7-1 生物质燃料和煤炭的物化特性[1]

参数	生物质	煤炭
密度/(kg/m³)	150~500	约1300
C(质量百分比,以干重计)/%	42~54	65~85
O(质量百分比,以干重计)/%	35~45	2~15
H(质量百分比,以干重计)/%	5~6	3~5
S(质量百分比,以干重计)/%	<0.5	0.5~7.5
挥发分(质量百分比,以干重计)/%	65~70	7~38
灰分(质量百分比,以干重计)/%	4~14	65~70
SiO_2(质量百分比,以灰分干重计)/%	23~49	40~60
K_2O(质量百分比,以灰分干重计)/%	4~4.8	2~6
Al_2O_3(质量百分比,以灰分干重计)/%	2.4~9.5	15~25

续表

参数	生物质	煤炭
Fe_2O_3（质量百分比，以灰分干重计）/%	1.5～8.5	8～18
着火温度/℃	145～153	220～225
峰值温度/℃	287～302	—
脆性	低	高
干基发热值/(MJ/kg)	14～21	23～28

农林生物质作为燃料，其主要特性如下。

(1) 密度小，发热量低

生物质质地疏松，富含空隙，干基热值仅为 14～21MJ/kg，密度和热值均显著低于煤炭，导致其单位容积能量密度指标大幅低于煤炭。该因素在生物质燃烧利用过程中会显著影响运输成本、燃料存储、料仓以及给料等各环节的设计。

(2) 含碳量较少，含氧量高

生物质的木质纤维素成分性质决定了其燃料元素构成的最显著特征是含氧量高，含碳量低导致其发热量低于煤炭。

(3) 硫和灰分含量低

生物质的硫含量比煤炭低一个数量级以上，燃烧过程自脱硫程度一般高于煤炭，因而燃烧时硫氧化物排放浓度远低于煤炭。生物质灰分含量较低，有利于燃烧过程半焦燃尽以及粉尘排放控制。

(4) 挥发分含量高，易着火，燃烧活性强

生物质干基挥发分含量通常大于 65%，远高于煤炭，有利于燃料着火；半焦空隙发达，反应活性高，着火后燃烧迅速，燃尽温度低。

(5) 灰分中碱金属含量高

大部分生物质中或多或少含有钾、氯等无机杂质，这部分碱金属、碱土金属及相关物质在燃烧高温条件下容易引发结渣、沉积腐蚀等一系列问题，需慎重对待。

生物质燃料的上述特性决定了其燃烧过程的特殊性，在燃料收集组织、预处理、输送、燃烧参数选择、燃烧设备设计、污染物排放控制、灰渣特性及处置等环节都有自身的特点，需要有针对性地考虑。

7.1.2 生物质燃烧过程

燃烧过程是可燃物与氧化剂（一般为氧气）发生快速氧化反应而释放出热量的过程。燃烧过程中燃料、氧气和燃烧产物之间进行着复杂的物质和能量传递，一般都伴随着火焰（可见或不可见）、温度升高和热量释放，同时排放出气体产物，燃烧后剩下固体灰渣。

由于生物质燃料的挥发分含量相对较高，燃料受热后挥发分集中快速释放，因

此生物质燃烧通常包含较大比例的气相燃烧过程，燃烧过程火焰更长，持续燃烧时间更短，这是与煤炭燃烧区别较大的地方[2]。

典型生物质的燃烧反应可写作下式，α 为过量空气系数，

$$CH_{1.44}O_{0.66} + \alpha 1.03(O_2 + 3.76N_2) \longrightarrow 中间产物(C, CO, H_2, CO_2, C_mH_n 等) \longrightarrow CO_2 + 0.72H_2O + (\alpha-1)O_2 + \alpha 3.87N_2 - 439 \text{ kJ/kmol}$$

图 7-1 为空气条件下的生物质燃料较为典型的热重分析结果[3,4]。可见，生物质中挥发分占据较大的比例，相比焦炭燃烧，挥发分析出与燃烧要快得多，在燃烧工艺设计中需要注意适当提高挥发分燃烧区的供风比例。对于小颗粒的燃烧，随着时间的延长将会出现挥发分燃烧相和焦炭燃烧相的分离，而对于大颗粒各个反应阶段一定程度上互相重叠。在连续运行的工业燃烧系统中，连续的反应就会在燃烧炉内不同位置同时发生，例如在炉排上部不同的区段，因此可以通过炉膛设计来优化燃烧中不同过程步骤区域，并且还可以借此实现对污染物排放的控制。

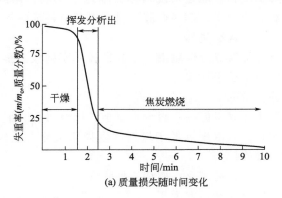

(a) 质量损失随时间变化

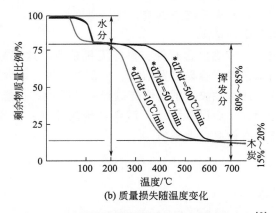

(b) 质量损失随温度变化

图 7-1　木材燃烧中质量损失随时间和温度的变化[3]

生物质燃料的燃烧主要包括干燥、挥发分析出、焦炭燃烧、气化和气相燃烧过程等，每个反应所用时间取决于燃料尺寸和属性、温度、燃烧条件等。图 7-2 给出了生物质燃烧的基本过程反应体系，其中采用了二次风用于气相燃尽[2,4]。

燃料送入燃烧室后，在高温作用下，燃料被快速加热和析出水分，然后随着温

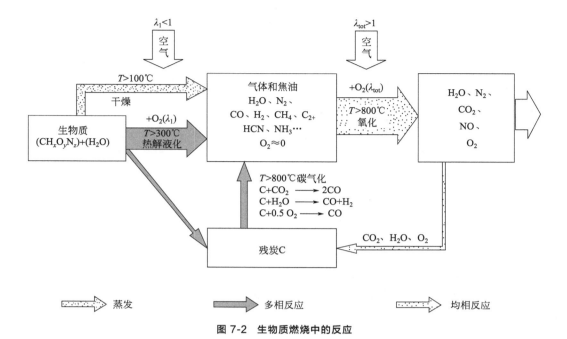

图 7-2 生物质燃烧中的反应

度的继续增高，250~300℃热分解开始，析出挥发分并形成焦炭。挥发分主要为 H_2、CO、CH_4、CO_2 等气体和焦油等大分子化合物，以及少量氮、硫化合物等杂质气体。气态挥发分和周围高温空气混合而引燃燃烧，产生热量释放。同时，挥发分析出后的焦炭也会与进入燃烧空间的氧气发生气化、燃烧，产生 CO、CO_2 产物，直至焦炭燃尽。挥发分析出燃烧发生于气相，速度较快，而焦炭燃烧则属于异相燃烧，可能受到氧气扩散速率的影响，速度较慢。挥发分燃烧虽然速度较快，但挥发分含量较高的特点又会导致其燃烧会延续较长的时间，因此挥发分燃烧与焦炭燃烧两个过程交互重叠，在燃烧组织中也需要实现这两个过程的匹配和连续。

对于生物质焦炭的燃烧，其规律与燃煤非常接近，而挥发分的燃烧则需要重点关注。挥发分的组成取决于温度、加热强度等操作条件和原料组成，国内外学者进行了很多这方面的研究[5,6]。随反应温度升高，挥发分主要组分中 CO_2 含量下降而 CO 和 H_2 快速增加，同时温度的升高还会促进焦油转化为轻质可燃气体。因此，挥发分的燃烧是其各个组分燃烧过程的集合，符合气体燃料的燃烧规律。

就燃烧组织而言，生物质发热量低，炉内温度场偏低，影响炉内燃烧组织，同时产生的烟气体积也比较大，排烟热损失高。生物质燃料的高挥发分含量，使得燃料着火温度较低，一般在 250~350℃ 温度下挥发分就会大量析出并开始剧烈燃烧，这就要求在设计燃烧设备时需要提供足够的扩散型空气供给，否则将会增大燃料的化学不完全燃烧热损失。焦炭颗粒的燃烧较慢，燃尽时间长，同时其形式较为松散，需要注意送风强度以避免烟气中大量带灰。这些特点对于燃烧系统的设计和运行非常重要，特别是在燃料给料系统设计、炉膛布置以及燃烧空气分配方面需要考虑。

7.1.3 燃烧过程计算

生物质燃料燃烧的基本计算与燃煤等常规燃料的计算并没有显著差异，只是生物质燃料的高挥发分含量和低热值是需要特别考虑的问题。

7.1.3.1 空气量和烟气量

生物质主要由碳、氢、氧、氮、硫等元素以及矿物质灰分、表面水分等组成，在燃烧过程中主要生成二氧化碳和水，同时释放出热量。燃烧计算时可基于下式：

$$C+H+O+N+S+A+W=100$$

式中 C、H、O、N、S、A、W——燃料中碳、氢、氧、氮、硫、灰分、水分的质量百分数，基准为应用基。

计算理论空气量，即能够满足单位质量燃料完全燃烧所需的干空气量。

根据 $C+O_2 \longrightarrow CO_2$、$2H_2+O_2 \longrightarrow 2H_2O$、$S+O_2 \longrightarrow SO_2$ 获得燃料中碳、氢、硫元素完全燃烧需要氧气量。燃料中本身含有的氧将参与燃烧过程，因此需将这部分氧除掉。空气中氧气体积占21%，则单位质量生物质燃料燃烧需要干空气体积，即理论空气量（标）为[7,8]：

$$V^0=(1.886C+5.55H+0.7S-0.7O)/21$$
$$=0.0889C+0.265H+0.0333S-0.0333O \text{ （m}^3/\text{kg）}$$

经计算，常见的农林废弃物生物质燃烧理论空气量（标）一般为 $4\sim 5\text{m}^3/\text{kg}$。

在实际燃烧装置中，为使燃料尽可能充分燃烧，需要考虑过量空气系数 α，即实际空气量与理论空气量的比值，$\alpha=\dfrac{V}{V^0}$。

过量空气系数的选择对于燃烧过程的稳定、燃烧效率、传热效率、污染物排放以及燃料利用经济性都是非常重要的指标。过量空气系数选取过小，炉膛内混合和燃烧过程可能受到抑制，造成不完全燃烧损失或者燃烧负荷较低。过量空气系数过大，虽可使燃烧完全，但会降低炉膛温度，影响燃烧和传热，增大烟气量并进而增大排烟热损失。目前，对于生物质燃烧设备，尚缺乏较为系统的经验数据可供参考，燃烧设计时可以参考工业锅炉相关过量空气系数推荐值，并应根据燃料的组成情况、燃料形式（散料、打捆、粉末、燃料块）、炉膛形式（固定床、流化床、移动床）等具体分析。同时，针对所采用的生物质燃料进行一定的基础性燃烧试验，也可为燃烧设计提供可参考的依据。分级送风燃烧方式下，还需要在确定总体过量空气系数后再确定每个分级送风阶段各自的过量空气系数。对于负压运行的燃烧设备，系统漏风也会对过量空气量产生影响，需要考虑。

燃烧后烟气成分主要包括 CO_2、SO_2、水蒸气以及由空气带入的氮气和过剩的氧气等，不完全燃烧还可能产生 CO 等产物。在计算完全燃烧理论烟气量时，1mol 碳元素转化为 1mol CO_2，1mol 硫元素转化为 1mol SO_2，1mol 氢元素转化为 0.5mol 水蒸气。同时燃料中原有水分经受热蒸发产生 $\dfrac{22.4}{18}\times W=1.24W \text{ m}^3$ 水蒸气

（按标态计）。由理论空气量带入的水也将蒸发产生水蒸气，一般情况下可取干空气中含水量为 10g/kg，干空气密度（标）1.293kg/m³，则理论空气量 V^0 带入的水蒸气体积（标）为 $\frac{1.293 \times 10/1000}{18/22.4} \times V^0 \text{m}^3$，这样烟气中的水蒸气体积（标）为 $V^0_{H_2O} = (0.111H + 0.0124W + 0.0161V^0)\text{m}^3$。

烟气中氮气来源于燃料中的氮和空气中携带的氮，因此单位质量燃料燃烧产生的烟气中氮气体积（标）为：

$$V^0_{N_2} = \left(\frac{22.4}{28} \times N + 0.79V^0\right)\text{m}^3 = (0.008N + 0.79V^0)\text{m}^3$$

因此，理论烟气量（标）表达式为：

$$V^0_y = V^0_{CO_2} + V^0_{SO_2} + V^0_{N_2} + V^0_{H_2O}$$
$$= 0.01866C + 0.007S + 0.008N + 0.0079V^0 + 0.111H + 0.0124W + 0.0161V^0$$

单位为 m³，式中前三项之和通常称为理论干烟气量。

在过量空气系数存在条件下，因过量空气而引入了额外的氮气、氧气以及水蒸气，其体积分别为 $0.79(\alpha-1)V^0$、$0.21(\alpha-1)V^0$、$0.0161(\alpha-1)V^0$。烟气总体积增加为 $V_y = V^0_y + 1.0161(\alpha-1)V^0$。

7.1.3.2 烟气分析与完全燃烧方程式

在设备实际运行中，燃料的完全燃烧是难以达到的，因此烟气中除完全燃烧产物之外，还有一些不完全燃烧产物，如一氧化碳、甲烷、氢气、烃类化合物等。不完全燃烧无法从理论上进行确定，需要借助烟气成分分析。同时，烟气成分分析还可用以验证和判断燃烧设备实际运行工况，通过计算求出烟气量和过量空气系数，借以判别燃烧工况的好坏和漏风情况，并以此为依据进行燃烧调整。

燃烧设备运行中，烟气中氢和烃类化合物的含量一般都很小，可忽略不计。实际烟气量可表示为：

$$V_y = V_{CO_2} + V_{SO_2} + V_{N_2} + V_{H_2O} + V_{O_2} + V_{CO}$$

其中，各个分式分别为实际烟气中的三原子气体 RO_2（CO_2、SO_2）、N_2、O_2、水蒸气和 CO 的体积，这些烟气成分和含量可通过烟气成分分析而求得。

烟气分析还可以确定过量空气系数，运行过程中操作人员必须根据仪表指示对过量空气系数值进行适当调整。同时，对于电厂中常用的负压炉膛锅炉，锅炉炉墙及烟道墙部都不十分严密，运行中有空气向炉膛内部泄漏，可以通过烟气分析对炉膛内和烟道内烟气进行分析，并确定不同部位的漏风系数。

根据烟气分析所得的结果和燃料的元素分析成分，可以计算烟气量、烟气中的一氧化碳含量和过量空气系数[7,8]。

(1) 烟气量的计算

设计锅炉时，其烟气容积只能根据设计燃料计算。在锅炉运行时，可通过烟气分析测得烟气中 RO_2、O_2、CO 的体积百分数，然后计算出烟气量（标）。

$$V_{gy} = \frac{V_{CO_2} + V_{SO_2} + V_{CO}}{RO_2 + CO} \times 100 \text{m}^3/\text{kg}$$

燃料中碳不完全燃烧时生成一氧化碳的化学反应方程式为 $2C+O_2 = 2CO$，这样 1kg 碳在不完全燃烧时，将生成 $1.866 m^3 CO$，这与 1kg 碳在完全燃烧时生成 CO_2 的体积相同，即燃料中的碳不管是完全燃烧还是不完全燃烧，生成 CO_2 和 CO 的体积（标）是相同的，即

$$V_{CO_2}+V_{CO}=\frac{2\times 22.4}{2\times 12}\times\frac{C}{100}m^3/kg=0.01866C\,m^3/kg$$

则干烟气体积（标）为，

$$V_{gy}=\frac{0.01866C+0.007S}{RO_2+CO}\times 100\,m^3/kg=\frac{1.866(C+0.375S)}{RO_2+CO}m^3/kg$$

由于水蒸气体积 V_{H_2O} 与燃烧完全与否无关，这样，燃料不完全燃烧时的实际烟气量就可由下式计算求出：

$$V_y=V_{gy}+V_{H_2O}=\left[\frac{1.866(C+0.375S)}{RO_2+CO}+0.111H+0.0124W+0.0161\alpha V^0\right]m^3/kg$$

（2）一氧化碳含量计算和完全燃烧方程式

在锅炉运行测定时，在精确测得 RO_2 和 O_2 含量后，如再能分析测定或计算出 N_2 含量，则 CO 含量即可求得。

烟气中的氮气来源有两个：一是燃料自身含有的氮；二是燃烧所需空气带来的氮。前者因量甚微通常可忽略不计，后者体积可由下式计算：

$$V_{N_2}=0.79V$$

在实际空气量 V 中含有的氧气体积为 $V_{O_2}^k=0.21V$

$$V_{N_2}=79/21V_{O_2}^k$$

燃料燃烧所需的实际空气量中的氧除了分别消耗于碳、氢、硫的燃烧，剩余的部分即为烟气中的过量氧 V_{O_2}，如果分别以 $V_{O_2}^{RO_2}$、$V_{O_2}^{CO}$、$V_{O_2}^{H_2O}$ 来表示不完全燃烧时生成 RO_2、CO、水蒸气所耗用的空气中的氧气体积（标），则有

$$V_{O_2}^k=(V_{O_2}+V_{O_2}^{RO_2}+V_{O_2}^{CO}+V_{O_2}^{H_2O})m^3/kg$$

由碳、硫完全燃烧反应方程式可知，所消耗的氧气与燃烧产物具有相同的体积，即 $V_{O_2}^{RO_2}=V_{RO_2}$。

当碳不完全燃烧生成 CO 时，所消耗的氧气比完全燃烧时减少 1/2，其值等于生成物 CO 体积的 1/2：$V_{O_2}^{CO}=0.5V_{CO}$。

由于烟气中的水蒸气包括燃料的水分、燃烧所需空气中带入的水分和燃料中的氢燃烧生成的水分几个部分，因此消耗于氢燃烧的氧气体积 $V_{O_2}^{H_2O}$ 应根据燃料中的氢含量计算求得。由氢的燃烧反应方程式可知，1kg 燃料中已有 $\frac{1.008}{8}\times\frac{O}{100}(kg)=\frac{0.126O}{100}(kg)$ 的氢被氧化，需要外界供给氧气而燃烧的氢仅剩 $\frac{H^y-0.126O^y}{100}(kg)$，这部分氢称为自由氢。已知 1kg 氢完全燃烧需消耗 $5.55 m^3$ 的氧气，所以燃料中自由氢燃烧所需耗用的氧气体积（标）可由下式算出：

$$V_{O_2}^{H_2O} = 0.0555(H - 0.126O) \text{ m}^3/\text{kg}$$

则 $V_{O_2}^k = [V_{RO_2} + 0.5V_{CO} + 0.0555(H - 0.126O) + V_{O_2}] \text{ m}^3/\text{kg}$

将各式带入氮气的计算式中，可得烟气中所含氮气体积的计算式：

$$V_{N_2} = \frac{79}{21}[V_{RO_2} + 0.5V_{CO} + 0.0555(H - 0.126O) + V_{O_2}] \text{ m}^3/\text{kg}$$

氮气在干烟气中的体积百分含量为：

$$N_2 = \frac{79}{21}[RO_2 + 0.5CO + 0.605CO + \frac{0.0555(H - 0.126O)}{1.866(C + 0.375S)}(RO_2 + CO) + O_2]$$

而在烟气中，$N_2 = 100 - (RO_2 + O_2 + CO)$

因此，$21 = RO_2 + O_2 + 0.605CO + 2.35\frac{H - 0.126O}{C + 0.375S}(RO_2 + CO)$

令 $\beta = 2.35\frac{H^y - 0.126O^y}{C^y + 0.375S^y}$

则 $21 = RO_2 + O_2 + 0.605CO + \beta(RO_2 + CO)$

在不完全燃烧时，如烟气中的可燃气体仅有一氧化碳，则烟气中各组成气体之间关系将满足此式，故称为不完全燃烧方程式。

β 是一个无因次数，在物理意义上是正比于理论空气量和理论干烟气量的相对差值的一个量，只与燃料的可燃成分有关，而与燃料的水分、灰分无关，也不随应用基、分析基、干燥基及可燃基等而变化，故称为燃料的特性系数。燃料中自由氢含量越高，其值越大。各种燃料的 β 值基本上变化不大，对几种农林废弃物生物质燃料的分析数据进行计算得到其 β 与 RO_2^{max} 值如表 7-2 所列。

表 7-2 几种生物质燃料的 β 与 RO_2^{max} 值

燃料种类	β	RO_2^{max}	燃料种类	β	RO_2^{max}
杉木	0.053	19.9	高粱秸	0.020	20.6
白杨木屑	0.065	19.7	稻草	0.011	20.7
麦秸	0.032	20.3	稻壳	0.021	20.5

由不完燃烧方程式，可得到烟气中一氧化碳体积百分含量的计算式为：

$$CO = \frac{(21 - \beta RO_2) - (RO_2 + O_2)}{0.605 + \beta} \%$$

由 CO 表达式可得出不完全燃烧时的 RO_2 体积百分含量为

$$RO_2 = \frac{21 - [O_2 + (0.605 + \beta)CO]}{1 + \beta} \%$$

在完全燃烧时，$CO = 0$，则上式变为：

$$RO_2 = \frac{21 - O_2}{1 + \beta} \%$$

或者 $(1 + \beta)RO_2 + O_2 = 21$。

该式称为燃料完全燃烧方程式，即当燃料完全燃烧时，其烟气组成应满足此方程式指出的关系。

在理论空气量下达到完全燃烧时，$O_2=0$，$CO=0$，则烟气中三原子气体体积达到最大值：$RO_2^{max}=\dfrac{21}{1+\beta}$ %。

7.1.3.3 过量空气系数

过量空气系数直接影响炉内燃烧质量及燃烧设备热损失，是一个重要的运行指标。当炉膛出口过量空气系数（通常认为从炉膛漏入的空气量可以参加燃烧反应）增加时，燃料燃烧工况可以得到改善，不完全燃烧热损失会有所下降；但随着炉膛出口过量空气系数增加，烟气量增加，排烟热损失随之增加。因此，确定过量空气系数时，应尽量使锅炉热效率达到高值，需根据烟气分析结果求出过量空气系数，以便及时进行监测和调节。此外，对炉膛和尾部烟道等逐段计算其进出口的过量空气系数，可得到每一段烟道的漏风系数，这对于判断锅炉漏风情况、分析原因并及时采取措施非常有利。

过量空气系数的计算可以采用氧公式，因为烟气中氧含量容易测量准确。完全燃烧时，干烟气产物中只有 RO_2 和过量空气带入的 O_2、N_2，因此过量空气系数的表达式为：

$$\alpha=\dfrac{1}{1-3.76\dfrac{O_2}{100-RO_2-O_2}}$$

在燃料不完全燃烧时，烟气分析得到的氧量中包括过量空气带入的氧和不完全燃烧所未耗用的氧两部分，并生成了部分 CO，因此不完全燃烧情况下的过量空气系数表达式为：

$$\alpha=\dfrac{1}{1-3.76\dfrac{O_2-0.5CO}{100-RO_2-O_2-CO}}$$

锅炉实际运行中，CO 含量一般都较低，可视为完全燃烧，而干空气中氮气含量接近 79%，所以可以采用如下近似式：

$$\alpha=\dfrac{21}{21-O_2}$$

式中 O_2——烟气中氧体积百分数，%。

而对于不完全燃烧，只考虑 CO 存在，过量空气系数计算近似式为：

$$\alpha=\dfrac{21}{21-(O_2-0.5CO)}$$

因此，过量空气系数的计算取决于燃烧产物的成分，而与燃料是否完全燃尽无关。可通过烟气分析，测定出排烟中氧气含量，获知锅炉的漏风情况，并作为燃烧工况判断和通风调整的依据。

7.1.3.4 空气和烟气焓的计算

在热力学上，焓是流体的压力能与内能的总和，流体的压力与温度增加，其焓也升高。在锅炉热工计算中焓是一个非常重要的参数,关系到锅炉热平衡计算分析以及热力过程经济性的评价。燃料完全燃烧所需理论空气量的焓值(h_k^0,单位为 kJ/kg)或实际空气量的焓值(h_k,单位为 kJ/kg)计算为:

$$h_k^0 = V^0(ct)_k$$

$$h_k = \alpha h_k^0 = \alpha V^0(ct)_k$$

式中 $(ct)_k$ ——每立方米干空气连同相应的水蒸气在温度 t 下的焓值,kJ/kg;

α ——过量空气系数;湿空气焓计算需要将干空气中带入的水蒸气的焓值计算在内。

烟气的焓值应为其所包含的各组分气体(按体积百分含量计算)的焓值之和。在锅炉运行时,过量空气系数均大于 1,在计算烟气焓时,应考虑过量空气的焓,且其温度与烟气温度相同;在实际烟气中含有飞灰,因此烟气焓还应包括飞灰的焓。因此,实际燃烧烟气的焓应由理论烟气量的焓、过量空气焓与飞灰焓三部分组成,即 $h_y = h_y^0 + (\alpha-1)h_k^0 + h_{fh}$。其中,$h_y$ 为实际燃烧烟气的焓,单位为 kJ/kg 或 kJ/m³;h_y^0 为理论烟气量的焓,单位为 kJ/kg 或 kJ/m³;h_k^0 为理论空气量的焓,单位为 kJ/kg 或 kJ/m³;h_{fh} 为每千克燃料产生的烟气中所含飞灰的焓,单位为 kJ/kg。

$$h_y^0 = h_{RO_2}^0 + h_{N_2}^0 + h_{H_2O}^0 + h_{fh} = V_{RO_2}(ct)_{RO_2} + V_{N_2}^0(ct)_{N_2} + V_{H_2O}^0(ct)_{H_2O} + (ct)_{fh}\alpha_{fh}$$

式中 $h_{RO_2}^0$,$h_{N_2}^0$,$h_{H_2O}^0$ ——烟气中各种组成气体的理论容积焓,kJ/kg;

$(ct)_{RO_2}$,$(ct)_{N_2}$,$(ct)_{H_2O}$ ——烟气中各组成气体的比焓(标),kJ/m³;

$(ct)_{fh}$ ——飞灰的比焓,kJ/kg;

α_{fh} ——烟气中所含飞灰占燃料飞灰的份额。

各种温度下空气的焓值 $(ct)_k$、烟气中各组成气体与飞灰的比焓均可参考有关锅炉计算手册查表求得。

锅炉运行时,其烟气的焓值是通过对烟道各部位烟气容积和温度的测量而确定的,这时根据下式计算出来的是烟气实际容积的焓 h_y。

$$h_y = (V_{gy}C_{gy} + V_{H_2O}C_{H_2O})t + h_{fh}$$

式中 V_{gy},V_{H_2O},C_{gy},C_{H_2O} ——干烟气和水蒸气的体积和比热容;

t ——温度。

其中,干烟气的比热容 C_{gy} 可以用混合气体比热容的计算公式求出。

$$C_{gy} = (RO_2 C_{RO_2} + N_2 C_{N_2} + O_2 C_{O_2} + CO C_{CO} + H_2 C_{H_2} + \cdots)/100$$

式中 C_{RO_2},C_{N_2},C_{O_2} ——烟气中各组成气体的平均定压比热容,kJ/(m³·℃)。

在过量空气系数 $\alpha > 1$ 时,如已算出理论容积的烟气和空气焓,则实际烟气焓可以通过下式计算:

$$h_y = h_y^0 + (\alpha-1)V^0$$

在锅炉运行中,烟气焓值也可通过对各种烟气成分的容积和温度测量计算得出。

7.1.3.5 锅炉热平衡及效率

在锅炉运行中,燃料不可能完全燃烧,而且燃烧释放的热量也不可能完全被有效利用，热损失的大小决定了锅炉的热效率。锅炉热效率是指锅炉有效利用的热量占输入锅炉热量的百分比，通常用 η 表示，可通过锅炉的热平衡确定。热平衡是指输入锅炉的热量与锅炉有效利用热及各项热损失之间的数量平衡关系。

燃料输入热指伴随燃料送入锅炉的热量，包括燃料本身、燃烧所需空气以及锅炉外部其他热源带入炉内的热量，具体计算可参考相关锅炉计算手册，一般情况下可以燃料低位热值简化计算。有效利用热指被锅炉中工质（水及蒸汽）所吸收的那部分热量，锅炉的有效利用热 Q_1 等于供出工质的总焓与给水焓之差。

对于生产过热蒸汽的锅炉系统，

$$Q_1 = D(h_{gr} - h_{gs}) + \frac{p}{100} D(h_{bh} - h_{gs})$$

式中　　　D——锅炉的蒸发量，kg/s；
　　　h_{gr}, h_{gs}, h_{bh}——工作压力下过热蒸汽、给水、饱和蒸汽的焓，kJ/kg；
　　　p——锅炉的排污率。

可用锅炉正平衡计算锅炉热效率：

$$\eta = \frac{Q_1}{BQ_r} \times 100\%$$

式中　B——燃料消耗量，kg/s；
　　　Q_r——燃料输入热，kJ/kg。

锅炉的各项热损失包括排烟热损失、气体（又称化学）不完全燃烧热损失、固体（又称机械）不完全燃烧热损失、散热损失及灰渣物理热损失。

排烟热损失计算式为：

$$q_2 = \frac{Q_2}{Q_r} \times 100\% = \frac{H_{py} - \alpha_{py} H_{lk}^0}{Q_r} (100 - q_4)\%$$

式中　　　H_{py}——排烟焓，kJ/kg；
　　　H_{lk}^0——进入锅炉的冷空气的焓，kJ/kg；
　　　$100 - q_4$——考虑计算燃料量与实际燃料量差别的修正值；
　　　q_4——机械不完全燃烧热损失；
　　　α_{py}——排烟处的过量空气系数。

在设计时，α_{py} 值可根据各部分烟道的漏风系数予以确定，在运行锅炉上则可根据测得的烟气各种成分的容积百分比含量计算。排烟热损失的大小主要取决于排烟温度和烟气容积，应尽量减少锅炉烟道的漏风量。

化学不完全燃烧热损失是由于排烟中含有未燃尽的 CO、H_2、CH_4 等可燃气体所造成的热损失，计算式为：

$$q_3 = \frac{Q_3}{Q_r} \times 100\% = \frac{V_{gy}(126CO + 108H_2 + 358CH_4)}{Q_r}(100 - q_4)\%$$

考虑到锅炉烟气中可燃物主要为 CO，上式或可写成：

$$q_3 = \frac{263(C+0.375S)}{Q_r} \frac{CO}{RO_2+CO}(100-q_4)\ \%$$

式中 C，S——燃料应用基碳和硫，%；

CO，RO_2——一氧化碳、三原子气体的容积百分比，%。

机械不完全燃烧热损失为由于固体燃料颗粒未燃尽而造成的热损失。未燃烧的碳包含在灰渣及飞灰之中，对于层燃炉还有燃料漏料造成的损失。对于运行的锅炉，可通过测量灰渣、飞灰和燃料漏料的质量和含碳量来计算：

$$q_4 = \frac{Q_4}{Q_r} \times 100\% = \frac{32700}{Q_r}\left(\frac{G_{hz}C_{hz}+G_{fh}C_{fh}+G_{ll}C_{ll}}{100B}\right) \times 100\ \%$$

式中 G_{hz}，G_{fh}，G_{ll}——单位时间内的灰渣、飞灰及漏料质量，kg/h；

C_{hz}，C_{fh}，C_{ll}——灰渣、飞灰及漏煤中含碳量的百分比，%；

B——实际燃料消耗量，kg/h；

32700——纯碳的发热量，kJ/kg。

q_4 的数值与燃料性质、燃烧设备及炉内燃烧工况等因素有关。在设计时，q_3、q_4 可参考相关手册的推荐值选取。

散热损失为通过锅炉炉墙、锅筒、集箱以及管道等外表面向外界空气散热而产生的热损失，其大小主要取决于锅炉表面积和温度。

$$q_5 = \frac{Q_5}{Q_r} \times 100\% = \frac{A_s a_s (t_s - t_0)}{BQ_r} \times 100\ \%$$

式中 A_s——散热表面积，m²；

a_s——散热表面放热系数，kW/(m²·℃)；

t_s，t_0——散热表面温度和环境温度，℃。

q_5 通常可按经验选取。锅炉容量增大，其结构紧凑，平均到单位燃料的锅炉表面积少，散热损失相对值 q_5 也减小。

在锅炉热力计算时，需要计算各受热面烟道的散热损失，通常采用保热系数来考虑，保热系数表示各烟道中，烟气放出的热量被受热面接收的份额。

$$\phi = 1 - \frac{q_5}{\eta + q_5}$$

灰渣物理热损失为排出炉渣所带走的热量损失，其值为燃料的灰渣量和与之对应的焓值的乘积。

$$q_6 = \frac{Q_6}{Q_r} \times 100\% = \frac{A^y a_{hz}(ct)_{hz}}{Q_r} \times 100\ \%$$

式中 A^y——燃料的应用基灰分；

a_{hz}——灰渣中的灰占燃料中总灰的份额；

$(ct)_{hz}$——灰渣在温度 t 时的焓值，kJ/kg。

这样，锅炉反平衡效率为：

$$\eta = [100 - (q_2 + q_3 + q_4 + q_5 + q_6)]\ \%$$

7.2 生物质燃烧方式和装置

7.2.1 燃烧装置的类型

生物质燃烧具有悠久的历史，现代化的技术开发也已经成熟并进入产业应用。在欧美国家生物质燃烧已经广泛应用于中小规模的热电生产，例如木材炉具、原木锅炉、颗粒燃烧器、自动木屑炉和秸秆燃烧炉等产品早已经商业化。中大容量的燃烧装置一般采用林业加工剩余物、农作物秸秆作为主要燃料，用于区域供热、发电，或者用于与化石燃料的混合燃烧。区域供热系统热负荷一般为 0.5～5MW，有时甚至达到 50MW，生物质燃烧发电或者热电联产，典型的电力输出为 0.5～10MW。在大规模化石燃料燃烧电站中进行生物质的混合燃烧也已经进入产业化，在绿色电力和节能减排方面发展潜力巨大。

对于适于工业化规模应用的生物质燃烧装置，根据燃烧方式可分类为固定床、流化床和悬浮燃烧技术，规模化电厂应用中主要使用了流化床和炉排燃烧方式。

炉排燃烧是最先应用于固体燃料的燃烧方式，也是农林废弃物燃烧中最常采用的方式。给料机构将燃料均匀地分散到炉排上，生物质燃料运动经过燃烧室固定的倾斜炉排、移动炉排、振动或运动炉排，依次经历燃料预热、干燥、热解和脱挥发分、气化和气体产物燃烧、固体焦炭燃尽等过程。炉排燃烧系统能够处理大颗粒尺寸和高水分含量（达60%）的不均一生物质燃料，对于中小规模（例如10MW热负荷以下）的应用，投资成本和运行成本相对较低。相对稳定的燃烧条件，使得燃烧装置在低负荷下仍可获得良好的运行条件，并有利于飞灰颗粒的燃尽和较低的灰携带，对于结渣不太敏感。其缺点是燃烧条件不如流化床均一，燃烧强度相对较低，相对较高的过量空气系数可能降低能量效率。

流化床燃烧在劣质燃料的燃烧方面得到了越来越广泛的应用，其燃烧装置布置相对简单，运动部件少，适于大容量应用。流化床燃烧装置中，强烈的气固混合形成较为均一的温度分布，较小的固体颗粒尺寸导致较大的固体-气体交换表面、床层与热交换表面之间较高的传热系数，这些因素使流化床可以获得较高的燃烧强度。根据 Natarajan 等的研究，流化床中稻壳燃烧强度达到了 $530kg/(h·m^2)$，是炉排炉单位炉排面积最大可能燃烧强度 $70kg/(h·m^2)$ 的 7.5 倍[9]。流化床具有高的热容量，这使较低温度下的稳定燃烧成为可能，同时也有利于燃烧污染物的抑制和对结渣、腐蚀问题的控制。流化床燃烧装置的缺点表现在：高速流化气体中携带固体颗粒，烟气含尘量较高，对固体分离和气体净化设备的要求较高，而且高固体速度将导致内部磨损和床料损失。另外，因床料聚团所导致的流化失败的风险、低负荷运行时的调整与控制等问题也是流化床燃烧装置的弱点。据研究，10MW 以上热容量的鼓泡流化床燃烧器的投资成本相对较低，而运行成本要高于炉排燃烧系统，因为其风机需要较高的电力消耗，而对于热容量超过 30MW 的循环流化床，其投资和运行成本都较高。

悬浮燃烧器中燃料处于悬浮状态下燃烧，燃烧强度高，通常用于磨碎的生物质颗粒或原始生物质与煤粉或天然气的混燃。在悬浮燃烧器中燃烧农业废弃物需要燃料较为干燥且颗粒尺寸较小，因此需要更为复杂的燃料预处理过程。悬浮燃烧器对于燃料质量的变化非常敏感，燃烧与设计燃料差别较大的生物质可能严重影响锅炉运行。同时，燃烧稻壳等农业废弃物时可能会出现结渣以及高温腐蚀等问题[10]。

7.2.2 生物质燃烧设备的基本要求

燃烧设备的目的是提供良好的燃烧环境，实现燃料燃尽，释放出热量并将热量传递给需要的工质，同时尽量降低污染物排放。对于生物质燃烧设备的要求，则是掌握生物质燃料高挥发分含量、低固定碳含量的特点，通过燃烧组织和调整，实现生物质燃料的及时着火、稳定高效燃烧和气相燃烧与固相燃烧的优化匹配。

生物质燃料种类繁多，但每种燃料的供应普遍具有季节性、周期性，因此对于生物质燃烧发电厂来说，燃料的多样化供应对于发电厂的连续运行具有积极意义。不同生物质燃料之间质量差异较大，因此燃烧装置设计时应考虑较宽的燃料适用范围，运行中燃料种类的变化，尤其是在燃用高水分、灰分、低热值等劣质燃料时仍能顺利着火并稳定燃烧。

燃烧装置应具有高的热负荷，即在单位容积炉膛内或单位面积炉排上能稳定、经济地燃烧掉更多的燃料，以降低金属消耗量，缩小锅炉的几何尺寸及占地。同时，针对部分生物质燃料碱金属、氯含量偏高、灰熔点较低等特点，通过燃烧组织和采用特殊材质等方式来应对受热面积灰、腐蚀以及结渣等问题，以保证运行安全并延长设备寿命。

作为燃烧放热装置与吸热做功装置的统一体，生物质锅炉也应注意燃烧装置内受热面的布置和传热情况的改善。如果燃料在炉内以较高的强度燃烧放热而辐射受热面布置较少，将使炉温过高而严重结焦并影响正常燃烧，但如果在炉膛中布置过多的受热面大量吸热，又会使炉温或燃料层温度偏低，影响燃烧的稳定性和经济性。因此，燃烧质量的好坏，不仅取决于燃烧设备的结构形式和运行操作，也与炉内受热面布置和传热情况有关，燃烧装置设计时应全面考虑。

生物质锅炉还需要具备良好的负荷适应性和调节特性，即当锅炉用户负荷较频繁或较大幅度地变动时，有充分的手段来保证燃烧设备的燃烧出力能及时快速地响应，低负荷下不至于中断燃烧，而高负荷下不会出现结焦，压火或重新起火时不发生困难等。另外，燃烧装置应具有较为理想的环保性能，消除黑烟和降低排烟含尘量，硫氧化物、氮氧化物等排放达标。这方面的要求除了在燃烧装置中采用合理措施之外，采用除尘器、脱硫脱硝装置等污染物控制措施也是必要的。

7.2.3 炉排炉燃烧

7.2.3.1 炉排炉的工作特性

炉排燃烧是生物质直接燃烧最为常用的方式。空气从炉排下部送入，流经一定厚度的燃料层并与之反应，燃料层的移动与气流方向基本上无关。燃料的一部分（主要是挥发分释放之后的焦炭）在炉排上发生燃烧，而大部分（主要是可燃气体和燃料碎屑）在炉膛内悬浮燃烧。炉排炉按照炉排形式和操作方式的不同，又分为固定炉排炉、往复炉排炉、旋转炉排炉、抛煤机炉、振动炉排炉和链条炉排炉等，每一种都有其特点且适于不同的燃料。炉排锅炉可用于高含水量、颗粒尺寸变化、高灰分含量的生物质燃料，因为在层燃方式下炉膛内储存大量的燃料，因此有充分的蓄热条件来保证炉排炉所特有的燃烧稳定性。同时，采用炉排燃烧方式，对燃料尺寸没有特殊要求，也不需要特别的破碎加工，炉内着火条件优越，而且锅炉房布置简单，运行耗电少。但是，炉排燃烧方式下燃料与空气的混合较差，燃烧速度相对较低，影响锅炉出力和效率。

炉排燃烧方式下，燃料燃烧沿着炉排前进方向可以分为四个阶段，如图 7-3 所示。

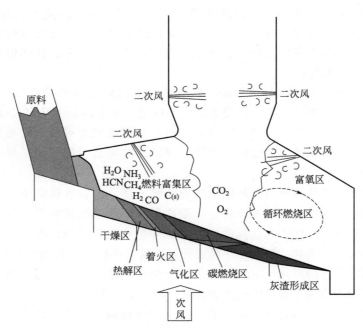

图 7-3 燃烧生物质炉排锅炉的燃烧分区

首先是水分蒸发阶段，入炉燃料受炉膛内高温烟气的对流、辐射放热以及与炉热焦炭、灰渣的接触导热而升温，燃料中水分蒸发直至完全烘干。其次是挥发分析出及焦炭形成阶段，烘干后的燃料在炉内受热升温，当达到特定温度时便大量析出挥发分，同时形成多孔的焦炭。再次是挥发分和焦炭的着火燃烧阶段，随着温度进一步升高，达到一定浓度的气态挥发分在遇到氧气时便率先着火燃烧，放出热量并使焦炭颗粒继续加热升温直至着火燃烧。700℃之后焦炭进入快速燃烧阶段，挥发分析出之后的焦炭孔隙率较高，相对加快了燃烧速率并提高燃尽程度。最后是焦炭燃尽及灰渣形成阶段。焦炭燃烧属于异相扩散燃烧，燃烧速率要低于气相燃烧，因此所需时间也要长一些。焦炭颗粒的燃烧总是由表及里进行，燃烧一定时间后，焦炭外面包覆的灰壳越来越厚，阻止焦炭核心与空气的进一步接触，使燃烧进行得异常缓慢。当未燃尽的焦炭落入灰坑时便形成机械不完全燃烧损失，灰渣最终形成。

燃料燃烧过程中各阶段依次串联进行，而对于燃烧设备内的连续燃烧过程来说，则各个部分又是相互交叠的。各个阶段持续时间的长短和重叠情况因燃料质量、燃烧条件而不同，为了组织好整个燃烧过程，必须保证炉膛温度为燃料及时稳定地着火提供热源，保证合理配风为燃烧输送速度流量合适的空气，保证足够的燃烧区停留时间以减少不完全燃烧损失。

性能良好的炉排系统能够实现燃料和焦炭床层在整个炉排表面的均匀分布，并确保不同炉排区域上有适当的风量供应。不均匀的送风可能导致结渣、高飞灰量，并可能增加完全燃烧所需要的过量空气。不同燃烧阶段所需要的风量也是不同的，因此通常采用一次风的分段供应，能够调整干燥、气化、焦炭燃烧等不同区域所需要的空气量，而且也有利于锅炉低负荷时的平稳运行和污染物控制。

燃烧炉上部空间可布置二次风，甚至三次风，优化的二次风供应是上部空间气相燃烧最为重要的因素。对于挥发分含量高的生物质燃料，二次风布置尤其重要，二次风量比例、风速、流向以及布置位置等对于降低不完全燃烧损失并稳定炉排燃烧层有较大影响。炉排燃烧生物质燃料的总体过量空气系数一般为 1.25 或更高一些，一次风同二次风的比例在大部分生物质燃烧炉排锅炉中为 40/60~50/50，这与传统燃煤锅炉差异很大。炉膛上部燃烧空间的尺寸和二次风射流必须保证烟气与空气的充分混合，可采用相对较小的风道以获得较高的风速、采用旋转或者漩涡射流以及炉膛上部空间炉壁构型的特殊设计等方式来实现挥发分和携带固体燃料颗粒的充分燃尽。

炉排形式可根据燃料性质和燃烧装置容量确定。

① 固定倾斜炉排，炉排不能移动，燃料受重力而沿着斜面下滑时燃烧，其缺点主要是燃烧过程控制困难、燃料崩落、燃烧稳定性差等。

② 移动炉排，即链条炉，燃料在炉排一侧给入，随炉排向着灰渣池方向输运过程中发生燃烧，其对燃烧的控制性能得到较大改善，也具有更高的燃尽效率。

③ 往复炉排，燃烧过程中通过炉排片的往复运动而翻动并运送燃料，直至最后灰渣输送到炉排末端灰池中，实现了更好的混合，因此可获得改善的燃尽效果。

④ 振动炉排是目前国内外农林废弃物直燃发电厂中应用较为广泛的炉排形式，炉排形成一种抖动运动，能够平衡地将燃料扩散并促进燃烧扰动，相对于其他运动炉排，其运动部件少，可靠性更高，并且碳燃尽效率也得到进一步提高，但可能引起飞灰量的增加，且振动可能引起锅炉密封、设备安全方面的问题。

炉排系统长期工作于高温环境下,可采用风冷或者水冷方式进行冷却,特别是对于农作物秸秆等灰熔点较低的生物质燃料,更是需要炉排冷却以避免结渣和延长炉排材料的寿命。

7.2.3.2 燃烧设备主要特性参数

炉排炉的设计与评价中,用以反映燃烧设备工作特性的指标主要有炉排面积热负荷、炉膛容积热负荷以及炉排通风截面比等。炉排面积热负荷(q_R,单位为 kW/m^2)是单位炉排面积上所能产出的燃烧功率,或单位炉排面积在单位时间内燃料燃烧放出的热量,其标志着炉排面上燃料燃烧的强烈程度,表达式为:

$$q_R = \frac{BQ_d^y}{A_R}$$

式中 Q_d^y——燃料的应用基低位发热量,kJ/kg;

B——锅炉实际燃料消耗量,kg/s;

A_R——炉排的有效面积,m^2。

在锅炉设计时,炉排面积热负荷 q_R 的取值适当对于燃烧的强度和充分程度影响很大。过分提高 q_R 值,缩小炉排面积,将使单位面积炉排承受很高的燃烧出力,炉排片工作条件恶化。炉排面积过小,也会造成燃料层加厚和空气通过燃料层的流速过大,会引起通风阻力增大、运行电耗增加、漏风加剧、炉温降低等问题,过大的风速还会破坏火床平整和燃烧工况稳定,从炉排上吹起更多的燃料碎屑进入炉膛上部空间,造成不完全燃烧损失增大。如果炉排面积热负荷太低,将增大炉排面积,有可能造成炉排金属消耗量的大幅度增长,同时燃料层厚度将降低,风速降低,燃烧速度也将降低,造成设备浪费和燃烧强度降低,甚至可能难以维持正常的燃烧。

层燃炉中大部分焦炭燃烧发生于炉排面上,挥发分燃烧和部分颗粒物燃烧则发生于炉膛空间。炉膛容积热负荷 q_V(单位:kW/m^3),即燃料在单位炉膛容积、单位时间内燃烧释放的热量:

$$q_V = \frac{BQ_d^y}{V_1}$$

式中 V_1——炉膛容积,m^3;

其他符号意义同前。

炉膛容积热负荷影响着燃料在炉内的停留时间和炉膛的出口温度。当 q_V 取值过高即炉膛容积设计过小时,燃料来不及燃尽就排出炉膛,会引起未完全燃烧损失的增大,尤其对于生物质等挥发分含量较高的燃料更是如此。过小的炉膛容积还会使受热面布置困难,减小炉内的辐射换热面致使炉膛出口烟温过高,从而影响锅炉设计的经济性及运行安全。选用较高的 q_V,可使炉膛结构紧凑,但也可能引起炉膛内燃烧强度过高,影响材料和设备安全。

炉排的通风截面比,即炉排面上通风面积占总炉排面积的比例,其对空气在燃料层中的流动及分布、燃料层中温度分布、炉排通风阻力以及炉排寿命均有影响。通风截面比减小,风速增加,通风均匀性提高,可改善炉排工作条件并延长使用寿命，但炉排通风阻力增大，可能增加电耗。通风截面比增大，有利于燃料层内空气扩散而改善着火燃烧，但可能会增加漏料量并恶化炉排的工作条件。设计燃烧装置时，应根据不同的燃料及通风方式选取通风截面比。对于挥发分含量较高的生物质，通风截面比相比燃煤需要选用较小的值。因为生物质燃料一般质量密度低，因此应控制送风速度以避免大量携带，同时生物质燃料的着火燃烧性能较好，风速过小会引起炉排温度过高而损坏，另外还需要考虑便于燃烧调整和减小过量空气系数等。

为了保证燃烧正常、炉排工作安全以及锅炉设计经济性，热负荷应有合理的取值范围。生物质燃烧锅炉目前尚缺乏长期的运行经验数据，设计时可根据不同的燃料种类和燃烧设备型式，参考相关燃料的推荐值数据，并可辅以必要的小型实验来确定。表 7-3 列出了燃煤炉推荐的炉排面积热负荷和炉膛容积热负荷值。生物质挥发分含量较高，在 70% 左右，而固定碳含量一般在 20%～30%，因此炉排面上固定碳燃烧所占的比重相对较小，而炉膛空间的挥发分燃烧比重则较大，这在设计炉膛热负荷时需要考虑。

表 7-3 燃煤炉热负荷设计参考值

燃烧设备	往复炉排炉		抛煤机炉	链条炉排炉	
燃料种类	无烟煤Ⅰ 烟煤Ⅰ 褐煤	贫煤 烟煤Ⅱ	无烟煤Ⅲ 贫煤 烟煤 褐煤	无烟煤Ⅰ 烟煤Ⅰ 褐煤	贫煤 烟煤Ⅱ、Ⅲ
$q_R/(kW/m^2)$	580～800	750～930	1050～1630	580～800	700～1050
$q_V/(kW/m^3)$	230～350		290～470	230～350	

注：表中数值按工业锅炉代表性煤种得到，振动炉排可按链条炉推荐值选用。

7.2.3.3 链条炉

链条炉的机械化程度较高，同时对于燃料尺寸的要求相对较低，因而使用相当普遍。链条炉的基本结构见图 7-4，燃料从位于锅炉前部的给料斗落至炉排上进入炉膛，并通过闸门调整燃料层厚度和给料量[11]。炉排自前往后缓慢移动过程中发生燃料的干燥、着火、挥发分和焦炭燃烧燃尽，最后燃烧灰渣在炉排末端被排入灰渣坑。根据燃料种类和特性调整炉排速度，燃烧所需的一次空气由炉排下方鼓入，而风室沿炉排长度方向被分成若干小段，每段风量可据燃烧需要单独调节。

链条炉排系统的优势在于均匀的燃烧条件和较低的粉尘排放，运行可靠，燃料适应性广，炉排维护和更换容易，对于中小规模的应用其投资成本和运行成本较低。但是，链条炉燃烧过程扰动较弱，燃烧条件没有流化床均匀，燃料床几乎没有拨火效果，导致较长的燃尽时间。由于缺乏混合，均匀性较差的生物质燃料可能会存在架桥和炉排表面上分布不均匀。

链条炉炉排形式主要有链带式、横梁式及鳞片式等，结构差别较大，可根据燃料状况和燃烧强度、金属耗量等进行选择。炉排尾部需布置挡渣设备。炉排两侧装有防焦箱，保护炉墙不受高温火床的磨损及侵蚀，还可避免紧贴火床的侧墙部位黏

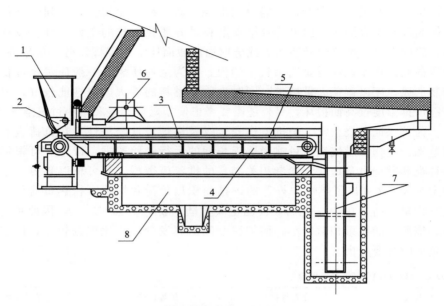

图 7-4 链条炉基本结构
1—给料斗；2—闸门；3—炉排；4—分段送风室；5—防焦箱；6—看火孔及检查孔；7—渣井；8—灰斗

结渣瘤，使燃料均匀地布满火床面，防止炉排两侧出现严重漏风。

链条炉燃烧时，燃料着火条件较差。着火所需热量主要来自上部炉膛空间的辐射，燃料层表面着火时，下面部分尚处于加热状态。燃料层较厚或者炉排移动速度快时，底层燃料的着火延迟将更为明显，造成燃尽时间不足而引起固体不完全燃烧损失增大。其次，链条炉的燃烧具有区段性。在炉排前部的准备区域，燃料处于加热升温、析出水分和挥发分的阶段，基本上不需要氧气。炉排后部燃尽区域，燃料层（灰渣）可燃成分所剩不多，又多被灰渣所裹挟，因此氧需求也下降。但在燃烧的中间区段，燃烧反应剧烈，大量需氧。于是出现了炉排首、尾两端空气过剩而中部主燃烧区空气不足的现象。链条炉燃烧的区段性，需要通过优化布风进行调整。另外，燃料与炉排之间没有相对运动，虽然可以减少固体颗粒物的携带和飞灰热损失，但是缺乏扰动也会降低燃烧强度。从链条炉的燃烧特点出发，改善燃烧的措施包括一次风合理配风、二次风以及炉拱的合理布置等。

（1）一次风合理配风

链条炉燃烧过程沿炉排长度分区段进行，各区段的空气需求量相差很大。根据这种特点，将下部风室分隔成若干区段，依照实际需要，炉排下不同区段通过调节风门供给不同风量的送风方式。这样可以改善燃烧工况，降低不完全燃烧热损失。各个风室配风比例的确定，应先根据各燃烧区段的工作特点，全面分析不同配风比例对燃烧经济性及安全性的影响，然后从中得出比较合理的原则性配风方案，再由运行人员据此进行调试，确定出最佳配风比例。由于分流压增及扩流压增的存在，沿炉排宽度方向的送风很不均匀，可分别采用双面送风、等压风室、风室内加装挡板、导流板、节流隔板等方式来消除。

(2) 二次风布置

二次风是在燃烧层上部空间以高速喷入炉膛的送风气流,其目的是配合炉拱进一步扰动炉内气流,增强相互混合,以便在不提高过量空气系数的前提下,减少气体中可燃物的不完全燃烧损失。对于高挥发分的生物质燃料,炉膛上部空间的气相燃烧占的比重较大,因此二次风布置就尤为重要。布置在前后拱形成的缩口处的二次风,可造成炉内气流的旋涡流动,一方面延长悬浮颗粒在炉内的停留时间;另一方面又将被旋转气流分离出来的焦炭粒子重新甩向燃烧层。两种作用均促进了燃尽程度。合适的二次风布置还可改善炉内气流的充满度,控制燃烧中心的位置,减小炉膛死角的涡流区,从而防止炉内局部区域的结渣和积灰。

为达到扰动气流的目的,二次风需要具有足够的风量和速度。在不改变总体过量空气系数的前提下,主要依靠选取较高的二次风速来增加扰动。二次风的布置方式有前墙布置、后墙布置以及前后墙布置等。前墙或后墙布置适于二次风量不太充足或炉膛深度较小的情况,以便集中火力,强化扰动。对于气相燃烧比例大的生物质燃料,为及时提供空气,二次风口布置在前墙效果更好。对于容量较大的锅炉,二次风常布置在前、后拱共同组成的缩口处,同时为了避免气流对冲,前、后墙的喷口还应相互错开。从炉内高度来说,二次风喷口的布置位置应尽量低些为好,以使混合后的烟气具有充分的燃尽时间及空间,但也不能过低以免破坏火床面的正常燃烧。

(3) 炉拱布置

炉拱是指突出在炉膛内部的那部分炉墙,在固定床燃烧装置中炉拱对于炉内气流扰动和燃烧组织起着非常重要的作用。链条炉火床面上的固体燃料燃烧存在着区段性,而上部空间的气体成分中包含着较高浓度的可燃气体,因此采取措施加强炉内气流的扰动与混合,合理的调整炉内的辐射和高温烟气流动,将有利于改善燃料的着火、燃烧情况,减少气体和固体不完全燃烧的损失,而炉拱即为起到这种作用的结构。对于高挥发分的生物质燃料,因挥发分一时来不及燃烧而较多地存在于炉膛内,则炉拱的主要作用应为增强气流的混合,以便可燃气体有更多机会与空气接触而完全燃烧。而对于低挥发分的固体燃料或仍处于低温而尚未着火的燃料,燃料着火存在困难,炉拱则应该能够提供高温环境以保证燃料的及时着火。

炉拱包括前拱及后拱,前拱接收炉内高温火焰和燃料层的辐射热,吸收热量后将其用于提高炉拱本身温度并重新辐射出去。这部分再辐射热量将集中投射到新燃料层上,促进燃料的迅速着火。因此,前拱设计应考虑具有足够的敞开度,以便能从更多的空间范围内吸收辐射能量以提高炉温。前拱的形状应能使从后拱流出的高温烟气能够深入前拱区域并形成强烈的漩涡,这样就可以提高拱区及前拱温度,增强前拱辐射放热效果。前拱的边界尺寸也需慎重拟定,前拱还具有适当长度以增加覆盖新燃料层的辐射面积。前拱过低不利于拱下空间进行有效的燃烧放热,对着火不利,而前拱过高则有可能使温度较低的拱区烟气辐射取代前拱的再辐射。

后拱的主要功能是将大量高温烟气和炽热炭粒输送到主燃烧区和准备区,以保证那里的高温,使燃烧进一步强化,同时使前拱获得更高温度的辐射源,增强前拱的辐射引燃作用。后拱的另一功能是对燃尽区的保温促燃,以最大限度地降低灰渣热损失。设计时,应注意使前后拱配合形成炉膛中前部的缩口,在此位置,炉膛空间的大量挥发分、焦炭气化产物一氧化碳以及未燃尽燃料颗粒,与前后拱驱赶过来的充足空气进行强烈的混合燃烧,提高燃尽效率并降低烟尘排放。后拱应具有足够的覆盖率、足够的容积高度,以保证空间燃烧及向燃尽区辐射换热的需要。

炉拱的设计布置相当复杂,通过理论计算和运行实践相结合的方法来确定炉拱的最佳布置及合理尺寸,可参考燃煤的相关推荐值[11,12],并根据生物质燃料的特点进行选择和调整。

7.2.3.4 往复炉排炉

往复炉排炉也是中小型生物质燃烧装置常用的炉型。往复炉排主要由固定炉排片、活动炉排片、传动机构和往复机构等部分组成,图 7-5 为应用最为广泛的倾斜往复炉排炉结构。

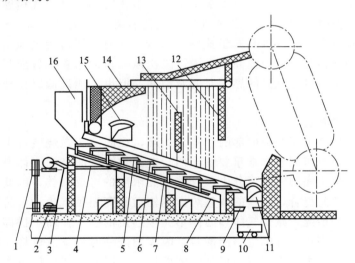

图 7-5 倾斜往复炉排炉结构
1—传动机构; 2—电动机; 3—活动杆; 4—链杆推拉轴; 5—固定炉排片; 6—活动炉排片;
7—连杆; 8—槽钢支架; 9—燃尽炉排片; 10—灰渣车; 11—挡渣板; 12—后墙;
13—中间隔墙; 14—炉体; 15—观察孔; 16—加料斗

活动炉排片的尾端卡在活动横梁上,其前端直接搭在与其相邻的下一级固定炉排片上,使整个炉排面呈明显的阶梯状,并具有一定倾斜角度,以方便燃料下行。各排活动横梁与连接槽钢连成一个整体,组成活动框架。当电动机驱动偏心轮并带动与框架相连的推拉杆时,活动炉排片便随活动框架作前后往复运动,运动频率通过改变电动机转速来实现调整。固定炉排片的尾端卡在固定横梁上,前端搭在与其相邻的下一级炉排片上,在炉排片的中间还设置了支撑棒以减轻对活动炉排片的压力和往复运动造成的磨损。燃烧所需的空气可通过炉排片间的纵向缝隙以及各层炉排片间的横向缝隙送入,炉排通风截面比为 7%~12%。在倾斜炉排的尾部,燃料经燃尽炉排落入灰渣坑。

在往复炉排炉的燃烧过程中,燃料从料斗落下,经调节闸门进入炉内,在活动炉排的往复推饲作用下,燃料沿着倾斜炉排面由前向后缓慢移动,并依次经历预热干燥、挥发分析出并着火、焦炭燃烧和灰渣燃尽各个阶段。位于火床头部的新燃料,受到高温炉烟及炉拱的辐射加热而着火燃烧。往复炉排区别于链条炉排的一个主要特点在于炉排与燃料之间有相对运动,同时能够调整燃料层厚度。由于活动炉排片的不断耙拨作用,使部分新燃料被推饲到下方已经着火燃烧的炽热火床上,着火条件大为改善。活动炉排在返回的过程中,又把回一部分已经着火的炭粒至未燃燃料层的底部,成为底层燃料的着火热源。同时,燃料层因为受到耙拨而松动,增强了透气性,促进了燃烧床层扰动,而且燃料层外表面的灰壳也因挤压及翻动而被捣碎或脱落,这些均有利于燃烧的强化及燃尽。

除了倾斜往复炉排之外,水平往复炉排应用也较多,其炉排面呈锯齿状,增大了燃料层表面积,有利于燃烧,而且炉体高度可以相对降低。总体而言,往复炉排结构简单,金属耗量较链条炉低,节省初投资。往复炉排炉中,除火床头部外,燃料的着火基本上属双面引燃,比链条炉优越;燃料适应性也比链条炉好,尤其是对黏结性较强、含灰量大并难以着火的劣质燃料往复炉排更为合适;由于燃料层不断受到耙拨及松动,空气与燃料的接触大大加强,燃烧强度较高,可降低化学及机械不完全燃烧热损失。此外,由于往复炉排活动炉排片的头部不断耙拨灼热的焦炭,因而温度很高,容易烧坏,炉排烧坏或脱落后难以发现和更换,使漏落的红火有可能烧坏炉排下方的风室及框架,影响锅炉的运行安全。同时,由于结构上的原因,倾斜往复推动炉排两侧的漏风及漏料量均较大,火床不够平整,运行时容易造成火床燃烧的不稳定,因而改进往复炉的侧密封结构很有必要。

往复炉排炉的设计和布置与链条炉类似,分段送风、二次风布置、炉拱布置及尺寸可参考链条炉进行设计。为了适应生物质等结渣倾向较高的劣质燃料的燃烧,近年来发展的水冷往复炉排也得到了一定的应用。水冷往复炉排增加了水管搁架连接到锅炉集箱上,而蝶形铸铁炉排片嵌在水管搁架的管子之间,通过管子中水的流动使炉排片得到冷却,有利于改善炉排过热和结渣问题。

7.2.3.5 振动炉排炉

振动炉排炉在目前的大型秸秆生物质燃烧发电厂中得到了广泛应用。图 7-6 为振动炉排结构。炉排呈水平布置,主要构件有激振器、上下框架、炉排片、弹簧板等。激振器是炉排的振源,依靠马达带动偏心块旋转,从而驱使炉排振动。炉排片

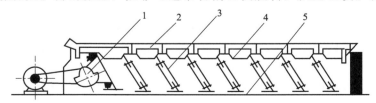

图 7-6 振动炉排结构

1—激振器; 2—炉排片; 3—弹簧板; 4—上框架; 5—下框架

用铸铁制成，通过弹簧和拉杆紧锁在相邻的两个反"7"字横梁上。上下框架由左右两列弹簧板连接，弹簧板与水平成60°～70°夹角。弹簧板与下框架的联结有固定支点和活络支点两种。固定支点炉排的下框架通过地脚螺栓紧固在炉排基础上，活络支点振动炉排的弹簧板和下框架的连接是通过一个摆轴，使弹簧板能沿着炉排纵向摆动。在弹簧板上开有圆孔，减振弹簧螺杆穿过圆孔固定在下框架的支座上，螺杆上套有上、下两个弹簧，通过调节螺杆上的螺母改变弹簧对弹簧板的压紧程度，从而改变炉排的固有频率。活络支点联结对减振有一定的作用，并可调节炉排的振动幅度。

工作过程中，马达带动偏心块旋转，产生一个垂直于弹簧板周期性变化的惯性分力，驱动上框架及其上的炉排片以与水平面成20°～30°角的方向往复振动，而炉排片上的燃料就随着这种往复运动而不断地被加速、减速，由于惯性力的作用而在炉排面上进行定向的、间歇性的微跃运动，从而促进燃烧扰动。为了节约能耗，通常选择炉排的工作频率接近炉排固有频率，使炉排在共振状态下工作，此时炉排振幅最大，燃料层移动速度最快而电机能耗最小。因此，振动炉排制造安装完毕之后，需要对炉排进行冷态调试，测出炉排共振频率，纠正燃料在炉排面上不正常的运动状态，然后才能投入热态运行。

振动炉排的燃烧过程与链条炉基本相似，一次风通过炉排面上布置的小孔从下部送入燃料床。振动炉排上燃料的着火也属单面着火，需要采用分段送风、炉拱及二次风等措施对燃烧进行调整。与链条炉不同的是，振动炉排上的燃料层不是匀速前进的，在振动停止间歇时间内，燃料层是处于静止燃烧状态。为适应负荷高低而需要调整燃烧时，除像链条那样增减炉排速度和通风量之外，还可以通过对炉排振动持续时间和间歇时间长短的调节来实现。同时，由于炉排的振动而具有自动拨火功能，燃料颗粒在振动时上下翻滚，增加了与空气的接触，因此燃烧比链条炉要剧烈，炉排面积热负荷高于链条炉。特别重要的是，炉排的振动还阻止了较大结渣颗粒的形成，因此特别适合燃烧秸秆、废木材等具有黏结性和结渣倾向的燃料。

振动炉排结构简单，运动部件少，金属耗量低，单位投资和运行成本较低，保证了可靠性，但也存在着一些问题。炉排振动时燃料层被周期性抛起，此时炉排通风阻力小，风速大，造成大量飞灰，飞灰含碳量高，并可能引起较高的CO排放，造成锅炉热效率偏低。振动炉排运行时，炉排片基本位置不变，燃烧剧烈区域的炉排片始终在高温下工作，并且燃料处于上下翻滚状态，炉排上没有形成灰渣垫，炉排片直接与高温燃料接触，工作条件恶劣，导致炉排片变形，产生裂缝和烧坏堵孔等现象。炉排在高频振动下工作，燃料上下运动，因此通过送风孔的漏料量较高。此外，炉排振动会带动锅炉房其他设施振动，甚至发生共振，这是非常有害的，严重时会造成炉墙倒塌等事故。因此设计和调试时应将炉排共振频率与其他设施的固有频率错开，并采用活络支点联结、装防振垫等减振措施。

为了更好地发挥振动炉排的优势，解决炉排片易烧坏及飞灰漏料严重等问题，开发了水冷振动炉排和自动调风装置。图7-7为Babcock & Wilcox公司开发的水冷振动炉排结构。

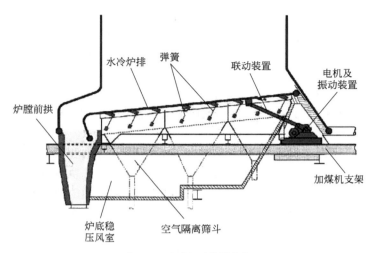

图 7-7 水冷振动炉排结构

水冷振动炉排由管子及焊在管间的扁钢组成，实际上组成了一个膜式水冷壁。炉排属于锅炉水汽系统的一部分，通过灵活的连接管道与炉膛水冷壁连接以便于振动。炉排前后均有集箱，前后集箱分别通过上升管、下降管与锅筒相连，由水循环保证炉排的充分冷却。炉排管间的扁钢上开有细长通风孔，通风截面比仅约为 2%，使漏料量大为降低。炉排具有一定的倾角，一方面可保证水循环可靠性；另一方面便于炉排在轻微振动时，靠燃料自身平行炉排面的向下分力，燃料便可顺利地向后移动。为了避免炉排和其上燃料的重量加载在下降管和上升管上，炉排的后端架在固定但有弹性的立式金属板支座上，前端是架在可摆动的支座上。炉排下部的配风系统也进行了改造，配风自动调节装置在振动前瞬间自动关闭风门挡板，使风量和风速下降，从而降低飞灰含量，而且炉排下部的风量隔板还起着支持炉排的作用。

水冷振动炉排采用的运动部件较少，且驱动机构处于冷态环境，提高了炉排寿命，减少了设备维护及相关费用，并具有漏料量和飞灰少、热效率提高以及运行管理方便等优点，因而在秸秆生物质直燃电厂中得到了广泛应用。国内生物质电厂中普遍采用的水冷振动炉排为膜式水冷壁形式，冷却水温要求 250~350℃，一次风温 200~300℃，最大炉排面积热负荷 $2MW/m^2$，炉排频率调节范围 30~55Hz，典型振动时间 20s，振动间隔 200s。

7.2.4 流化床燃烧

7.2.4.1 流化床燃烧方式与特点

流化床燃烧最主要的特征为燃料在流化状态下进行燃烧，具有良好的气-固和固-固混合、燃料适应性强、燃烧可控性好等特点。燃料颗粒在流化床运动中受到加热，气流与颗粒、颗粒与颗粒以及颗粒与壁面间的相互碰撞，湍流脉动力等作用的影响，既有热量又有质量的传递，同时伴随着各种化学反应的发生[13,14]。流化床中燃料的燃烧过程，加热干燥、挥发分的析出与燃烧、燃料颗粒的磨损与破裂、焦炭的燃烧等过程是相伴进行的，各阶段并没有清晰的界限划分。挥发分的析出燃烧和焦炭的燃烧过程有一定的重叠，而且受到流化床中流体动力特性影响。在燃烧过程中燃料积聚形成颗粒团，颗粒团积聚到一定程度又会发生破碎，同时颗粒之间以及颗粒与壁面之间不断地发生碰撞破裂和磨损等，均会对燃烧过程产生影响。

大量高温床料的存在是流化床的特点，床料通常由石灰石、砂子以及燃料灰等构成。燃料进入流化床后立即被大量的高温床料包围而快速受热分解，固体燃料与惰性床料通过流化空气而呈现上下翻滚的流态化状态，迅速被加热干燥并析出挥发分。挥发分进入上部空间，与上部空间供入的燃烧空气接触而强化燃烧，上部空间二次风的送入流量和强度将会影响混合效果和燃烧的完全程度。燃料挥发分析出后剩余的焦炭仍然在密相区高温环境下燃烧直至燃尽。因为焦炭燃烧反应速率与氧气扩散速率和化学反应速率有关，一般焦炭的燃烧时间要明显长于挥发分燃尽时间，所以固体焦炭在高温床料层内的停留时间要足够长。

流化床锅炉中具有大量的高温床料，床层蓄热量大，加入炉内的燃料只占总体床料很小比例（床料量通常占燃料混合物的 $90\%\sim98\%$），能够为高水分、低热值的生物质提供优越的着火条件。同时，这也使得燃烧过程较为稳定，对于入炉燃料质量、流量、负荷发生变化等外部扰动的耐受性较强，易于操作控制。流化床锅炉可以采用比层燃炉低的过量空气系数，鼓泡流化床为 $1.3\sim1.4$，循环流化床甚至可以达到 $1.1\sim1.2$，这将减少烟气流量和提高燃烧效率，而且流化床系统中较低的燃烧温度也有利于污染物控制。通过炉内脱硫剂和控制燃烧温度等方式，可使排放烟气中的硫氧化物和氮氧化物浓度大幅度降低。流化床锅炉燃烧室内没有运动部件，结构较为简单，运行维护成本较低，而且其三维容积燃烧方式在锅炉容量放大中具有明显优势。流化床锅炉由于其高度的集成化而更适用于大型化应用。

流化床燃烧可以分为循环流化床燃烧和鼓泡流化床燃烧两种方式，主要差异在流化速度的不同。鼓泡流化床燃烧采用了较低的流化速度，床料和燃料处于鼓泡燃烧的状态，燃烧炉内存在较为明显的密相区和稀相区。大部分燃料在密相区床层内进行燃烧反应，而进入上部稀相区空间的固体颗粒比例较小。由于仍然有部分小尺寸的燃料颗粒在上部炉膛内未经燃尽即被带出，因此鼓泡流化床在燃烧宽筛分燃料时会出现燃烧效率下降的问题。鼓泡燃烧的方式也使得床内颗粒的水平方向湍动相对较慢，对入炉燃料的播散不利，影响床内燃料的均匀分布和燃烧效果，这也迫使大功率的鼓泡流化床燃烧系统布置较多的燃料送入点。同时，鼓泡流化床还存在床内埋管受热面磨损速度过快、影响设备使用寿命等问题。

循环流化床与鼓泡流化床相比，结构上最明显的区别在于炉膛上部的出口安装了物料分离器和循环回送装置，如图 7-8 所示，将高温细小固体颗粒从烟气中分离出来并收集送回炉膛，使未燃尽而飞出炉膛的颗粒可以再次循环燃烧，从而大大提高了燃尽率。循环流化床内部采用高流化速度，床内颗粒沸腾态流化燃烧，气固相

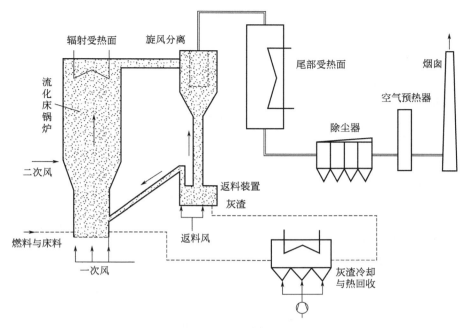

图 7-8 循环流化床锅炉系统

流动、混合剧烈，传热传质效果好，因此可以实现高强度的湍流燃烧，燃烧床内具有非常均一的温度分布和燃烧条件，因此燃烧热强度大，容积热负荷高。由于采用物料循环燃烧，循环流化床可以获得充分的碳燃尽和更高的锅炉燃烧效率，可达 95%～99%。锅炉燃烧负荷调整范围较宽，一般在 30%～110%。

循环流化床锅炉具有良好的燃料适应性，这是由于物料再循环量的大小可改变床内的吸热份额，只要燃料的热值大于把燃料本身和燃烧所需的空气加热到稳定燃烧温度所需的热量，这种燃料就能在循环流化床锅炉内稳定燃烧，而不需要使用辅助燃料助燃，这也是与固定床炉排炉不同的地方。循环流化床锅炉几乎可燃烧各种固体燃料，如各种类型的煤、垃圾及生物质秸秆等，对于低质燃料的利用是循环流化床的一个优势。

循环流化床锅炉也存在一些缺点。相比于鼓泡流化床，循环流化床燃烧对于燃料颗粒尺寸的要求更高，一般情况下生物质鼓泡流化床锅炉要求颗粒尺寸低于 80mm，而循环流化床则要求低于 40mm 以保证高的流化速度和良好的流化状态，这将增加燃料处理的成本。循环流化床锅炉的风烟系统和灰渣系统比较复杂，由于布风板和回料再循环系统的存在，烟风系统阻力较大，风机电耗大。由于循环流化床锅炉内的高颗粒浓度和高风速，使得锅炉受热面部件的磨损比较严重，同时还存在着一定的床料损失，需要定期补充。同时，流化床燃烧对于床料聚团非常敏感，特别是在燃烧秸秆等农业废弃物燃料时，床料与燃料灰渣相互作用，导致快速的床料聚团甚至烧结，导致流化失败和被迫停机。虽然该问题可以通过特殊的添加剂或床料来减轻，但势必增加运行成本和系统复杂性。

7.2.4.2 气固分离和回料装置

气固分离和回料装置是循环流化床正常运转的关键部件，其主要作用是将夹带在气流中的高温固体物料与气流分离，送回燃烧室，保证燃烧室的蓄热能力，使未燃尽燃料、循环物料和添加剂等多次反复循环、燃烧和反应。气固分离和回料装置的性能将直接影响整个循环流化床锅炉的设计、系统布置及运行性能[13-15]。

循环流化床锅炉的气固分离机构必须能够在高温情况下正常工作，并能够满足较高颗粒浓度情况下的气固分离，具有较低的阻力和较高的分离效率。由于气固分离器对于循环流化床的重要性，研究机构及锅炉生产厂家开发出了多种型式的分离器，按分离原理可以分为离心式旋风分离器和惯性分离器，按分离器的运行温度又可分为高温分离器（800~900℃）、中温分离器（400~500℃）和低温分离器（300℃以下），按冷却方式分为绝热分离器（钢板耐火材料）和水（汽）冷却式分离器，按布置位置分为炉膛外布置和炉膛内布置的分离器，即所谓的外循环分离器和内循环分离器等。当前使用较为普遍的是外置高温旋风分离器和内置惯性分离器[16]。

旋风分离器布置在炉膛外部，属外循环分离器，其分离原理如图7-9所示。烟气携带物料以一定的速度沿切线方向进入分离器，在内部做旋转运动，固体颗粒在离心力和重力的作用下被分离下来，落入料仓或立管，经物料回送装置返回炉膛，分离颗粒后的烟气由分离器上部进入尾部烟道。旋风分离器的优点是分离效率高，特别是对细小颗粒的分离效率远高于惯性分离器；其缺点是体积比较大，占地面积大，大容量的锅炉因受分离器直径和占地面积的限制而需要布置多台分离器[16,17]。

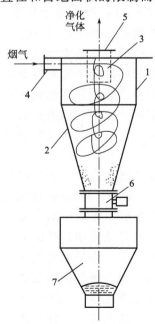

图7-9 旋风分离器结构及气流流型
1—筒体；2—锥体；3—芯管；4—进风管；5—排风管；6—卸灰阀；7—灰室

惯性分离器通常布置在炉膛内部，属于内循环分离器，其一般是利用某种特殊的通道使介质流动的路线突然改变，固体颗粒依靠自身惯性脱离气流轨迹从而实现气固分离。这种特殊通道可以通过布设撞击元件来实现，如U形槽分离器、百叶窗式分离器，也可以专门设计成型，如S形分离器。相比旋风分离器，惯性分离器结构简单，易于布置，但分离效率受到限制。

回料装置的基本任务就是将分离器分离的高温固体颗粒稳定地送回压力较高的燃烧室内，并有效抑制气体反窜进入分离器。循环流化床锅炉的一大特点就是大量的固体颗粒在燃烧室、分离机构和回料装置所组成的固体颗粒循环回路中循环。一般循环流化床锅炉的循环倍率为5~20，即有5~20倍燃料加入量的返料需要经过气固分离和回料装置返回炉膛再燃烧，因此回料装置的工作负荷是非常大的，这也对回料装置的运行提出了很高的要求。

由于循环的固体物料温度高，回料装置中又有空气，在设计时应保证物料在回料装置中流动通畅，不结焦。由于气固分离装置中固体颗粒出口处的压力低于炉膛内固体颗粒入口处压力，所以回料装置在将返料从低压区送至高压区时必须有足够的压力来克服压力差，既能封住气体而又能将固体颗粒送回床层。同时，循环流化床锅炉的负荷调节很大程度上依赖于循环物料量的变化，返料量的大小直接影响到燃烧效率、床温以及锅炉负荷，这就要求回料装置能够稳定的开启或关闭固体颗粒的循环，能够自动平衡物料流量从而适应运行工况变化的要求。

回料装置一般由立管和回料器两部分组成。立管为分离器与回料器之间的连接管道，主要作用是输送物料，与回料器配合连续不断地将物料由低压区向高压区输送，同时产生一定的压头防止回料风或炉膛烟气从分离器下部反窜，在循环系统中起压力平衡的作用。回料器分为机械式和非机械式两类，由于循环流化床锅炉中分离的物料温度较高，加之输送介质是固体颗粒，机械式回料器很少采用。非机械式回料器包括阀型（可控式回料器）和自动调节型两大类，采用气体推动固体颗粒运动，无需任何机械转动部件，所以结构简单、操作灵活、运行可靠，在循环流化床锅炉中获得广泛应用。

7.2.4.3 生物质流化床燃烧设计的特点

燃煤流化床的设计、制造和运行已经具有了丰富的经验，生物质循环流化床燃烧的设计可以参照燃煤流化床，同时必须注意到生物质燃料高挥发分、低密度、低灰熔点以及腐蚀、聚团倾向等特点。

首先，应该控制生物质流化床的燃烧温度，目前一般控制为800~900℃，比燃煤循环流化床低100~200℃。利用循环流化床的低温燃烧特性遏制生物质燃烧中碱金属等引起的结渣、积灰、腐蚀等问题，而且低温燃烧在耐火材料的选择、分离器的安排以及保温设计上也会具有一定的成本优势。同时，低温燃烧模式还可以避免热力型氮氧化物的生成。燃烧温度的控制，可以通过床料循环和炉膛内受热面布置来实现，抑制局部区域的集中燃烧和热量集中释放。但是，低温燃烧导致炉膛出口烟气温度降低，因此需要考虑锅炉过热器布置位置和受热面积的相应增加。

其次，由于生物质燃料密度小且结构松散，在流化床内较高的气流速度下容易被吹起，甚至可能未经燃尽即快速离开炉膛，因此应该注意原料的给料方式和给料位置，以保证燃料在密相区域的停留时间和与炽热床料的接触，保证受热和着火。同时，还应注意生物质给料点处需要有一定的负压，以保证给料顺利和防止回火烧坏给料装置。

再次，应该特别重视二次风在生物质流化床燃烧中的作用。生物质燃料挥发分含量高，同时生物质密度小，极易被吹至炉膛上部燃烧，上部空间的二次风对于燃料燃尽效果显著。采用平层布置二次风容易造成因供氧不足而导致的燃烧不充分，改用分层布置使氧气在不同高度供给，保证燃料的充分燃烧，且分层错位布置也可加强炉膛内的扰动，促进混合和换热效果。良好的二次风布置应能够保证挥发分和悬浮颗粒在炉膛内充分燃烧，尽量避免在气固分离器内发生再燃，这可以有效防止分离器内的结焦现象，在特定条件下还可结合适宜的分离器冷却来避免结焦。

7.2.4.4 流化床锅炉的运行调整

流化床锅炉中存在大量的惰性床料，蓄热量大，因此需要外部热源辅助点火启动，将锅炉带入热态运行状态。当床层物料温度提高并保持在投燃料运行所需水平以上之后，即可投入燃料并逐渐正常稳定运行。对于大型流化床来说，由于床面较大，在启动时直接加热整个床层较为困难，可采用分床启动。床面被设计成由几个相互间可以有物料交换的分床组成，选择某一个分床作为启动点火床，在实际点火中先去点燃此床，其他床层采用床移动技术、翻滚技术和热床传递技术等方式进行加热至投料着火温度[16]。

流化床锅炉的运行调节，必须充分掌握锅炉的流体动力、燃烧、传热的特性及回料系统的特点，掌握其调节规律，才能保证正常运行。循环流化床锅炉的调节，主要是通过对给料量、一次风量、一次和二次风分配、风室静压、沸腾料层温度、物料回送量等的控制和调整。

床温稳定是流化床锅炉安全运行的关键，在实际运行中，温度过高超过燃料的结焦温度将会出现高温结焦，特别是布风板上和回料阀处的结焦将会导致循环流化床的不正常运行，必须停炉进行清除；温度过低则不利于燃料着火和燃烧，造成负荷下降。导致温度变化的原因主要是运行中风量、燃料加入量、燃料质量和循环量变化等。运行中燃烧温度调节一般有三种方式，即前期调节法、冲量调节法和减量调节法。前期调节法是指在炉温、气压稍有变化时，根据负荷变化及时微调燃料加入量；冲量调节法是指在炉温下降时，及时加大燃料加入量提高炉温，待炉温恢复后再恢复原来的燃料加入量；减量调节法是指在炉温上升时，减少燃料加入量而不是停止加料，待炉温不再上升时将加入燃料量恢复到原来的水平。对于循环流化床锅炉，还可通过调节物料循环量来控制炉温，当炉温升高时，可适当增大循环物料进入炉床，可迅速抑制床温的上升。

风室静压是布风板阻力和料层阻力之和，在循环流化床运行中布风板阻力相对较小，风室静压力大致相当于料层的阻力，因此风室静压的变化可以反映料层的状况和锅炉运行状态。当物料流化状态比较好时，风室静压力应摆动幅度较小且频率高，反之如果压力大幅度波动则说明很有可能运行异常。

给料量与负荷相对应，给料量增加，负荷增加，而改变给料量应该与改变风量同时进行，以保证燃烧充分。对于循环流化床锅炉，风量调整包括一次风量调整、二次风量以及回料风的调整和分配。一次风的作用是保证物料处于良好的流化状态，同时为燃烧提供部分氧气，一次风量不能低于运行时所需的最低风量，同时要监视一次风量的变化，防止料层增厚或是变薄所导致的风量自行变化。在密相区要控制一次风量，在保证流化状态的条件下形成低氧燃烧，降低氮氧化物的形成，控制密相区的燃烧份额和温度。二次风在密相区上方切向送入，补充燃烧所需氧气的同时加强气固两相的扰动混合，改变炉内物料的浓度分布。在运行中，当负荷在稳定运行变化范围内下降时，一次风应按比例调整；当将至最低负荷时，一次风量基本保持不变，可以继续降低二次风量。

循环流化床锅炉因炉型、燃料种类、性质的不同，负荷变化范围和负荷调节速度也有所差别。一般循环流化床锅炉负荷可在30%～110%之间调节，当负荷加大时，一般每分钟负荷增长速度为5%～7%，而在降低负荷时的速度为每分钟10%～15%，这些均从燃煤流化床锅炉的运行经验所得[13,16]。

7.3 生物质燃烧发电系统

7.3.1 发电系统原理概述

生物质直燃发电厂以农林废弃物、固体废弃物等生物质作为燃料，燃料燃烧时的化学能被转换为热能，借助汽轮机等热力机械将热能变为机械能，并由汽轮机带动发电机将机械能变为电能。由于生物质电厂相比燃煤电站一般规模要小得多，所以目前生物质直燃发电厂中的原动机主要为汽轮机，有部分电厂采用了燃气轮机，另外朗肯循环蒸汽轮机、斯特林机等也有少量应用[4]。发电厂的布置和热力循环形式与常规化石燃料电站类似，图7-10为生物质直燃发电厂的基本生产流程和布置。

发电厂整个生产过程由三大设备，即锅炉、汽轮机和发电机来实现，系统中其他设备均为附属或者配套设备。在锅炉中将燃料的化学能转变为水蒸气的热能，在汽轮机中将蒸汽的热能转变为汽轮发电机转子的机械能，通过发电机把机械能又转变为电能。生物质燃烧过程产生的热被用于在锅炉中产生高压蒸汽（一般2～20MPa），并进行过热以提高效率，蒸汽轮机则利用过热蒸汽朗肯循环进行机械能生产，其循环过程和工质状态变化见图7-11。

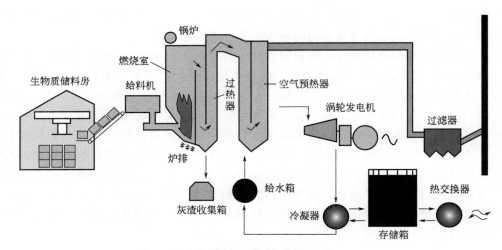

图 7-10 生物质直燃发电厂基本流程

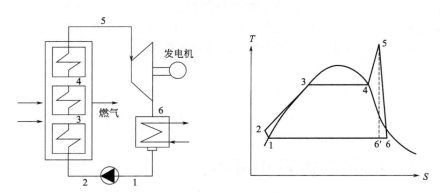

图 7-11 背压蒸汽轮机的朗肯循环

图 7-11 中，1—2 为供水泵中水的绝热压缩，2—3 为预热器将水加热到蒸发温度，3—4 为锅炉中水的蒸发，4—5 为过热器中蒸汽过热，5—6 为蒸汽轮机中蒸汽的多级膨胀（实际过程），5—6′为蒸汽的等熵膨胀（理想过程），6—1 为冷凝器中蒸汽的冷凝[21]。

循环过程中，对于大型蒸汽轮机，可允许膨胀进入两相区（图 7-11 中点 6 所示状态），即允许循环中出现一定浓度的液滴（一般 10％～15％湿度），而小型蒸汽轮机必须运行于干蒸汽状态下（即点 6 必须处于两相区之外），这也限制了小型蒸汽轮机的效率。

蒸汽轮机朗肯循环发电的效率取决于蒸汽轮机进出口工质的焓差，因此需要采用高蒸汽参数以获得高效率，但高压和高温也提高了投资成本和腐蚀风险，特别是对于秸秆等腐蚀性组分含量较高的生物质燃料，过热器的工作温度将受限于高温腐蚀。在这种情况下如要提高发电效率，可采用独立的燃气、燃油或者其他燃料燃烧的再热器来进一步提高蒸汽参数。

对于冷凝式背压发电系统，冷凝器温度应尽可能低以获得高的发电量，但冷凝器工作温度受到环境条件限制。而抽汽供热式发电厂，通过在一个中间压力水平上抽汽进行热力生产，可使工厂更为灵活，在冬天进行较高比例的热力生产而获得较高的整体能源效率，在夏天则减少抽汽而主要用于发电。

生物质燃烧发电厂主要生产系统包括燃烧系统、汽水系统和电气系统。燃烧系统由生物质加工及传输系统、烟风系统、锅炉的燃烧系统、除灰渣、烟气净化等部分组成。生物质直燃发电与常规燃煤发电厂最显著的区别就在于燃料准备输送系统和锅炉系统，而这也是生物质直燃发电厂的技术难点和核心。

7.3.2 生物质燃烧发电燃料系统

7.3.2.1 燃料系统特点

生物质发电项目建设应符合当地农林生物质直接燃烧和气化发电类项目发展规划，充分考虑当地生物质资源分布情况和合理运输半径。生物质的物理特性，如密度、流动性等，对生物质原料的输送和燃烧有较大影响。秸秆等生物质原料一般较为松散，流动性差，在旋转设备中易缠绕、挤塞。原料堆积密度差别较大，如棉花秸秆的堆积密度为 200~350kg/m³，玉米秸秆的堆积密度为 120~200kg/m³，远小于燃煤（烟煤堆积密度 800~900kg/m³），造成生物质燃料存储占地面积大[3,22]。由于生物质的发热值明显低于煤，对于连续运行的发电厂来说，燃料的储备体积要远大于燃煤电厂，因此要求电厂中要有较大面积的场地用于燃料的储存和处理，而对发电厂内原料干燥、粉碎、除杂以及输送等的燃料处理单元的要求随之提高。对于发电厂外围的燃料收集、运输也存在同样问题，运输量大也增大了电厂周边道路的交通压力。

同时，生物质燃料一般具有较强的吸水性，潮湿的生物质燃料容易腐烂变质，造成微生物的滋生和料堆温度的升高，并有自燃的可能性，而干燥的生物质燃料又存在着火风险增加的问题，因此生物质储存场需要注意防雨、防水、防火并配备必要的消防设施。

7.3.2.2 燃料系统模式

生物质资源虽然非常丰富，但资源特点和农业结构、农村组织形式等因素，使得燃料供应体系建设较为复杂，在生物质直燃发电的产业化过程中也进行了多种模式的尝试，目前生物质直燃发电厂燃料系统一般采用如下模式[22-24]。

(1) 电厂外燃料收集系统

将秸秆等农业废弃物原料用于规模化发电，其原料的收集和储运存在着多种模式，而这些模式的优劣评价目前尚存在争议，而这也正是秸秆发电厂长期经济运行亟须解决的问题。具体的方式选择，应根据电厂的装机容量、周边生物质原料种类、资源可获得性以及土地状况等进行评估确定。

1) 大型收集场模式

在电厂附近（几十到几百米范围内）建设一处集中的大型收集场，收购、存放电厂较长时间内可用原料。该模式便于集中管理，可以使用大型机械作业，能降低秸秆原料的保管和短途运输成本，还可保证原料收购质量。但对于装机较大的秸秆发电厂来说，存在着秸秆进场车辆运输压力大、原料保管困难、占地面积大、征地难度大等问题。

2）小型收储站模式

在电厂周围一定半径（一般25～35km）范围内建设多处小型收储站，负责就近收集秸秆、加工打包和储存，并定期向发电厂运送秸秆捆。该模式可以分散秸秆燃料集中收储的风险，每个收储站占地面积小，征地相对容易；收储站到电厂运输已打包成型的燃料，装卸运输可使用专用机械，能够降低运输成本。但该模式会增加中间作业环节、增加二次运输成本，还会增加总体投资。

生物质燃料的收集、预处理技术因生物质的种类、特性而不同。麦秆、玉米秆、稻秆等软质秸秆一般采用打捆处理，即在燃料收集时采用专用设备压制成一定尺寸、质量的打捆，可在田野里直接打捆，也可在收购站打捆，然后车辆运输到电厂，在电厂内采用秸秆捆抓斗起重机进行上料、卸料，经过去绳、切碎、散包后送入锅炉，这也是目前国内大多数秸秆电厂的做法。棉秆、木片、树枝等硬质原料，由于容重比较高，多采用打碎方式进行处理，即将原料通过削片、破碎等方式处理成尺寸较小的片状、颗粒状，进行运输和存放，然后再运输到电厂使用。

（2）电厂内燃料存放

打包或切碎、散装的生物质原料送入电厂后，将存放于电厂内燃料存放场，以备电厂较短周期内使用。燃料存放场的设计可参考制浆造纸行业相关规范，燃料堆的尺寸、堆间距等需符合相关消防要求，同时燃料堆上需要遮雨覆盖物，燃料堆下部地面需做防水处理。燃料存放场的存料量需要能够满足电厂一定时间内的用料需求，具体数值可根据电厂周边燃料供应情况和交通情况而定。根据不同的布置方式，目前多数秸秆电厂设置秸秆存放场2～3个，储存秸秆量为锅炉3～5天的消耗量，一般采用半封闭或全封闭形式，以满足电厂对燃料含水量的要求。在燃料存放场，设置多台起重机和叉车等，用于将秸秆捆从汽车上卸下并堆放到燃料堆，或者从燃料堆上取秸秆捆并放置到输送机用于上料。

燃料运输车首先经过电子汽车衡进行称重，同时进行原料含水量测试。在欧洲的生物质发电厂中，含水量测试由安装在起重机上的红外传感器自动实现，国内目前多采用人工将探测器插入燃料捆中进行测试。质量合格的燃料被运送到特定的燃料场存放或是直接进入输送系统。秸秆发电厂秸秆捆的卸车、上料多是通过抓斗起重机来完成，同时采用先进的管理系统实现统计、管理功能，对入库数量、各库存量、各起重机工作量、存放位置、存放时间等信息进行统计和报表，并具有调度功能。散碎原料进厂后，经汽车衡上称重后进入卸料沟卸料，卸料沟内原料经刮板输送机落至带式输送机，经斗式提升机提升至储料仓内。

（3）电厂内燃料输送及处理

对于秸秆捆，从燃料存放场的燃料堆，利用水平链式或者带式输送机输送，并经中间分配和转运输送装置输送到螺旋破碎机，在向上输送过程中对秸秆捆进行称重解包并将秸秆捆破碎至锅炉要求的原料尺寸，然后进入螺旋给料机，由螺旋给料机经防火门给锅炉供料。

对于散碎的木片、棉秆等燃料，将燃料由布置在卸料沟或原料场底部的仓底行走送料机将燃料取出，经由带式输送机再将燃料送到主厂房内的配料机上，而后均匀分配到炉前料仓，由布置在料仓底部的分料机根据锅炉需要分配到各个炉前螺旋给料机，并最终给入锅炉。

炉前给料系统主要由炉前筒仓、取料机、输料机、配料机、给料机、给料管、插板以及膨胀节等部件组成。给料系统一般设两台炉前筒仓，燃料从料仓底部螺旋取料机取出并输送到输料机。配料机将燃料按照合适的比例进行分配后供给多台给料机，给料机将燃料输送到给料管，燃料在自身重力及播料风作用下沿管路进入锅炉。翻板阀、插板等的主要作用是防止燃烧炉中的飞灰和火星逆回到给料管。

各个电厂具体的输送流程有一些差别，在燃料输送过程中，系统越复杂，设备就越多，系统运行受到的制约就越多。科学的设计燃料输送系统的工艺流程，对降低成本、提高作业效率并确保作业安全具有重要作用。同时，生物质燃料输送过程中，采用了多种输送装置，由于生物质燃料特殊的输送特性，常规的固体物料输送设备可能需要进行一定的改进。另外，生物质原料在很多情况下会混入沙土、石子甚至金属等杂物，利用之前需将这些杂物清除，进行原料的筛选、分级等有时可能也是必要的。

7.3.3 生物质燃烧锅炉

7.3.3.1 锅炉系统构成

锅炉是燃烧发电厂的三大主要设备之一，由锅炉本体、辅助设备及附件构成。锅炉本体由"锅"和"炉"两大部分组成，"锅"是以汽包、下降管、下联箱、上升管（水冷壁）、上联箱、过热器和省煤器组成的汽水系统，主要任务是吸收燃料放出的热量，使水蒸发并最后变成具有一定参数的过热蒸汽供汽轮机使用。"炉"即燃烧系统，由炉膛、烟道、燃烧器、空气预热器等组成，主要任务是使燃料在炉内良好的燃烧，放出热量。生物质锅炉主要辅助设备包括通风、给料、供油、给水、出灰渣、除尘设备及一些锅炉附件。

7.3.3.2 锅炉本体

生物质发电厂采用的生物质直燃锅炉主要有炉排炉和循环流化床炉两种。国内常见的生物质振动炉排燃烧高温高压蒸汽锅炉，为自然循环、单汽包、单炉膛、平衡通风、固态排渣、全钢构架、底部支撑结构型锅炉，如图 7-12 所示[25]。

锅炉采用"M"形布置，炉膛和过热器通道采用全封闭的膜式壁结构以保证锅炉的密封性能。尾部烟道竖井布置两级省煤器，一级高压烟气冷却器和两级低压烟气冷却器。空气预热器布置在烟道以外，采用水作为中间介质的加热方式，避免尾部烟道的低温腐蚀。经过烟气冷却器的烟气和飞灰，由引风机将烟气引入布袋除尘

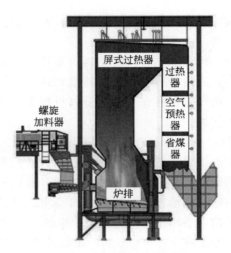

图 7-12 秸秆燃烧振动炉排锅炉

器净化，最后经烟囱排入大气。

锅炉采用水冷振动炉排加炉前气力给料的燃烧方式。燃料经过给料机由播料风吹入炉膛，播料风取自高压空气预热器后的热风。燃料由于强风的作用进入炉膛时被抛至炉排中、高端处，由于高温烟气和一次风的作用逐步预热、干燥、着火、燃烧。随着振动机构的工作，燃料边燃烧边向炉排低端运动，直至燃尽，最后灰渣落入炉前出渣口，并由捞渣机排出炉外。在二、三烟气通道下方设有落灰口，从过热器落入的灰渣坠落后可进入下方的捞渣机。锅炉启动采用轻柴油点火，在炉膛右侧墙装有启动燃烧器。

某生物质发电厂130t锅炉的典型参数见表7-4。

表 7-4 振动炉排锅炉主要设计技术参数

名称	单位	数值
锅炉额定蒸发量	t/h	130
过热蒸汽出口压力	MPa	9.2
过热蒸汽出口温度	℃	540
饱和蒸汽压力	MPa	10.7
给水温度	℃	210
空气预热器出口风温	℃	190
冷空气温度	℃	35
排烟温度	℃	124（燃用棉花秸秆和树枝）
锅炉设计效率	%	92
允许负荷调节范围	%	40～100
灰与渣的比率		8∶2
污染物排放		NO_x 排放（标）低于 450mg/m^3；CO 排放（标）低于 650mg/m^3
锅炉计算燃料量	t/h	22.3（燃用棉秆屑）
生物质燃料		粒度要求：<100mm，100%；<50mm，90%；>5mm，>50%；<3mm，≤5%
炉膛标高	m	21.5

国内自主设计开发的流化床生物质锅炉多采用中等参数，应用最为典型的流化床锅炉为单锅筒、自然循环、平衡通风、固态排渣、全钢构架、高温分离循环流化床锅炉。锅炉系统由炉膛、物料分离收集器和返料器三部分组成。炉膛由膜式水冷壁组成，下部为倒锥形流化燃烧段，炉膛底部为水冷布风板，布风板上布置有风帽，布风板下为一次风室。预热后的一次风经风帽小孔进入密相区使燃料开始燃烧，并将物料吹离布风板形成流化状态。二次风由床层上方的二次风口送入炉膛，运行中可以通过调节一、二次风的比例来控制燃烧。同时，从二次风引出几支风管从前墙作为播料风进入密相区，以便燃料均匀播散到床料中去，同时加强了密相区下部的扰动。炉膛上部截面扩大，烟气携带物料继续燃烧，同时烟气经悬浮段碰撞炉顶防磨层，部分粗物料返回密相区，烟气携带较细物料离开炉膛进入高温旋风分离器。旋风分离器作为高温循环物料的气固分离装置，具有95%以上的分离效率，将烟气中的物料颗粒分离下来并使炉膛上部空间具有较高的物料浓度。返料器将细物料和床料收集起来并在高压返料风作用下返回到密相区中循环燃烧。锅炉燃烧后产生的炉渣，从布风板中心左右两个排渣口放出。锅炉尾部受热面的布置与前述炉排锅炉类似。锅炉启动采用轻柴油床下点火。

表7-5为国内某生物质秸秆电厂采用的中温中压循环流化床锅炉主要技术参数。

表7-5 循环流化床秸秆燃烧锅炉主要技术参数

名称	单位	数值
锅炉额定蒸发量	t/h	75
过热蒸汽出口压力	MPa	3.82
过热蒸汽出口温度	℃	450
给水温度	℃	150
冷空气温度	℃	20
排烟温度	℃	144
锅炉设计效率	%	90
锅炉排污率	%	2
生物质燃料		主要燃料为麦秸、玉米秆等。秸秆破碎后尺寸2～3cm，最大尺寸<10cm
锅炉尺寸		锅筒内径ϕ1500mm，全长约为11m。锅筒中心标高33.5m

7.3.3.3 锅炉汽水系统

自然循环锅炉汽水系统由汽包、下降管、下联箱、上升管（水冷壁）、上联箱、过热器和省煤器组成，其主要任务是实现水的吸热蒸发并过热，生产具有一定压力、温度参数的过热蒸汽。锅炉中汽水系统的工作流程为：锅炉给水经过给水泵升压，通过高压加热器加热，送至省煤器。在省煤器中给水吸收管外烟气热量预热升温，然后进入汽包，由下降管引至水冷壁下联箱。下联箱汇集并分配水至各水冷壁管。在水冷壁管内水通过管壁吸收炉膛高温辐射热，使部分水汽化，汽水混合物沿着水冷壁管上升进入汽包。经过汽包内部汽水分离装置之后，水继续沿循环回路循环，而蒸汽送入过热器进一步加热成具有一定压力和温度的过热蒸汽,过热蒸汽将送入汽轮机中做功。

对于生物质燃烧锅炉的过热器需要特别注意,尤其是采用秸秆等碱金属和氯含量较高的燃料时,由于燃烧烟气具有腐蚀性以及灰分较低的灰熔点,高温增加了重度腐蚀和结渣问题的风险,因此需要限制过热器的温度,特别是蒸汽温度450℃以上的高参数锅炉[25,26]。

7.3.3.4 锅炉参数调整

锅炉运行中,需要根据负荷和燃料情况及时对燃烧进行调节,以保持锅炉在最佳效率下运行,组织合理的燃烧并尽可能降低排烟中污染物含量,同时使蒸汽压力(后简称"汽压")、蒸汽温度(后简称"汽温")及水位稳定在规定的范围内,保证有足够负荷和运行安全可靠。

锅炉燃烧状态主要通过燃料量与风量进行调整。燃料量的调节与锅炉负荷变化直接相关,可通过调节给料机转速来调节入炉燃料量,同时需要对风量进行调整,送入炉内的风量必须与送入的燃料量相适应,而且当锅炉负荷增减时,必须使风量和燃料量的增减密切配合。运行中应根据负荷和燃料变化情况,及时进行燃烧调整并保持一、二次风的合理配比。负荷调整时,应制订合理的操作程序,并随时监测燃烧和换热情况,同时应注意燃料仓内料位、燃料输送情况等。增减负荷应注意风与燃料的调整比例和顺序,操作要缓慢平稳。锅炉在运行中应尽可能地维持炉内最佳过量空气系数,可根据氧量表指示来调节风量。引风量的调节应使炉膛压力保持在正常的范围内,有利于锅炉安全经济运行。

蒸汽压力(汽压)是决定锅炉安全、经济运行的重要指标,需维持在规定的范围内。如汽压过高会影响设备及人身安全,汽压过低则会减少蒸汽在汽轮机中的做功,增加汽耗量,降低发电经济性。锅炉负荷变化、炉内燃烧工况变化等都会影响蒸汽压力。在实际运行中,通常是以改变锅炉蒸发量作为控制和调节汽压的基本手段。当外界负荷增加或燃烧工况变化影响汽压下降时,应及时加强炉内燃烧,即增加燃料量、适当调节配风,使锅炉蒸发量相应增加,以维持汽压在规定范围内波动。当锅炉蒸发量已超出允许值或有其他特殊情况时,可以通过增加或减少汽轮机负荷的方法来调节汽压。

蒸汽温度(汽温)过高会使金属材料的许用应力下降,危及机组安全和设备运行寿命,而蒸汽温度过低则会降低循环热效率,并使汽轮机排汽湿度增大,也会影响机组安全运行。例如10MPa、540℃的蒸汽,汽温每降低10℃,汽轮机出口蒸汽湿度增加0.7%,循环热效率相应降低0.5%。因此,必须维持稳定的蒸汽温度,热力发电厂通常要求蒸汽温度变化不允许超出额定汽温±5℃[21]。

引起过热蒸汽温度变化的因素很多,燃料量、燃料质量、过量空气系数、受热面洁净程度、蒸汽侧给水温度、饱和蒸汽温度、减温水量变化等烟气侧、蒸汽侧因素的扰动都会造成汽温变化。蒸汽温度的调节方式通常有两类,即蒸汽侧调节和烟气侧调节。蒸汽侧汽温的调节,通过改变蒸汽的热焓来调节汽温,多采用喷水减温器向过热蒸汽中喷水,根据蒸汽温度的变化适当调节进入减温器的水量,即可达到调节过热蒸汽温度的目的。烟气侧汽温调节是通过改变受热面吸热量来实现调节汽温的目的，一般有火焰中心位置调节、分流挡板、烟气再循环等方式[21,27]。

保持锅炉汽包正常水位是保证锅炉和汽轮机安全运行的重要条件之一。锅炉运行时汽包水位过高，则汽包蒸汽空间减少，汽水分离效果变差，蒸汽带水增加，蒸汽品质恶化，严重时蒸汽大量带水球会造成汽轮机水冲击，甚至破坏汽轮机叶片；水位过低则会影响锅炉正常水循环，威胁水冷壁安全，汽包缺水时甚至会造成锅炉爆管或汽包损坏。因此，锅炉运行中需要对水位进行监测并适当调整，汽包正常水位标准线通常定在汽包几何中心线以下 50~200mm 处，水位允许波动范围为正常水位±50mm 以内。锅炉运行时，给水量与蒸发量之间的平衡是影响水位变化的根本原因，因此可通过改变给水量实现锅炉水位的调节。

7.3.4 汽轮机发电系统

7.3.4.1 汽轮发电机组构成

生物质发电厂普遍采用汽轮发电机组实现热电转换，汽轮机的基本原理是以具有一定温度和压力的过热蒸汽（工质）为动力，将蒸汽的热能转换为转子旋转的机械能。发电机与汽轮机、励磁机等配套组成同轴运转的汽轮发电机组，最基本的组成部件是定子、转子、励磁系统和冷却系统。在汽轮机中，蒸汽在喷嘴中产生膨胀，压力降低，速度增加，蒸汽的热能转变为蒸汽的动能。高速蒸汽流流经汽轮机叶片，由于汽流方向改变而产生了对叶片的冲动力，推动叶轮旋转做功，将蒸汽的动能转变为轴旋转的机械能，而发电机则将轴旋转的机械能通过转子在定子中旋转并切割磁力线的运动而产生电能。发电机组转速通常采用 3000r/min（频率为 50Hz）或 3600r/min（频率 60Hz）[23,28]。励磁系统主要作用是在发电机正常运转、负荷变化或者发生故障时，按主机负荷情况供给和自动调节励磁电流，以维持一定的端电压和无功功率的输出，自动保护电机，提高系统运行的稳定性，并在发电机并列运行时合理分配无功功率。冷却系统则是将发电机运行时内部产生的各种损耗热能散发出去，以避免发电机过度发热而影响绝缘的使用寿命。

7.3.4.2 汽轮机参数

生物质发电厂汽轮机主要有抽汽式和冷凝式。抽汽式汽轮机主热力系统流程为：从锅炉来的高温高压新蒸汽，经由蒸汽管道和电动隔离阀到达汽轮机主汽门，然后经导汽管流向调节汽阀。蒸汽在调节汽阀控制下流进汽轮机内各喷嘴膨胀做功，其中部分蒸汽中途被抽出机外作工业用抽汽和回热抽汽用，其余部分继续膨胀做功后排入凝汽器，并凝结成水。借助凝结水泵将凝结水送入汽封加热器，再经过低压加热器后进入高压除氧器，然后经给水泵升压后送入高压加热器，最后进入锅炉。汽封加热器、低压加热器和高压加热器均具有旁路系统，必要时可不通过任何一个加热器。冷凝式汽轮机主热力系统流程与抽汽式的不同之处在于不存在中途抽汽，蒸汽在汽轮机内各喷嘴完全膨胀做功后排入凝汽器并凝结成水，然后再经加热、除氧、升压后送入锅炉。

以生物质直燃发电厂所采用的典型汽轮机为例，抽汽式和冷凝式汽轮机组基本参数分别见表7-6、表7-7[3]。

表7-6 抽汽式汽轮机技术参数

名称	单位	规范
型号		C60—8.83/0.981型
型式		高温高压、单缸、可调抽汽、冲动式
额定功率	MW	60
额定主蒸汽流量	t/h	360
主汽门前蒸汽压力	MPa	8.83±0.49
主汽门前蒸汽温度	℃	535^{+5}_{-10}
抽汽压力变化范围	MPa	0.785~1.275
额定抽汽压力	MPa	0.981
额定抽汽量	t/h	160
最大抽汽量	t/h	200
额定抽汽温度	℃	280
额定工况排汽压力	kPa	3.47
纯冷凝工况排汽压力	kPa	7.12
锅炉给水温度	℃	225.4（额定工况）
		210.5（纯凝工况）
冷却水温	℃	20（额定）
		33（最高）
额定工况汽轮机汽耗	kg/(kW·h)	5.54（保证值）
额定工况汽轮机热耗	kJ/(kW·h)	6983.81（保证值）
纯冷凝工况汽轮机汽耗	kg/(kW·h)	3.860（保证值）
纯冷凝工况汽轮机热耗	kJ/(kW·h)	9918.8（保证值）
汽轮机额定转速	r/min	3000
单个转子临界转速	r/min	1593（一阶）
轴承处允许最大振动	mm	≤0.03
过临界转速时轴承允许最大振动	mm	≤0.15
通流级数	级	18（1级调节级＋17级压力级）
汽轮机中心高	mm	800
汽轮机本体总重	t	113
本体最大尺寸	mm	8351×5648×4628

表 7-7 凝汽式汽轮机技术参数

名称	单位	规范
型号		N60—8.83 型
型式		高温高压、单缸、冲动、冷凝式
额定功率	MW	60
额定主蒸汽流量	t/h	220
主汽门前蒸汽压力	MPa	8.83±0.49
主汽门前蒸汽温度	℃	535^{+5}_{-10}
调节级后蒸汽压力	MPa	6.913（额定工况）
调节级后蒸汽压力	MPa	7.269（夏季工况）
额定工况排汽压力	kPa	5.42
纯冷凝工况排汽压力	kPa	11.8
锅炉给水温度	℃	228.5（额定工况）
锅炉给水温度	℃	231（夏季工况）
冷却水温	℃	20（额定）
冷却水温	℃	33（最高）
额定工况汽轮机汽耗	kg/(kW·h)	3.77（保证值）
额定工况汽轮机热耗	kJ/(kW·h)	9394（保证值）
转子最大直径	mm	2681
末级叶片高度	mm	665
转子最大静挠度	mm	0.39
汽轮机额定转速	r/min	3000
汽轮机单个转子临界转速	r/min	1850（一阶）
轴承处允许最大振动	mm	0.03
过临界转速时轴承允许最大振动	mm	0.10
通流级数	级	22（1级调节级＋21级压力级）
汽轮机中心高	mm	800
汽轮机本体总重	t	127
汽轮机本体尺寸	mm	7451×7090×3260

7.3.4.3 汽轮发电机组运行调整

汽轮发电机组运行中，由蒸汽作用在汽轮机转子上的力矩 M_s 和发电机转子上受到负载的反作用力矩 M_r 之间应具有平衡关系。外界负荷是在不断变化的，即 M_r 是不断变化的，所以汽轮机的进汽量也必须进行相应的改变，否则汽轮机的转速将随外界负荷发生大幅度的变化，一方面可能导致发电电压与频率不稳定；另一方面也可能导致转动部件的破坏，危及机组安全。基于以上原因，汽轮机必须设置调速系统，通过调节汽轮机的进汽量，将汽轮机的转速控制在要求的范围内。

汽轮机调速系统大致可以分为直接调节系统和间接调节系统两类：

① 直接调节系统是用调速器直接带动调节汽门，改变汽轮机的进汽量，但调节器本身工作能力有限，因而只能用在小功率的汽轮机上。

② 间接调节系统具有中间放大机构，调速器带动断流式滑阀（错油门），其上油口与从油泵来的压力油管相通，通过压力传递实现油动机活塞上下的压力差，推动活塞移动，关小或开大调节汽门。汽轮机调速系统一般由感应机构（也称调速器）、传动放大机构、执行机构和负反馈机构组成，通过反馈调节实现新的功率平衡和系统稳定[27,29]。

7.3.5 环保系统

生物质发电厂汽水系统、烟风系统以及电气系统等与常规燃煤火力发电厂基本相同，但其环保系统有着独特之处并需要在设计和运行中考虑。发电厂环境保护的任务是将燃料的化学能转变成电能时引起的污染限制在环境能承受的范围内，减少废气、废水、废渣及噪声对环境的污染和危害，现在一般要求防止污染工程和设施必须与主体工程同时设计、施工、投产。

生物质发电厂锅炉燃烧产物中含有大量的飞灰，同时烟气中还会携带有气溶胶、SO_2、NO_x、HCl 等多种有害气体。环保方面对于发电厂锅炉排放中的大气污染物有着严格的规定，尤其是近年来世界各国对粉尘等颗粒物及大气污染物的排放控制标准不断提高。欧洲国家较早开始了生物质发电技术的研究，因此在生物质发电方面的规程、规范比较健全，尤其在发电厂大气污染物限排的项目上，除对粉尘颗粒物及 SO_2 等限排外，还对 HCl、HF 等有害气体制定了限排标准。我国目前还没有专门针对秸秆等燃烧的污染物排放标准，生物质发电厂粉尘等颗粒物及 SO_2 等有害气体排放标准可参照《火电厂大气污染物排放标准》等相关标准[30]。

为减少排烟污染物的危害，首先应从锅炉燃烧和运行方面入手，设法减少烟尘等有害气体的形成，例如燃烧调整、减小过剩空气量、利用烟气再循环降低火焰温度、分段送风、再燃等。其次可采用二级措施，在烟气通道中装设脱硫、脱硝、除尘装置等烟气净化装置。另外，发电厂还需要设有足够高的烟囱，以使排烟及飞灰能随空气的流动散布于较大的地区并相应减小其浓度，减轻对电厂周围地区的危害。

7.3.6 消防系统

农林废弃物直燃发电厂以大量的农作物秸秆、林产加工剩余物等为原料。由于生物质原料能量密度低、结构普遍较为松散，导致发电厂需要储存和处理大量体积的原料，同时还存在着严重的生物和火灾风险。因此，相比于常规燃煤电站，生物质发电厂更要重视安全和消防系统。国家能源局 2015 年发布的《电力设备典型消防规程》(DL 5027—2015)，对生物质发电厂消防设施进行了规范。

生物质发电厂应设置独立或合用的消防给水系统和室内外消火栓。消防水源应有可靠保证，供水水量和水压应满足最大一次消防灭火用水（室外和室内用水量之和）。有条件的生物质电厂宜采用独立消防给水系统，当采用消防生活合用给水系统时，应保证在生活用水达到最大小时用量时能够确保消防用水量。应设置带消防水泵、稳压设施和消防水池的临时（稳）高压给水系统或带高位消防水池的高压给水系统，而且消防水泵应设置备用泵，备用泵流量和扬程不应小于最大一台消防泵的流量和扬程。主厂房（包括汽机房和锅炉房的底层和运转层、除氧间各层）、干料棚、转运站及除铁小室、综合办公楼、食堂、检修材料库等场所应设置室内消火栓。

生物质发电厂从规模上属于小型火力发电厂，消防措施以火灾自动报警、人工灭火为主，重点防火区域的火灾自动报警系统和固定灭火系统应符合表 7-8 的规定。

表 7-8 火灾自动报警系统与固定灭火系统

建（构）筑物和设备		火灾探测器类型	固定灭火介质及系统型式
主厂房	集控室	感烟	—
	电子设备间	感烟	—
	电气配电间	感烟	—
	电缆桥架、竖井	缆式线型感温或分布式光纤	—
	汽轮机轴承	感温或火焰	—
	汽轮机润滑油箱	缆式线型感温或分布式光纤	—
	汽轮机润滑油管道	缆式线型感温或分布式光纤	—
	给水泵油箱	缆式线型感温或分布式光纤	—
	锅炉本体燃烧器	缆式线型感温或分布式光纤	—
	料仓间皮带层	缆式线型感温或分布式光纤	—
	主变压器(90MVA 及以上)	缆式线型感温＋缆式线型感温或缆式线型感温＋火焰探测器组合	水喷雾、泡沫喷雾（严寒地区）或其他介质
燃料建（构）筑物	燃料干料棚（含半露天堆场）	红外感烟或火焰	按现行规范时采用室内消火栓或消防水炮（计算确定）；采用自动喷水灭火装置
	干料棚、除铁小室与栈桥连接处	缆式线型感温或分布式光纤	水幕
	除铁小室（含转运站）	缆式线型感温或分布式光纤	—
	皮带通廊	缆式线型感温或分布式光纤	封闭式设置自动喷水灭火装置
辅助建筑物	柴油机消防泵及油相	感温	—
	空压机室	感温	—
	油泵房	感温	—
	综合办公楼	感烟	设置有风管的集中空气调节系统且建筑面积大于 3000m² 时采用自动喷水灭火装置
	食堂/材料库	感烟或感温	—

7.4 农林废弃物直燃发电工程应用

7.4.1 应用情况概述

生物质直燃发电在世界范围内都取得了广泛的应用。国外以高效直燃发电为代表的生物质发电在技术上已经成熟，目前在丹麦、瑞典、芬兰、荷兰等欧洲国家已有300多座以农林生物质为燃料的发电厂。丹麦在生物质直燃发电方面成绩显著，丹麦BWE公司研究开发了生物质直燃发电技术，被联合国列为重点推广项目。目前，丹麦大型生物质直燃发电项目，年消耗农林剩余物约150万吨，提供丹麦全国5%电力供应，另外还有120多个以农林剩余物为燃料的生物质供热锅炉，提供丹麦全国15%的热力供应。美国、芬兰、德国、荷兰、奥地利等国家生物质直燃发电产业化应用非常普遍，而且热电联产应用所占比例较大[3,18]。

我国生物质发电也有了近30年的历史，2006年之前生物质发电总装机容量约为2000MW，其中蔗渣发电约占1700MW以上，主要是大量的蔗糖厂蔗渣发电，装机容量一般为160~200kW水平。近年来发展了一大批秸秆直燃发电厂，取得了良好的社会效益和环境效益。据国家能源局发布的《2016年度全国生物质发电监测评价报告》统计，截至2016年年底，我国共有30个省（区、市）投产了665个生物质发电项目，全国生物质发电并网装机容量1214万千瓦（不含自备电厂），占全国电力装机容量的0.7%。国家发改委发布的《可再生能源发展"十三五"规划》要求，到2020年我国农林生物质直燃发电装机达到700万千瓦。

生物质直燃发电厂与传统的燃煤发电厂最大的差异在于燃料处理输送系统和锅炉系统。燃烧林业剩余物的生物质锅炉，在欧美已经进行了多年研究，技术较为成熟。农作物秸秆的规模化燃烧方面，丹麦已经进行了多年的成功开发，技术比较有代表性且比较成熟。我国国内也引进了丹麦技术进行秸秆直燃锅炉技术消化吸收，同时还进行了创新技术产品的自主研发，都已经在工程实践中得到应用，取得了良好成效。

规模化农生物质燃烧发电的锅炉形式，应用较多的是水冷振动炉排锅炉和循环流化床锅炉。引进丹麦技术生产的水冷振动炉排锅炉，采用高温高压参数，蒸汽压力为9.2MPa，温度为540℃，出力有130t/h和48t/h两种规格，分别配置25MW和12MW的汽轮发电机组，已经在国能生物质发电公司几十个项目中应用。国内自主研发的生物质水冷振动炉排炉，参数有次高温次高压和中温中压两种，出力有110t/h和75t/h两种规格，分别配置25MW和12MW的汽轮发电机组。循环流化床锅炉，欧美等国家和地区已经有了较多应用，主要采用木质燃料和甘蔗渣等，而采用秸秆的较少，国内自主开发的生物质循环流化床锅炉技术，采用中温中压参数，蒸汽压力为 3.9MPa，温度 450℃，出力 75t/h，配置 12MW 的汽轮发电机组，已在江苏宿迁生物质发电厂等几个项目中应用[3,31,32]。

7.4.2 固定床锅炉发电工程应用

位于英国剑桥郡的 Ely 电站曾经是世界上最大的固定床发电工程，该电站装机容量 38MW，主要燃料为小麦、大麦、燕麦等秸秆，也能够燃烧一些其他的生物燃料和 10% 的天然气，还曾成功地燃烧了速生的芒属能源植物。电站燃料供应由 Anglian Straw 公司专门负责，其建立了满足 76h 运行的秸秆储存场，在电厂周边 69km 范围内收购打捆秸秆原料，每个秸秆捆约为 500kg。燃料最大含水量 25%，每年可消耗秸秆 20 万吨。电站采用振动炉排锅炉，蒸汽参数为 540℃/92bar（1bar＝10^5Pa，下同），蒸汽产量 149t/h，给水温度 205℃，秸秆消耗量 26.3t/h，锅炉效率 92%，针对高蒸汽参数，采用了特殊结构设计和材料，以应对受热面的积灰和腐蚀等问题。电厂发电净效率超过 32%，系统可用性在 93% 以上。烟气净化系统包括半干式脱硫和袋式除尘器。Ely 电站 2000 年交付使用，每年发电量超过 270GW·h，2003 年时该电站生产了超过 10% 的英国可再生电力。

国能单县生物发电工程是国内第一个建成投产的单纯燃烧农林废弃物的发电项目。项目配置 1 台引进丹麦 BWE 技术、国内生产的 130t/h 高温高压水冷振动炉排锅炉，1 台 25MW 单级抽凝式汽轮发电机。燃料主要是破碎后的棉花秸秆、树皮等，也可以利用玉米芯、玉米秸秆和花生壳等，燃料最大含水量 25%，每小时耗秸秆量 22~25t，年耗量计 16 万~18 万吨。燃料供应和处理方面，电厂 30km 半径以内设有 8 个秸秆收购站，每个收购站储存量 0.5 万~2 万吨不等，总储存量可满足电厂 100d 的燃料需求。在收购站燃料破碎，然后通过卡车运送到电厂的储存区。设计电厂内燃料储存量为 7d，锅炉的缓冲料仓容量约为 1h 运行的消耗量。燃料通过计量式螺旋输送机从料仓运送到给料机，然后以要求的流速被送入锅炉。项目建设了国内最早实际运行的、日吞吐量约 600t 秸秆等农林废弃物的收储运系统，系统的整体设计和运营经验对于国内生物质资源规模化开发利用及生物质发电产业都具有十分重要的借鉴意义。

锅炉的设计适应高温高压的工作条件，通过专门的锅炉结构设计并采用适宜的合金材质，以应对生物质燃料燃烧时燃烧积灰、沾污以及高温腐蚀方面问题。锅炉燃烧过程，将燃料吹入炉膛并悬浮在空气中着火燃烧，燃料主燃烧过程发生于水冷振动炉排上，通过振动运动对燃烧阶段进行调整。一次风从炉排下部送入炉膛，二次风和燃料风通过炉排上部分布的喷嘴送入炉膛。燃料灰渣被输送到炉排下面的渣池，通过湿式捞渣机系统排出。烟气经对流换热面冷却、在袋式除尘器中净化后经烟囱排放。2006 年 12 月项目正式并网发电，年度可运行时间达 7800h，锅炉运行蒸汽参数 540℃/92bar，锅炉效率达 91%，电厂净效率超过 33%。

7.4.3　流化床锅炉发电工程应用

位于英国苏格兰的 Steven's Croft 电站，装机容量 50MW，向苏格兰 7 万家庭供电，每年可减排温室气体 14 万吨。该项目所有者为 E.On 公司，投资 9000 万英镑，于 2007 年 12 月投入运行。电厂主要燃料为周边 60km 范围内收集的锯木厂副产物和边角料等林业剩余物，另外还利用一种专门用于能源生产而种植的柳树，每年消耗燃料超过 48 万吨。电站内有超过 14d 消耗量的储存，建立了切片燃料的接收和处理设施。锅炉采用供应商 Aker Kvaerner 生产的 HYBEX® 鼓泡流化床锅炉，热容量为 126MW，锅炉蒸汽参数为 537℃/137bar，蒸汽流量 48kg/s。锅炉内关键的高温部件采用了特殊的抗腐蚀材料以应对高蒸汽参数所导致的腐蚀等问题，同时需要严格控制进入锅炉的燃料质量。在鼓泡流化床中，燃烧发生于流化床下部的密相区，床层由砂子、燃料和灰组成，较小的颗粒燃烧在流化床上部快速燃烧，而较大的颗粒则在床层内受热干燥后分解气化，挥发分在床层内部和床层上部燃烧，而焦炭则主要在鼓泡流化床内燃烧燃尽。电厂发电净效率 31.3%，实现了多种生物质原料的流化床燃烧和高效率发电，并对当地经济产生了带动作用。

芬兰 Alholmens Kraft 电站是目前世界上最大的生物质电站之一，装机容量 265MW_e。作为欧盟 THERMIE 计划的支持项目，采用了多种燃料电站概念，在商业化运行规模上示范多种固体燃料燃烧和低排放联产的创新技术。电站采用了最大容量的循环流化床锅炉，由 Kvaerner Pulping 公司设计制造，锅炉容量 550MW_{th}，蒸汽参数 545℃/165bar，蒸汽流量 194kg/s，锅炉效率 92%，主要针对生物质燃料设计，可燃烧单一燃料，也可燃烧几种设计燃料的混合燃料，典型的燃料种类构成为：来源于纸浆造纸工厂的木质燃料 30%～35%，来源于附近锯木厂和林产加工业的锯木和林产剩余物 5%～15%，来源于电厂附近的泥煤 55%，还有用于锅炉启动或辅助燃料的燃煤或者燃料油 10%。该项目 2001 年开始投入商业运行，总体投资费用约为 1.7 亿欧元，实现了热电联产，发电的同时为周边制浆造纸产业区和林产加工区提供蒸汽和区域供热。

中节能宿迁生物质直燃发电项目是国内第一个采用自主研发系统的生物质直燃发电示范项目，项目总投资 2.48 亿元，建设规模为 2 台 75t/h 中温中压秸秆燃烧循环流化床生物质锅炉，配置 1 台 12MW 抽凝式供热机组和 1 台 12MW 凝汽式汽轮发电机组及相应辅助设施。项目所采用的循环流化床生物质燃烧技术由企业联合浙江大学等机构研发，设计燃料为稻、麦秸秆，可兼烧其他种类生物质。锅炉额定蒸发量 75t/h，过热蒸汽参数 450℃/3.82MPa，给水温度 150℃，燃料低位发热量 14351.35kJ/kg，燃料设计含水量 15%，锅炉设计效率 90.2%，秸秆消耗量 15.66t/h。锅炉设计在保证燃烧效率的前提下，利用流态化的低温燃烧特性避免碱金属问题造成的危害。通过运行，流态化燃烧的低温特性在很大程度上缓解了碱金属问题，炉内床料流化良好，炉内温度分布正常，未出现明显的床料聚团迹象。在连续运行了 3～4 个月之后，炉膛受热面、高温区辐射受热面、对流受热面上的结渣和沉积情况较为轻微，锅炉运行可靠性和可用率指标都满足要求。

秸秆收储运采用分散收集、集中打捆存储的运行模式。秸秆由农户等分散进行收集、晾晒、储存、保管，达到质量要求后向秸秆收储公司交售。根据维持电厂正常发电所需秸秆原料供应量及安全仓储量需求，设立若干个有仓储设施的秸秆收储公司，秸秆收购点与电厂的平均距离为80km，其中最远达150km。按电厂需求平衡秸秆收储量，并有计划地运送符合要求的打捆秸秆至电厂内秸秆库。秸秆经陆路汽车运输，直接运入发电厂秸秆库内，秸秆库的存量可满足7d的耗量。电厂仓库内设有桥式吊机及链板输送机卸车、上料，把成捆秸秆送入秸秆破碎室切碎到长度小于50mm，用带式输送机把切碎秸秆送入炉前料仓。

该项目于2007年4月并网发电，2007年10月正式投入商业运营，2008年共实现发电量13660万千瓦时，上网电量11991万千瓦时，年利用秸秆等生物质燃料20多万吨。同时，该项目在项目选址、建设、秸秆生物质资源收集、运输、储存以及处理、电站运行管理等方面也为国内生物质直燃发电项目建设提供了宝贵的经验。

广东粤电湛江生物质发电项目是目前世界上单机容量及总装机容量均较大的生物质直燃发电厂，两台机组总装机容量为 $2\times50MW$，主要以当地的桉树皮、桉树枝、木屑、谷壳等生物质废弃物为原料，采用流化床燃烧技术。该项目2011年8月投入运营，2016年年度发电量突破6亿千瓦时，每年利用生物质原料近100万吨。

7.5 农林生物质直燃发电面临的主要问题

7.5.1 生物质燃烧中的碱金属腐蚀及结渣

由于生物质自身的燃料特性，特别是碱金属和氯的存在，使得生物质直燃锅炉的积灰、结渣和腐蚀问题较为突出，这将显著影响生物质燃烧工艺及设备设计、受热面布置以及吹灰系统的选择和布置等。钾、钠、氯、硫、钙、硅及磷等是生物质热化学转化中导致结渣、积灰的主要元素。在燃烧过程中，钾、钠等碱金属物质、氯和硫大部分都要从生物质中挥发出来，并在不同的温度下相互反应。过高的燃烧温度将会强化碱金属盐进入气相的过程，从而使后续受热面上出现沉积、高温腐蚀的概率增加[33,34]。

7.5.1.1 碱金属引起的积灰和结渣

燃烧过程中的积灰是由生物质中易挥发物质（主要是碱金属盐）在高温条件下挥发进入气相后，与烟气、飞灰一起流过烟道和受热面（主要是过热器和再热器）

等设备时，通过一系列的气-固相之间的复杂的物理和化学过程以不同的形态在对流受热面上发生凝结、黏附或者沉降而形成。结渣主要是由烟气中夹带的熔化或半熔化的灰粒（碱金属硅酸盐）接触到受热面凝结下来，并在受热面上不断生长、积聚而成，其表面往往堆积较坚硬的灰渣烧结层，且多发生在炉内辐射受热面上。结渣和积灰的形成机理和分布区域很难截然分清，有时还相互影响，如水冷壁积灰产生的灰沉积增至一定厚度，外部温度的局部升高将导致积灰表面出现结渣。同时，水冷壁结渣会导致炉膛出口烟气温度增高，从而加剧过热器和再热器积灰的程度。积灰、结渣是个复杂的物理化学过程，除了与燃料本身的特性有关外，还与锅炉设计和运行条件有关[34,35]。

生物质燃烧过程中的积灰和结渣形成途径主要包括沉积物输送到换热面的过程及其在换热面上的黏附过程，影响因素可分为与固体颗粒有关的因素（热迁移和惯性撞击）和与气体有关的因素（凝结和化学反应）[34,36]。灰粒在管壁上沉积的过程，首先由挥发性灰组分在受热面壁面上冷凝和微小颗粒的热迁移沉积共同作用而形成初始沉积层，初始沉积层中碱金属类和碱土金属类盐含量较高，并与管壁金属反应生成低熔点化合物，强化了微小颗粒与壁面的粘接。较大灰粒在惯性力作用下撞击到管壁的初始沉积层上并被捕获，使渣层厚度增加，该沉积层主要由飞灰颗粒和大量的冷凝盐构成，飞灰颗粒中主要含有 K 和 K-Ca 硅酸盐。初始沉积层的厚度较薄，并不会对锅炉安全运行构成威胁，而惯性沉积则是造成积灰结渣迅速增加的主要因素[34]。沉积物的不断积累，导热性能不断减弱，造成沉积表面温度不断升高。初期的颗粒沉积是多空隙而疏松的，然而随着温度的增高和滞留时间的延长，在沉积中发生了烧结和颗粒间结合力增强现象。当沉积外层温度增高到一定程度时，外层沉积将发生熔融并和小颗粒相互作用形成液态，这种液态的形成将进一步强化对惯性力输送的灰颗粒的捕获作用，从而使沉积层厚度迅速增加。

燃烧过程中，钾元素化合物一般熔点较低，易于在换热管表面或飞灰颗粒上发生凝结。当凝结在飞灰颗粒上时，会使飞灰颗粒更具有黏性和低熔点。同时，钾还会通过与飞灰颗粒内的化合物发生进一步反应而向着颗粒内部扩散。同时，氯元素在积灰结渣中也起着重要的传输作用，有助于碱金属元素从燃料颗粒内部迁移到颗粒表面与其他物质发生化学反应，而且氯元素能与灰分中的碱金属硅酸盐反应生成气态的碱金属氯化物，从而有助于碱金属元素的气化[36]。

7.5.1.2 碱金属引起的腐蚀

锅炉燃烧中发生的腐蚀主要包括低温腐蚀和高温腐蚀。低温腐蚀一般是锅炉受热面在较低温度条件下发生的、由酸性含硫或含氯气体所引起的腐蚀，其过程主要取决于温度，一般可以通过采取专门的部件设计而加以避免。高温腐蚀相对更为复杂，主要发生于蒸汽锅炉的高温换热面上，特别是蒸发器受热面和过热器管。工程经验表明，由于碱金属物质在受热面上的沉积，在金属壁温较高的情况下，会出现受热面金属的快速腐蚀，严重影响生物质锅炉的安全运行。

据研究，生物质灰分引起的腐蚀问题主要来源于氯和碱金属之间相互作用[34,36,37]。通常情况下，在氧化环境中金属表面可形成一层致密的氧化保护膜来阻止内部的金属被腐蚀和氧化，而生物质燃烧中释放的 HCl 和 Cl_2 可穿透该保护膜并与内部金属直接发生反应形成金属氯化物，其反应式如下：

$$M(s) + Cl_2(g) \longrightarrow MCl_2(s)$$
$$M(s) + 2HCl(g) \longrightarrow MCl_2(g) + H_2(g)$$
$$MCl_2(s) \longrightarrow MCl_2(g)$$

式中　M——Fe、Cr、Ni 等金属元素。

金属氯化物蒸发变为气态并扩散到剥落层表面，在剥落层表面金属氯化物和气体中的氧相遇并发生反应，重新生成金属氧化物和 Cl_2，该过程循环进行，这样就在氯几乎没有消耗的状态下，不断地将金属由金属受热面表面传输到氧气分压高的剥落层表面。反应式总体可表示为：$4M(s) + 3O_2 \longrightarrow 2M_2O_3(s)$。

生物质锅炉换热面上碱金属氯化物的腐蚀可以通过硫酸盐化或者与金属氧化物直接反应的方式进行[35]。硫酸盐化反应中，沉积的碱金属氯化物可与烟气中的 SO_2 或 SO_3 反应生成硫酸盐并释放出 Cl_2，当有水蒸气存在时则释放 HCl。其反应方程式如下：

$$2KCl(s) + SO_2(g) + O_2(g) \longrightarrow K_2SO_4(s) + Cl_2(g)$$
$$2KCl(s) + SO_2(g) + 1/2O_2(g) + H_2O(g) \longrightarrow K_2SO_4(s) + 2HCl(g)$$

释放出的 HCl 可向金属表面扩散并与金属反应生成金属氯化物，或被氧化成 Cl_2。HCl 或 Cl_2 被释放出来重新向金属表面扩散，形成持续的腐蚀。

碱金属氯化物也可能与金属氧化膜直接发生反应，生成 Cl_2 扩散到金属表面，并发生由气态 Cl_2 引起的腐蚀[34]。

$$2KCl(s,l) + 1/2Cr_2O_3(s) + 5/4O_2 \longrightarrow K_2CrO_4(s,l) + Cl_2(g)$$
$$2KCl(s,l) + Fe_2O_3(s) + 1/2O_2 \longrightarrow K_2Fe_2O_4(s,l) + Cl_2(g)$$

因此，氯在碱金属引起的腐蚀过程中扮演着重要角色，促进了碱金属的流动性，不断地将金属由管道表面内层向外层输送，从而加速腐蚀进程。炉内温度、烟气含氯量和飞灰沉积量是影响腐蚀的重要因素，炉内温度的升高、沉积量的增加都将明显增加锅炉钢材的氧化速度。

7.5.1.3　积灰和高温腐蚀问题的可能解决途径

积灰和高温腐蚀问题可通过添加剂或与燃煤等混烧来解决，高温腐蚀还可通过采用新的合金材料、陶瓷复合涂层或减少过热器表面温度来解决[37-40]。

通过添加剂的使用，固定碱金属、氯化物等成分，并降低灰分中钠、钾化合物等低熔点熔融相在混合物中的比例，可提高生物质燃烧形成的灰熔点，防止气态 KCl 的释放或者与 KCl 反应形成无腐蚀性的组分，从而减弱灰分相关问题发生的风险。研究发现，Al_2O_3、CaO、MgO、白云石和高岭土等材料在一定范围内能够提高灰熔点，例如 Wilen 等发现燕麦秸秆中添加 3%（质量分数）高岭土将灰分的变形温度从770℃提高到1200～1280℃，高岭土可以通过化学作用和物理吸附降低烟气中的氯化钾和氢氧化钾[44]。同时，白云石、CaO等添加剂还可以起到增强锅炉燃烧效率并减少一氧化碳、烃类化合物、颗粒物、NO_x和SO_2排放等作用[38]。煤灰也可以作为一种添加剂，在秸秆与燃煤的混烧中发现，煤灰对于秸秆中的钾具有明显捕捉作用。当锅炉中燃煤与秸秆混烧时，灰分含量更高的化石燃料燃烧可以减少灰分中钾或钠的浓度，例如将大约20%的含灰40%的燃煤与咖啡壳混合能够将燃料灰分中钾浓度从43.8%降低到13.5%，这样混合燃烧中灰分沉积和腐蚀问题的严重性将大为降低[37]。

采用能抗氯腐蚀的新型合金或陶瓷层，是现代大容量生物质直燃锅炉可以采用的方式。针对秸秆燃烧锅炉高温腐蚀的风险，国外曾进行了大量的研发项目，测试了多种不同材料的抗腐蚀性能和寿命。例如丹麦超过10年以上的测试和经验表明TP347和过热器的特殊设计可以实现较低的腐蚀速度，新近开发的一种陶瓷复合涂层在防止腐蚀方面非常有效，并已在多个锅炉项目中进行了应用[18,40,41]。

此外，可采取措施保持表面温度处于较低水平。新型的生物质锅炉大多采用高蒸汽参数以获得高的电厂效率，而蒸汽温度提高也提高了高温腐蚀的风险。因此，农业废弃物燃烧锅炉通常应保持主燃烧温度低于900℃左右的水平，以减少结渣和熔融团聚物的形成，可以通过水冷壁或烟气再循环等方式来实现。同时，锅炉内部构件的设计也应进行专门考虑，尽量避免热烟气中含有的低熔点颗粒物同高温表面的接触，例如通过过热器合理布置以减少颗粒累积的可能性等。

另外，采取措施将碱金属脱除也是一个办法。生物质中大多数碱金属元素都是水溶性的，收割后的秸秆如果仍然露天放置较长时间，利用雨水将其冲洗，或者对秸秆进行水洗或酸洗预处理，可除去秸秆中大部分的钾和氯，结渣问题会大大减轻，但这种方式存在着很多操作上的难题，并有可能增加成本[42,43]。

7.5.2 床料聚团及烧结

颗粒聚团是流化床利用高碱金属含量的生物质原料时普遍存在的一个问题。床料聚团问题的起因主要有2个：

① 生物质中的碱金属从有机化合形态转化形成无机盐和非晶体，生成的低熔点碱金属物质与床料反应生成熔点更低的共晶化合物而引起颗粒聚团；

② 由于燃烧过程中产生的灰分熔融而导致床料颗粒间相互粘连而导致的聚团。

流化床内聚团的发生，可以从床内温度梯度的出现和床内压力的大幅波动而发现。颗粒聚团的发生将恶化床内流化质量，往往引起床内温度不均，出现局部高温，增加床内处于熔化状态的碱金属化合物出现的机会。随着燃料给料的积蓄，聚团的程度增长并可能最终导致烧结和整个床层流化失败。

石英砂是最常采用的床料，其主要成分是SiO_2，熔点大约1450℃，生物质灰分的熔点一般也都高于1000℃，而实际运行表明，生物质流化床燃烧时在700～800℃

就会发生聚团、结渣。研究认为，颗粒聚团是因为生物质灰中富含钾和钠元素的化合物与砂中的 SiO_2 反应生成低熔点的共晶体，熔化的晶体沿砂的缝隙流动，将砂粒粘连而形成结块，破坏流化状态。反应方程式如下：

$$2SiO_2 + Na_2O \longrightarrow Na_2O \cdot 2SiO_2$$

$$4SiO_2 + K_2O \longrightarrow K_2O \cdot 4SiO_2$$

这两个反应可以形成874℃、764℃熔点的混合物，低于流化床通常运行温度，正是这些熔融态的物质充当颗粒之间的黏合剂而引起了聚团[34,45]。

床层温度、送风量以及床层材料等均会对聚团产生影响。对于解决流化床燃烧中的床料聚团问题，可以采用添加剂以提高燃烧灰的熔点，还可以采用更换床料的方式。目前已经测试了长石、白云石、菱镁矿以及氧化铁和氧化铝等多种材料作为石英砂的替代床料，以提高床料的烧结温度，在工程应用中主要还是需要考虑材料的廉价易得[46]。

7.5.3 燃烧污染物排放及处理

生物质燃烧中污染物的形成主要有3个来源：a.不完全燃烧导致CO、有机冷凝物（焦油）、PAH、NH_3、未燃尽碳等未燃烧污染物的排放；b.特定的燃料组分如N、K、Cl、Na、P、S等燃烧形成 SO_x、NO_x 和颗粒物等污染物；c.生物质燃料中含有的重金属或氯等可能导致重金属、HCl、高毒性的二噁英 PCDDs/PCDFs 等的产生[47,48]。

7.5.3.1 生物质发电燃烧污染物排放控制标准

由于生物质发电产业目前仍处于发展期，尚未形成较为完善的相关产业标准和规范体系。就污染物的排放而言，尚未针对生物质发电厂制定专门的排放标准。由于生物质原料与燃煤在资源属性、燃烧特性以及收储运等方面的巨大差异，生物质燃烧过程的污染物释放与燃煤的差异还是非常大的，因此针对生物质发电厂应该采取有区别的排放控制标准，特别是考虑到生物质发电在减少温室气体排放方面的贡献。目前，国际上针对生物质发电排放控制方面，丹麦、瑞典、奥地利等多在某些具体指标方面进行限制，如 NO_x 排放、颗粒物排放、灰渣利用等，尚未有成系统的排放标准。我国目前也存在类似情况，主要是参考火力发电厂的相关污染物排放控制标准。国家环境保护部门曾就生物质发电项目废气排放执行标准的问题进行过调查并给出了指导意见，要求单台出力65t/h以上的生物质发电锅炉按其燃料种类和燃烧方式执行《火电厂大气污染物排放标准》（GB 13223）中对应的排放限值。若采用直接燃烧方式的，执行燃煤锅炉的排放限值；若采用气化发电方式的，执行其他气体燃料锅炉或燃气轮机组的排放限值。单台出力65t/h及以下的生物质发电锅炉的排放管理适用《锅炉大气污染物排放标准》（GB 13271），并且地方省级政府可根据法律规定制定严于《锅炉大气污染物排放标准》的地方锅炉大气污染物排放标准。

《锅炉大气污染物排放标准》(GB 13271—2014)为当前执行的锅炉污染物排放控制标准，该标准规定了锅炉烟气中烟尘、二氧化硫和氮氧化物的最高允许排放浓度和烟气黑度的排放限值。适用于以燃煤、燃油和燃气为燃料的单台出力 65t/h 及以下蒸汽锅炉、各种容量的热水锅炉及有机热载体锅炉；各种容量的层燃炉、抛煤机炉。使用型煤、水煤浆、煤矸石、石油焦、油页岩、生物质成型燃料等的锅炉，参照本标准中燃煤锅炉排放控制要求执行。

标准要求新建锅炉自 2014 年 7 月 1 日起，10t/h 以上在用蒸汽锅炉和 7MW 以上在用热水锅炉自 2015 年 10 月 1 日起，10t/h 及以下在用蒸汽锅炉和 7MW 及以下在用热水锅炉自 2016 年 7 月 1 日起执行该标准。不同时段建设的锅炉，若采用混合方式排放烟气，且选择的监控位置只能监测混合烟气中大气污染物浓度，应执行各个时段限值中最严格的排放限值。

10t/h 以上在用蒸汽锅炉和 7MW 以上在用热水锅炉 2015 年 10 月 1 日起执行表 7-9 中规定的排放限值，10t/h 及以下在用蒸汽锅炉和 7MW 及以下在用热水锅炉 2016 年 7 月 1 日起执行表 7-9 中规定的排放限制。

表 7-9 在用锅炉大气污染物排放浓度限值 单位：mg/m³

污染物项目	限值			污染物排放监控位置
	燃煤锅炉	燃油锅炉	燃气锅炉	
颗粒物	80	60	30	烟囱或烟道
二氧化硫	400 550①	300	100	
氮氧化物	400	400	400	
汞及其化合物	0.05	—	—	
烟气黑度(林格曼黑度)/级	≤1			烟囱排放口

① 位于广西壮族自治区、重庆市、四川省和贵州省的燃煤锅炉执行该限值。

自 2014 年 7 月 1 日起，新建锅炉执行表 7-10 规定的大气污染物排放限值。

表 7-10 新建锅炉大气污染物排放浓度限值 单位：mg/m³

污染物项目	限值			污染物排放监控位置
	燃煤锅炉	燃油锅炉	燃气锅炉	
颗粒物	50	30	20	烟囱或烟道
二氧化硫	300	200	50	
氮氧化物	300	250	200	
汞及其化合物	0.05	—	—	
烟气黑度(林格曼黑度)/级	≤1			烟囱排放口

根据环境保护工作的要求，在国土开发密度较高，环境承载能力开始减弱，或大气环境容量较小、生态环境脆弱，容易发生严重大气污染问题而需要严格控制大气污染物排放的重点地区，进一步降低大气污染源的排放强度、更加严格地控制排污行为，而实施更高控制水平的大气污染物排放限值。执行大气污染物特别排放限值的地域范围、时间，由国务院环境保护主管部门或省级人民政府规定。重点地区锅炉执行表 7-11 规定的大气污染物特别排放限值。

表 7-11 大气污染物特别排放限值　　　　　　　　　　　　　　　　单位：mg/m³

污染物项目	限值			污染物排放监控位置
	燃煤锅炉	燃油锅炉	燃气锅炉	
颗粒物	30	30	20	烟囱或烟道
二氧化硫	200	100	50	
氮氧化物	200	200	150	
汞及其化合物	0.05	—	—	
烟气黑度(林格曼黑度)/级	≤1			烟囱排放口

每个新建燃煤锅炉房只能设一根烟囱，烟囱高度应根据锅炉房装机总容量按表 7-12 规定执行，燃油、燃气锅炉烟囱不低于 8m，锅炉烟囱的具体高度按批复的环境影响评价文件确定。新建锅炉房的烟囱周围半径 200m 距离内有建筑物时，其烟囱应高出最高建筑物 3m 以上。

表 7-12 燃煤锅炉房烟囱最低允许高度

锅炉房装机总容量	MW	<0.7	0.7~<1.4	1.4~<2.8	2.8~<7	7~<14	≥14
	t/h	<1	1~<2	2~<4	4~<10	10~<20	≥20
烟囱最低允许高度	m	20	25	30	35	40	45

标准要求锅炉使用企业应按照有关法律和《环境监测管理办法》等规定，建立企业监测制度，制订监测方案，对污染物排放状况及其对周围环境质量的影响开展监测，并公布监测结果。同时，标准还对各种污染物的采样和监测方法、测定所采用的方法标准等进行了规定。

国家标准《火电厂大气污染物排放标准》（GB 13223—2011），规定了燃烧固体、液体、气体燃料的火电厂大气污染物排放浓度限值、监测和监控要求，对于污染物的采样和监测要求、污染物排放浓度的测定方法、计算方法等也进行了规范，适用于现有火电厂的大气污染物排放管理以及火电厂建设项目的环境影响评价、环境保护工程设计、竣工环境保护验收及其投产后的大气污染物排放管理。

标准适用于使用单台出力 65t/h 以上除层燃炉、抛煤机炉外的燃煤发电锅炉；各种容量的煤粉发电锅炉；单台出力 65t/h 以上燃油、燃气发电锅炉；各种容量的燃气轮机组的火电厂；单台出力 65t/h 以上采用煤矸石、生物质、油页岩、石油焦等燃料的发电锅炉。整体煤气化联合循环发电的燃气轮机组执行本标准中燃用天然气的燃气轮机组排放限值，但标准不适用于各种容量的以生活垃圾、危险废物为燃料的火电厂。

自 2014 年 7 月 1 日起，现有火力发电锅炉及燃气轮机组执行表 7-13 规定的烟尘、二氧化硫、氮氧化物和烟气黑度排放限值。自 2012 年 1 月 1 日起，新建火力发电锅炉及燃气轮机组执行表 7-13 规定的烟尘、二氧化硫、氮氧化物和烟气黑度排放限值。自 2015 年 1 月 1 日起，燃煤锅炉执行表 7-13 规定的汞及其化合物污染物排放限值。

表 7-13 火力发电锅炉及燃气轮机组大气污染物排放浓度限值　　　单位：mg/m³（烟气黑度除外）

序号	燃料和热能转化设施类型	污染物项目	适用条件	限值	污染物排放监控位置
1	燃煤锅炉	烟尘	全部	30	烟囱或烟道
		二氧化硫	新建锅炉	100 200①	
			现有锅炉	200 400①	
		氮氧化物（以 NO₂ 计）	全部	100 200②	
		汞及其化合物	全部	0.03	
2	以油为燃料的锅炉或燃气轮机组	烟尘	全部	30	烟囱或烟道
		二氧化硫	新建锅炉及燃气轮机组	100	
			现有锅炉及燃气轮机组	200	
		氮氧化物（以 NO₂ 计）	新建燃油锅炉	100	
			现有燃油锅炉	200	
			燃气轮机组	120	
3	以气体为燃料的锅炉或燃气轮机组	烟尘	天然气锅炉及燃气轮机组	5	
			其他气体燃料锅炉及燃气轮机组	10	
		二氧化硫	天然气锅炉及燃气轮机组	35	
			其他气体燃料锅炉及燃气轮机组	100	
		氮氧化物（以 NO₂ 计）	天然气锅炉	100	
			其他气体燃料锅炉	200	
			天然气燃气轮机组	50	
			其他气体燃料燃气轮机组	120	
4	燃煤锅炉，以油、气体为燃料的锅炉或燃气轮机组	烟气黑度（林格曼黑度）/级	全部	1	烟囱排放口

① 位于广西壮族自治区、重庆市、四川省和贵州省的火力发电锅炉执行该限值。
② 采用 W 形火焰炉膛的火力发电锅炉，现有循环流化床火力发电锅炉，以及 2003 年 12 月 31 日前建成投产或通过建设项目环境影响报告书审批的火力发电锅炉执行该限值。

在国土开发密度较高、环境承载能力开始减弱、大气环境容量较小、生态环境脆弱、容易发生严重大气环境污染问题而需要严格控制大气污染物排放的重点地区，需要进一步降低大气污染源的排放强度、更加严格地控制排污行为，制定并实施大气污染物特别排放限值，该限值的排放控制水平达到国际先进或领先程度。重点地区的火力发电锅炉及燃气轮机组执行表 7-14 规定的大气污染物特别排放限值，具体地域范围、实施时间，由国务院环境保护行政主管部门规定。

表 7-14 大气污染物特别排放限值　　　　　　　　　　　单位：mg/m^3（烟气黑度除外）

序号	燃料和热能转化设施类型	污染物项目	适用条件	限值	污染物排放监控位置
1	燃煤锅炉	烟尘	全部	20	烟囱或烟道
		二氧化硫	全部	50	
		氮氧化物（以 NO_2 计）	全部	100	
		汞及其化合物	全部	0.03	
2	以油为燃料的锅炉或燃气轮机组	烟尘	全部	20	
		二氧化硫	全部	50	
		氮氧化物（以 NO_2 计）	燃油锅炉	100	
			燃气轮机组	120	
3	以气体为燃料的锅炉或燃气轮机组	烟尘	全部	5	
		二氧化硫	全部	35	
		氮氧化物（以 NO_2 计）	燃气锅炉	100	
			燃气轮机组	50	
4	燃煤锅炉，以油、气体为燃料的锅炉或燃气轮机组	烟气黑度（林格曼黑度）/级	全部	1	烟囱排放口

对于不同时段建设的锅炉，若采用混合方式排放烟气，且选择的监控位置只能监测混合烟气中的大气污染物浓度，则应执行各时段限值中最严格的排放限值。

标准还规定，在现有火力发电锅炉及燃气轮机组运行、建设项目竣工环保验收及其后的运行过程中，负责监管的环境保护行政主管部门，应对周围居住、教学、医疗等用途的敏感区域环境质量进行监测。建设项目的具体监控范围为环境影响评价确定的周围敏感区域；未进行过环境影响评价的现有火力发电企业，监控范围由负责监管的环境保护行政主管部门，根据企业排污的特点和规律及当地的自然、气象条件等因素，参照相关环境影响评价技术导则确定。地方政府应对本辖区环境质量负责，采取措施确保环境状况符合环境质量标准要求。

7.5.3.2 燃烧烟尘排放控制

生物质燃烧颗粒物质主要由飞灰颗粒和气溶胶组成。气溶胶通常由 30～300nm 直径的颗粒组成，形成的主要途径为气相成核和冷凝。飞灰颗粒尺寸较大，直径一般为 1～10mm，主要由非挥发性的灰分残留物构成。据研究，流化床燃烧中亚微颗粒和超微颗粒的组成差别较大,细颗粒主要由 K、Cl、S、Na、Ca 构成,而粗颗粒则为 Ca、Si、K、S、Na、Al、P、Fe 等。固定床燃烧中,颗粒的组成也与颗粒尺寸有一定的相关性,在亚微颗粒中主要发现 K、S、Cl、Zn,而随着颗粒尺寸增加,Ca 含量增加[48,49]。

生物质燃烧中颗粒物排放的形成,主要取决于生物质类型、成灰元素的释放行为、燃烧技术和运行条件等。国外对于木质生物质燃烧中颗粒物排放规律和抑制手段进行了较多的研究,包括飞灰颗粒和气溶胶形成和生长的基本机理、溶胶和灰颗粒的定性(如化学组成、尺寸分布和形貌、烟气中浓度)、如何有效减少其排放等。农作物秸秆燃烧中颗粒物排放方面的研究还相对较为薄弱,秸秆中无机元素组成、较高的碱金属含量、氯化合物含量等的特点,都可能对颗粒物排放产生不同于木质生物质的影响。

循环流化床和炉排生物质燃烧锅炉具有不同的时间-温度变化情况,因此生物质燃烧飞灰形成和排放也具有不同的表现。由于流化床中密相区强烈的混合,生物质燃料将非常快速地干燥、加热和燃烧,流化床燃烧的温度也相对较低,而炉排燃烧锅炉中生物质燃料在炉排上输送的过程中缓慢受热、干燥和热解,最后碳将于 1000~1100℃ 高温下燃烧,这种差别将显著影响颗粒形成前体物的挥发过程[48,49]。

飞灰和气溶胶的产生,对于结渣和换热器表面积灰的形成有着重要影响,而且对于环境大气污染中颗粒物的水平贡献很大,因此需要有效控制。降低燃烧中颗粒物排放的首要措施是实现完全燃烧,通过先进的送风系统加强混合、减少过剩空气并改善燃烧过程,抑制烟气中有机颗粒物和活性有机化合物的释放。其次,可以采取烟气净化措施进一步除尘,可用的技术包括旋风除尘、湿式洗涤除尘、静电除尘、布袋除尘等[50],可根据烟气排放限值选择一种或几种工艺组合,采用一种工艺时应采用袋式除尘器,采用组合工艺时应以袋式除尘器和离心式除尘器或静电除尘器组合。

静电除尘器是利用电力除尘的设备,其利用电晕放电,使烟气中的灰粒带上电荷,通过高压电场作用达到灰粒与烟气分离的目的,如图 7-13 所示。

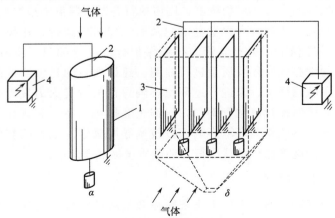

图 7-13 静电除尘原理
1—管式集尘电极; 2—电晕电极; 3—板式集尘电极; 4—高压电源

根据集尘极的结构不同，电除尘器可分为管式和板式两种，而根据结构形式又有卧式、立式之分。设备设计和选型中，可根据烟尘比电阻、黏性、粒度等特性确定烟气在静电除尘器内流速、停留时间以及极板、极线形式和电场数量，根据烟气温度、湿度、含尘量及运行电压确定静电除尘器的结构、材料、电晕电极、集尘电极的振打频率。静电除尘器除尘效果可达 99.5% 以上，阻力小，除尘效率基本上不受负荷变化的影响。其缺点是对于粉尘的电阻有一定的要求，电阻太低或者太高均难以清除，控制系统复杂，本体设备庞大，初投资大，对于安装、检修、运行维护要求严格，因此适合于除尘要求较高的电厂采用。

袋式除尘器是生物质电厂普遍采用的深度除尘设备，其利用滤袋进行烟尘过滤，包括内滤式和外滤式。图 7-14 为脉冲袋式除尘器基本结构，内部布置许多直径为 10～60cm、长度为 1～5m 的圆筒形滤袋。烟气由入口烟管进入器体后，分散到各个滤袋，烟气在滤袋由内向外或者由外向内流动过程中，由于碰撞、筛滤、滞留、扩散、静电等作用，被滤袋过滤收集。袋式除尘器滤料对于其除尘性能非常重要，常见的滤料采用聚四氟乙烯（PTFE）或聚苯硫迷（PPS）为基布，并 PTFE 覆膜，可根据烟气成分、含尘量、温度、流量、颗粒物性质、颗粒物粒度分布等因素选取袋式除尘器的滤料。过滤速度应根据烟气和颗粒物的理化性质、除尘器入口颗粒物浓度、除尘器压力降、清灰方式、有害物质排放浓度及滤料特性等确定。考虑清灰的彻底及故障的排除，袋式除尘器通常布置成若干相对独立的单元，达到连续运行的效果。袋式除尘器结构简单，效率高，除尘效率基本不受负荷变化的影响，但是体

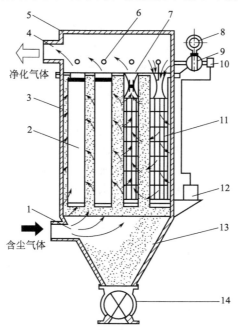

图 7-14 脉冲袋式除尘器

1—进气口；2—滤袋；3—中部箱体；4—排气口；5—上箱体；6—喷射管；7—文氏管；8—空气包；9—脉冲阀；10—控制阀；11—框架；12—脉冲控制仪；13—灰斗；14—排灰阀

积大，对滤材质量要求高，容易受到气体湿度的影响，适用温度范围以及滤速受到限制。一般要求袋式除尘器入口温度应高于烟气露点 10～20℃，且不高于滤料连续使用的最高耐温限值。

生物质燃烧产生的粉尘粒径小、比电阻大，袋式除尘相比电除尘方式更加适合，但是对于生物质燃烧烟气，应特别注意根据烟气的特质选择袋式除尘器的滤料，充分考虑粉尘细小、清灰易弥散、易产生二次燃烧、粉尘易粘袋及粉尘中含有 HCl、SO_2 等腐蚀性气体的特殊性。可以选择在袋式除尘器之前布置一级烟气预处理单元，除去未完全燃烧的颗粒物、砂粒等，以保护滤袋，提高除尘效果并延长袋式除尘器的工作时间。

7.5.3.3　硫氧化物、氮氧化物排放控制

生物质属于低硫燃料，同时生物质中较高含量的碱性物质还可能作为 SO_2 吸收剂发挥作用，因此燃烧时硫氧化物的排放较低，但根据生物质燃料的质量和当地的排放标准，配备脱硫装置有时还是必要的。烟气中 SO_2 的脱除方法，一般采用生石灰、石灰石等碱性物质作为吸收剂以生成亚硫酸盐和硫酸盐，处理工艺可分为干法、湿法以及半干法工艺。同时，脱硫工艺一般还具备脱除 HCl、HF 等酸性气体的效果。烟气脱酸工艺应根据污染物初始浓度、排放限值、各种工艺的脱除效率等因素选择一种或几种脱酸工艺组合的适宜方式[51]。

干法净化是用压缩空气将碱性固体粉末（消石灰 CaO 或碳酸氢钠）直接喷入烟道，中和废气中的酸性气体并加以去除。干法脱酸包括循环流化床（CFB）和增湿循环灰烟气脱酸（NID）等，系统包括中和剂制备及输送系统、脱酸反应器系统、除尘器系统，其中增湿循环灰烟气脱酸还应包括增湿循环灰系统，烟气反应温度一般控制在 160～180℃。该法具有无污水废酸排出、设备腐蚀程度较轻、净化后烟温高、利于烟囱排气扩散等优点，但存在脱硫效率低、反应速度较慢、设备庞大等问题。

湿法净化是在填料吸收塔内通过烟气与碱性溶液对流接触反应，使尾气中的酸性气体被吸收并去除。常用由高密度聚乙烯、聚丙烯或其他热塑胶材料制成不同形状的特殊填料，碱性药剂有苛性钠溶液或石灰溶液。湿法脱酸系统包括中和剂制备存储和供应系统、吸收反应系统、工艺水系统、废水预处理系统，应设置循环液定期排放、碱液补充和反应副产品的处理等设施。该法具有设备简单、脱硫效率高等优点，但存在腐蚀严重、运行维护费用高及后期污水处理等问题。湿法脱酸宜与半干法脱酸和（或）干法脱酸组合使用，湿法脱酸最高运行温度应小于 180℃。

半干式净化是介于湿法和干法之间的一种工艺，具有净化效率高且无需对反应产物进行二次处理的优点。半干法脱酸包括机械旋转喷雾法、固定枪两相流喷雾法等，系统包括中和剂制备及输送系统、脱酸反应塔系统。喷雾干燥法半干式净化工艺中，将石灰乳溶液喷入反应塔内，利用尾气的热量将喷入的雾滴水分蒸发形成干燥的粉状固体颗粒收集下来，尾气中酸性气体与石灰浆液同时发生化学吸收反应，达到脱酸的目的。在塔内完成脱酸反应后形成的产物一部分在塔内由底部锥体出口

排出，另一部分随反应后的尾气进入袋式除尘器内经净化后排空。半干法脱酸后烟气中二氧化硫、氯化氢浓度及脱酸反应塔出口烟气温度应与喷入脱酸反应塔内的中和剂的量连锁控制。

NO_x 是燃料高温燃烧时产生的，燃烧过程排放的主要是 NO，约为 95%（体积分数），余下的主要为 NO_2。燃烧过程中 NO_x 生成有 3 种途径：

① 热力型 NO_x 是空气中的氮气在高温下氧化而产生的，其生成与温度、压力、N_2 浓度、O_2 浓度以及停留时间有关，随着温度升高，热力型 NO_x 的生成速度呈指数规律增长；

② 快速型 NO_x 为燃料中烃类化合物在燃料浓度较高的区域燃烧时所产生的氮氧化物；

③ 燃料型 NO_x 为燃料中含氮化合物在燃烧过程中经热分解和氧化而成的氮氧化物。

对于生物质燃烧，由于相对较低的燃烧温度，热力型和快速型 NO_x 比例较小。燃料型 NO_x 的生成过程十分复杂，与燃料中的氮化合物受热分解后在挥发分和焦炭中的比例有关，随空气-燃料混合比、温度和氧浓度等燃烧条件而变化。对于生物质燃烧过程，脱挥发分过程中燃料氮在挥发分和剩余焦炭之间的分配对于最终 NO_x 的形成发挥重要的影响[52]。

分级燃烧技术可以作为燃烧过程降低 NO_x 生成的首要措施。分级燃烧包括空气分级和燃料分级，通过分级送风和分级送入燃料，限制火焰中的可用氧，形成特定的还原区，可以从一定程度上减少峰值火焰温度并进而减少 NO_x 的生成，而且分级燃烧过程所形成的富燃料/贫燃料的模式也有利于燃料氮转化为 N_2。据研究，分级燃烧可以实现低氮含量的木材燃烧 NO_x 降低 50%，对于高氮含量的生物燃料则实现了 80% 的 NO_x 减排[52,53]。

对于烟气中 NO_x 的脱除，常用的措施包括选择性催化还原（SCR）和选择性非催化还原（SNCR）工艺，在有催化剂或者没有催化剂的条件下，将尿素或者氨喷射进烟气中作为还原剂和 NH_2 来源，实现 NO_x 还原为 N_2，其反应式可表示为 $NO + NH_2 \Longrightarrow N_2 + H_2O$。选择性催化还原（SCR）应设置在除尘器下游等低尘段，选择性非催化还原（SNCR）应设置在高温段。

SCR 反应器通常布置在锅炉省煤器出口与空气预热器入口之间，在其上游烟道中喷入氨，与热烟气充分均匀混合后进入 SCR 反应器，氨在反应器中催化剂的作用下，选择性地与烟气中的 NO_x（主要为 NO 和少量的 NO_2）发生化学反应，将 NO_x 转换成无害的氮气和水蒸气。SCR 一般应用于 250~450℃ 温度范围的烟气中，根据烟气净化处理工艺、排放要求、运行成本、催化剂等因素选择合理的运行温度。SCR 系统包括还原剂系统、催化反应系统、公用系统和辅助系统，脱硝反应器宜设旁路烟道，一般可获得 NO_x 降低超过 95%。但对于 SCR 工艺，生物质燃料产生的亚微米灰中存在的钾盐可能会引起催化剂的加速失活，应采取减少催化剂中毒和钝化的措施，并优先考虑设置催化剂再激活装置。

SNCR 反应器则在不采用催化剂的条件下，用氨或尿素与烟气中的 NO_x 反应进行脱硝。SNCR系统包括还原剂制备与输送系统、还原剂计量、混合与喷射系统。喷入炉内的还原剂位置应在生物质锅炉烟气温度850~1100℃的区域内，在炉内停留时间宜为1~2s，可实现90%的NO_x减排。和SCR相比，SNCR具有投资少、运行费用低等优势，但反应温度较高，并增加了还原剂的用量和成本。同时，为了满足反应温度的要求，对喷氨控制的要求很高，喷氨控制成为SNCR的技术关键。

7.5.3.4 灰渣处理与利用

生物质电厂比燃煤电站灰渣量较少。生物质中的灰分在燃烧之后形成飞灰、底渣，飞灰经过除尘系统收集，而底渣则由锅炉下部出渣系统排出并输送到储灰场。底渣可返回农田用作肥料或化肥添加剂，而飞灰由于其高重金属含量则需要在受控的废物排放点进行存放或填埋，因此生物质电厂多采用灰、渣分除的方式。

除灰渣系统包括锅炉底部捞渣系统、尾部烟道除尘系统及除尘器下的飞灰收集系统。除灰渣系统的设计与布置，可参考《火力发电厂除灰设计规程》（DL/T 5142）有关规定进行。除灰渣系统的选择，应根据灰渣量、灰渣的化学物理特性、防尘器和排渣装置型式、冲灰水质水量、发电厂与储灰场的距离、地形、地质和气象等条件，通过技术经济比较确定，同时还应充分考虑灰渣综合利用和环保的要求。系统容量应按锅炉最大连续蒸发量、燃用设计燃料时系统排出的总灰渣量计算并留有裕度。

秸秆等生物质灰粒度较细小且质量小，旋风除尘器和袋式除尘器所收集飞灰的处理可采用机械除灰方式，加湿后落入灰斗，输送至锅炉房外储灰渣棚内储存或装车外运。锅炉底渣可采用机械除渣方式，炉膛内的灰渣落入排渣槽，排渣槽内设置水封，由设置在渣槽中的捞渣机连续将灰渣捞出，再经粉碎、冲渣、浓缩脱水等工序后输送至储灰渣棚并装车外运。

对于生物质灰渣的利用，目前的研究开发工作主要集中于生物质灰的特点和利用可能性的评估[54,55]。因为生物质中的无机元素是生物质从其生长环境中获得的，将其以灰分的形式返回自然并完成矿物循环，这是灰分利用最为可持续的方式。但是生物质灰分具有不可预测的组成，且可能含有大量的重金属，所以能否直接还田尚存在争议。在芬兰、瑞典、奥地利、德国、丹麦等国家，对于允许木料灰用于林业和农业，以及秸秆燃烧灰循环回其来源的田地都有着严格的法规规定。

从资源利用的角度，生物质灰可以作为土壤改良剂，作为肥料或用于农业堆肥以及化肥生产，尤其是使用白云石作为床料的生物质燃烧或气化时产生的灰，因其含有丰富的镁、钙等而适合肥料利用。根据研究，将生物质灰用水硬化后再生产颗粒肥料，能够保证肥效并降低操作和播撒过程中扬尘的形成。另外，生物质流化床燃烧或者气化的底灰（其中含有很多的砂子）可用于建筑材料，以替代道路建设和环境美化中的砂石颗粒等，而飞灰可能用作水泥或混凝土中的组分，例如作为道路建设等特殊应用中的水泥混合砂浆中的填充物。

目前，生物质灰渣的处理方式主要还是填埋，也有部分在肥料、建材方面获得了利用。随着生物质发电产业的发展，生物质灰渣的规模化、资源化利用必然要成为主流，这也为灰渣利用相关的技术开发和法规、标准规范制定拓展了更广阔的需求空间。

7.6 生物质混燃发电技术及应用

7.6.1 生物质混合燃烧技术

7.6.1.1 生物质混燃及优势

生物质直燃发电厂具有明显的环境效益，但新建生物质发电厂通常需要较高的投资费用，而且相比于传统燃煤电厂，生物质发电厂建设规模偏小，单位容量造价高，限制了电力行业投资生物质发电厂的积极性。同时，受制于原料的季节性，生物质原料不能持续稳定供应，这也是一个困扰生物质发电产业发展的重要问题。将生物质发电与传统的燃煤发电厂进行结合，将生物质作为燃煤或者其他化石燃料的补充燃料，则可利用已有的燃煤发电基础设施，降低投资和发电成本，并同时在电厂环保方面有所改进，这将对生物质发电的投资、成本和安全生产等产生积极效果。

生物质混燃发电即为利用生物质与燃煤等化石燃料进行混合燃烧，共同用于发电过程。生物质混燃主要是指生物质与煤粉的混合燃烧，在传统的燃煤锅炉燃烧中，加入一定量的生物质使之与煤共同燃烧产生热量，以取代部分燃煤。生物质与煤混合燃烧可以利用现有燃煤发电厂的设备和基础设施，工程比较简单，不需要太多的改造工作，同时也避免了新建生物质直燃发电厂的高额投资和诸多难题。从环保的角度，生物质资源丰富，生物质的混合燃烧也有利于减少燃煤电站对传统化石能源的依赖，同时还可以降低部分污染物的排放，因此生物质混燃为现有电厂提供了一种快速而低成本的绿色低碳改造技术。此外，生物质原料能量密度低、资源分散，生物质发电经济性受到限制，通过与燃煤混合燃烧，将充分利用燃煤发电的规模效益，并降低生物质原料质量变化和供应不稳定所造成的影响。因此，近年来生物质混燃在全球范围内得到了更大的关注和产业推广，实施了多项利用农林剩余物、城镇生活垃圾以及污泥等与燃煤进行混燃发电的工程项目。

生物质混燃发电也有一定的限制，首先是生物质的混燃比例不宜过高，目前大部分生物质燃煤混燃发电项目中生物质的能量输入比例一般低于10%。生物质原料一般含水量高，热值低，燃烧产生的烟气量大，会对原有燃煤锅炉的受热面和换热系统产生一定的影响；同时，由于生物质特殊成分的影响，混燃生物质可能对锅炉的积灰和结渣等问题产生不利影响，还会影响锅炉灰渣的利用。为了对这些影响进行限制，降低对原有燃烧锅炉系统的改造需求，因此通常对生物质的混燃比例进行限制。大多数燃煤发电厂均针对煤粉原料设计，在混燃时生物质原料需要进行相应的处理，以适应原有的燃料处理、输送和燃烧器系统。从产业政策支持的角度，目前各国均对生物质发电等可再生能源发展提供政策和财税方面的支持，生物质混燃发电利用生物质部分替代了化石能源，但在具体的替代比例和过程污染物排放等方面还缺乏有效的计量和监管措施，因此对于生物质混燃发电的政策支持方面还存在争议，混燃生物质难以享受到针对生物质单独利用时的优惠财税支持，这也会对生物质混燃发电的产业化发展产生影响。

7.6.1.2 生物质混燃发电方式

根据混燃方式，生物质与煤的混合燃烧技术可分为三大类，即直接混燃、间接混燃、并联混燃，分别如图 7-15 所示[4,18]。

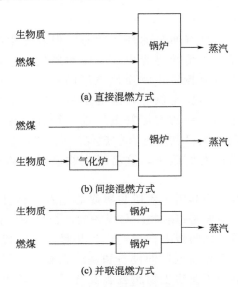

图 7-15 生物质与燃煤混燃方式

（1）直接混燃

直接混燃是一种较为常见的混燃方式，指将煤和生物质进行简单处理后共同送入炉膛中进行燃烧，其特点是操作简单、成本低廉。直接混燃根据燃煤与煤粉混合位置的不同，可以采用以下几种方式。

① 煤粉与生物质在通过给煤机之前预先混合，随后送入磨煤机，破碎至一定粒径后分配到所有的煤粉燃烧器。该方案改造投资成本最低，但同时也存在着不同生物质原料影响燃煤燃烧、降低燃煤锅炉出力的风险，因此只用于有限类型的生物质和较低的混合燃烧比例。

② 将煤粉与生物质燃料的制粉过程分开，生物质经破碎后单独通过管路输送，使两种燃料在燃烧器中相互混合并燃烧。该方案需加装生物质制粉和输送系统，投资会增加，但不会影响煤粉的输送。

③ 为生物质燃料配置专门的制粉系统和专门的燃烧器，生物质燃烧器与煤粉燃烧器在锅炉中并行运行，虽然投资成本最高，但是能够混烧较大比例的生物质，且对锅炉的改造和运行影响较小。同时，将生物质燃料作为一种再燃燃料，通过位于燃烧室上部特别设计的燃烧器进行燃烧，也是一种可行的降低燃煤锅炉 NO_x 排放的

有效方法[4,19]。

(2) 间接混燃

依照混合燃烧原料的不同，间接混合燃烧可以分为两种形式，即生物质燃气与煤的混合燃烧和生物质焦炭与煤的混合燃烧。

① 生物质燃气与煤混燃是指将生物质气化后产生的燃气输送至燃煤锅炉系统，在燃气燃烧器中燃烧。

② 生物质焦炭与煤混燃是指先将生物质在低温下（300～400℃）热解，产生60%～80%的生物质焦炭，然后生物质焦炭与燃煤进行混合并送入炉膛燃烧。由于生物质焦炭在燃料性质上与燃煤更为接近，所以其混合和燃烧效果都比生物质直接混燃效果要好。

间接燃烧方式相当于利用热解或者气化装置对生物质原料进行预处理，获得的产品再同燃煤混燃，因此其对于生物质燃料的适应性较好，对于原有燃煤锅炉系统的影响也比较小，相对较为温和的生物质气化条件也有利于抑制生物质中部分有害成分如碱金属、卤素以及低熔点灰分等对于后续燃烧过程和设备的影响。但是，间接混燃方式需要增加生物质原料处理设施，并设置专门的生物质热解或者气化系统，而且热解气化中间环节的增加也会降低生物质直接利用的效率，系统投资和运行成本相对较高。

(3) 并联混燃

并联混燃是指专门配置一套完全独立的生物质锅炉，将生物质锅炉产生的蒸汽和燃煤锅炉产生的蒸汽进行混合后通入蒸汽轮机做功，也有的系统是将生物质锅炉产生的蒸汽送入燃煤锅炉进行再热，之后再送入蒸汽轮机利用。并联混燃由于采用了独立的专门的生物质锅炉，因此其与间接混燃一样，能够利用多种生物质燃料，包括一些高碱金属和氯化物的生物质，而且燃烧后产生的生物质灰和煤灰也是相互分离的，有利于后续的处理利用。并联混燃相当于为现有的燃煤发电系统增加了一套新的蒸汽源，因此需要考虑现有汽轮机的扩展容量，或者需要考虑降低燃煤蒸汽发生系统的负荷。

7.6.2 生物质混燃发电产业应用

据研究，生物质混燃发电目前是可再生电力生产中风险最低、廉价、高效、且近期内最容易产业化的方式，目前全世界范围内有超过200个生物质混合燃烧项目成功投入商业运行，机组容量从50MW到700MW不等，其中也包括了许多的小容量机组。欧洲地区的生物质混燃项目是最多的，有100多个项目在运行，超过40个项目在北美地区，剩下的相当一部分项目分布在澳大利亚[18,19]。我国在生物质混燃方面的发展还比较缓慢，开展的生物质混燃项目也比较少，较为早期的包括华电国际十里泉电厂秸秆混燃改造示范项目，其使用独立喷燃系统对小麦秸秆进行混合燃烧，设计可燃烧生物质量相当于60MW，燃煤锅炉原有系统和参数基本不变，改造后新增热负荷达到锅炉额定负荷的 20%[3,20]。国电长源发电有限公司 10.8MW 生物质混燃发电项目则采用了将生物质原料先行气化后进行间接混燃的方式，对原有 640MW 超临界燃煤机组系统进行部分改造，直接燃烧生物质气化产生的粗燃气，生物质处理量（按秸秆计）为 8t/h，项目从 2012 年试运行，已经进行了多年长时间运行，既避免了秸秆与煤直接混合燃烧发电存在的结渣、腐蚀等问题，又可充分发挥燃煤电厂高效发电机组的优点。由于在燃煤的绿色替代和过程碳减排方面的效果，近年来混燃发电获得了更多的关注和重视，业界也加大了对于燃煤与生物质耦合发电技术的开发，有望获得较大的发展。

7.6.2.1 直接混燃

位于荷兰 Nijmegen 的 Gelderland 电站是欧洲最早的大型电站锅炉中进行生物质直接混燃的示范项目，将该电站原有的一台 635MW$_e$ 电站煤粉锅炉改造成燃烧废木材，已解决当地林产加工废木材的处理问题，并实现部分燃煤替代。如图 7-16 所示，废木材首先被处理成木片后送到电站，经除铁除杂后粉碎到 4mm 以下并进一步制成木粉，通过气力输送将木粉加入 1000m³ 容量的炉前料仓，经过计量装置计量后与煤粉按比例混合，然后共同送入煤粉燃烧器燃烧。锅炉炉膛内前墙和后墙分别布置 3 排、每排 6 支燃烧器，木粉消耗量约为 10t/h，相当于锅炉热输入的 3%～4%，混燃对锅炉运行、环境污染物排放等影响较小。锅炉配备有烟气脱硫和 SCR 脱硝装

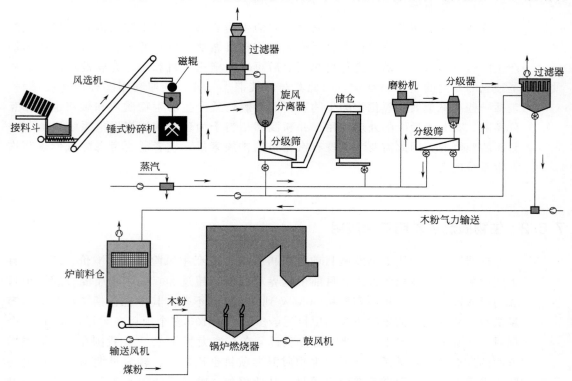

图 7-16　Gelderland 电站生物质直接混燃项目燃料处理系统

置，使得锅炉排放能够环保达标。电厂发电效率43%，扣除掉燃料处理方面的能耗，电厂净效率为36%～38%。该混燃改造项目已经商业化运行多年，每年消耗废木材6万吨，约替代4.5万吨燃煤，并降低了电厂的二氧化碳排放[18]。

丹麦Studstrup电站则是一项成功的秸秆混燃项目。1996～1998年该电站在150MW$_e$煤粉锅炉1号机组上进行了秸秆和其他打捆生物质燃料的混燃的示范运行，研究测试了秸秆混燃对于锅炉性能、积灰和腐蚀以及灰渣和锅炉烟气排放等方面的影响，秸秆处理量为20t/h，相当于锅炉能量输入的20%，并对燃煤系统进行了部分改造以适应与秸秆的混燃。混燃项目运行初期，在秸秆燃料处理和输送方面出现了一些问题，而且发现含水量超过25%的秸秆在混燃中也会产生一些不利影响，后期进行了相应的改进。在1号机组成功示范的基础上，该电站于2002年又对350MW$_e$煤粉锅炉4号机组进行了秸秆混燃改造，主要是将锅炉后墙上层燃烧器中的4支进行改造用于混燃秸秆，混燃比例为10%，并取得了积极效果，项目每年可处理秸秆16万吨。

该电站为秸秆混燃而专门增建了一套秸秆燃料处理系统，如图7-17所示。包括4条并行的生产线，每条线处理秸秆量为5t/h，根据秸秆特点对破碎机和锤式粉碎机进行了改造，秸秆捆通过输送机输送到破捆机并控制流量，然后进行切断、破碎一系列处理，粉碎后被吸入锤片粉碎机，被破碎至50～100mm的尺寸，然后通过气闸舱被气力输送300m的距离，后送入锅炉燃烧器。项目示范表明，该秸秆处理系统能够长期稳定运行，这也为后续的秸秆燃烧或者混燃电站的原料处理提供了成功的经验。

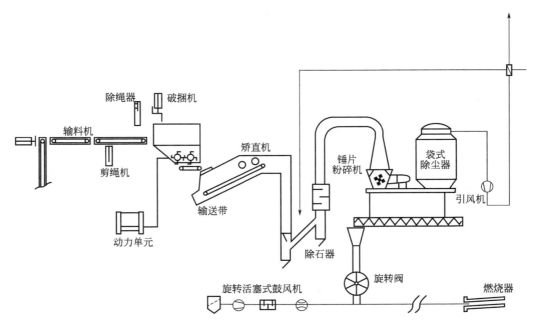

图7-17 Studstrup电站秸秆混燃项目生物质处理系统

澳大利亚新南威尔士州 Wallerawang 电站混燃项目，采用了含水量比较高的锯末和木屑原料。2000 年 Delta 电力公司在其 Wallerawang 电站 500MW$_e$ 煤粉锅炉 7 号机组上进行了生物质混燃改造和试运行，目的是研究混燃比例对于锅炉机组运行和排放的影响，并获得最优的混燃比例。试运行时，生物质与燃煤是在输料带上进行混合，然后一起进入磨煤机制粉，生物质以占混合物质量 3%、5%、7% 的比例进行混合，并研究了不同混合比例时磨煤机的性能曲线和制粉质量，发现 5% 以下混合比例时磨煤机性能变化不大，而在 7% 的生物质混合比例时则出现了磨煤机性能的显著下降和电耗的急剧升高。在生物质与燃煤的混燃中出现了颗粒物排放的增长，尤其在天气炎热或者连续高负荷运转情况下更是出现了颗粒物排放的显著增长，而且灰渣含碳量也出现增长，因此推荐采用 5% 的混燃比。经过试运行，取得良好的效果，在此基础上，Delta 电力公司决定在 Wallerawang 电站和 Vales Point 电站继续扩大商业化运行。

与以上几项燃料混合后共同送入燃烧的直接混燃项目不同，奥地利 St Andrea 电站生物质混燃项目采用了在煤粉炉下部增设独立的生物质炉排燃烧的方式，项目利用一台 124MW$_e$ 的煤粉燃烧炉进行改造，对锅炉底部灰斗进行改装，增加了两条移动炉排，用于木材切片的燃烧和锅炉底灰的处理。生物质挥发分的燃烧主要发生在炉排上部空间，与煤粉燃烧同时进行，而固定碳的燃烧则主要发生于炉排上。生物质燃烧的额定热功率为 10MW，相当于锅炉总热输入的 3%，锅炉运行几年中除了燃料给料系统的一些问题之外没有出现大的问题，混燃对于煤粉锅炉的性能和排放没有明显影响。采用独立炉排燃烧的方式，能够充分利用炉排固定床燃烧原料适应性强的优势，对生物质燃料尺寸、水分含量、灰分含量等以及预处理方面的要求降低，而且对于原有煤粉锅炉改造不大，投资相对较低。由于该项目采用了较低的混燃比例，所以锅炉系统没有受到大的影响，如果增大混燃比例，则另外增设炉排燃烧对于锅炉运行和出力是否产生大的影响，需要进一步的运行试验数据。

7.6.2.2 间接混燃

奥地利 Zeltweg 电站生物质混燃项目是由欧盟 Thermie 计划资助的一个较为早期的生物质间接混燃项目，业主为奥地利 Verbund-Austrian Hydro Power AG 公司。项目名称为 BioCoComb，是生物燃料混合燃烧的缩写，目的即是示范混燃的可行性，项目由德国、爱尔兰、比利时、意大利、奥地利等国家的多个公司组成的联合体共同实施，其中气化器由 Austrian Energy & Environment 企业提供，生物质原料输送系统由 Saxlund International 生产。项目对一台 137MW$_e$ 煤粉电站锅炉进行改造，设置一台生物质气化炉，采用树皮、木屑和锯末等生物质原料进行气化，产生的热态燃气通过高温管道直接送入煤粉锅炉炉膛，作为辅助燃料进行燃烧，燃气中夹带的未反应完全的木炭颗粒等也将在锅炉中充分燃烧。项目工艺流程见图 7-18。

气化炉采用循环流化床气化方式，气化温度控制在较低的 820℃ 左右的水平，以

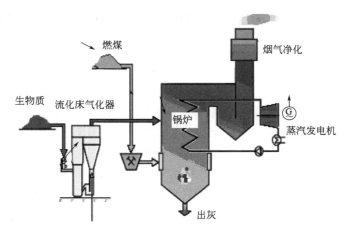

图 7-18 Zeltweg 电站生物质气化-混燃工艺流程

防止结渣，而且流化床内剧烈的床料运动也有利于生物质颗粒的破碎和快速反应。由于采用了气化后再混燃的方式，所以对于生物质原料水分含量的要求得以降低，可以不进行原料的预先干燥，而且气化燃气在高温下送入锅炉燃烧，不需要考虑燃气净化以及焦油处理等问题，简化了工艺。气化炉采用了较低的运行温度，可以避免生物质直接燃烧中常会出现的结渣以及积灰腐蚀等问题。

气化炉产生燃气的热负荷约为 10MW，相当于替代 3% 的锅炉燃煤，因此对于锅炉的影响较小，在设备布置和工艺整合上也具有高度的灵活性。气化燃气的混燃对于燃煤电站的污染物排放控制具有积极效果，减少了燃煤锅炉二氧化碳排放，同时通过燃气在锅炉上部的再燃燃烧，降低了锅炉的燃煤 NO_x 排放。该混燃项目 1997 年 11 月开始试运转，1998 年之后即进入长时间的商业运行。

采用西北太平洋实验室开发的双流化床低压气化工艺，在美国佛蒙特州的 Burlington McNeil 电站建设了 Battelle/FERCO 项目，生物质在气化反应器中转化为中热值燃气和残炭，气化温度 700~850℃，在另一个反应器中残炭燃烧释放热量，而热量则通过床料循环而输送到气化器中为气化过程提供能量。由于气化过程为间接加热的方式，所以可以得到较高热值的燃气，热值（标）可以达到 17.75MJ/m³。项目气化单元每天处理 200t 生物质，所产生的生物质燃气被送入原有的燃煤锅炉中进行混燃，进行了成功的技术验证和运行示范。

芬兰 Lahti Kymijärvi 电站生物质混燃项目，业主为 Lahden Lämpövoima Oy 企业。1997~1998 年间，该电站对一台 200MW$_e$ 化石燃料锅炉进行了改造以混燃生物质气化燃气。在锅炉之前安装一台 60MW 热负荷的常压循环流化床气化炉（Foster Wheeler 公司提供），气化运行温度 800~900℃，能够气化较宽范围、水分含量高达 60% 的生物质废料。气化炉出口燃气温度 830~850℃，在锅炉的空气预热器中被冷却到 700℃，然后通过管道送入锅炉，在两个专门设置的生物质燃气燃烧器燃烧。生物质燃气热值仅为 2.0~2.5MJ/m³，但运行经验表明，未经净化的低热值粗燃气直接送入锅炉燃烧，没有对锅炉性能表现出明显的负面影响，受热面保持了相对清洁，而且锅炉排放得到了降低，NO_x 排放降低了 5%，灰尘排放降低了近 1/2，但 HCl 排放出现了少量增长。锅炉的燃料份额大体为 11% 的低热值生物质燃气、69% 的燃煤、15% 的天然气进入锅炉以及 5% 的天然气进入燃气轮机。电站输送 200MW 电力到国家电网、250MW 热量到周边城镇和居民，总体能量效率约为 80%，发电效率 35%。

荷兰 Geertruidenberg 的 Amer 电站在其 9 号机组上进行了间接混燃的改造，采用一台 83MW_{th} 的低压 Lurgi 循环流化床气化炉，运行温度 850～950℃，处理当地的低质废木料，所产生物质燃气将与燃煤进行混燃，燃煤发电系统发电负荷 600MW，热负荷为 350MW，生物质燃气发电所占的份额约为 5%。该项目 2000 年启动试运转，起初的设计是生物质燃气先冷却并回收蒸汽，然后洗涤净化脱除颗粒物和氨，最后净化的燃气再次加热到 100℃ 后送入燃煤锅炉燃烧器进行混燃，从净化系统收集的飞灰将部分循环到气化器中作为床料的一部分，而燃气洗涤单元的清洗水经脱氨后将喷入锅炉炉膛。但经过初期的试运行发现，燃气冷却单元水管壁面出现了迅速积灰结渣等问题，原因是焦油和焦炭等的沉积。然后，电站对燃气冷却和净化系统进行了改造，采用燃气粗净化后直接送入锅炉燃烧的方式，即燃气冷却到 500℃ 左右，利用旋风除尘器进行热态颗粒物脱除，然后直接送入锅炉，如图 7-19 所示。改造后系统实现了良好运行，生物质燃气的混燃对于燃煤锅炉系统的运行和污染物排放都没有明显的影响。

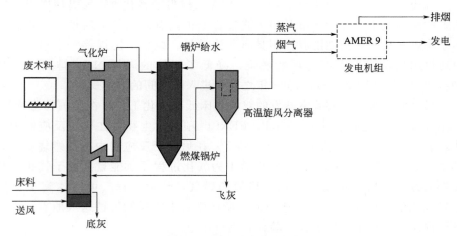

图 7-19　荷兰 Amer 电站生物质气化混燃工艺流程

7.6.2.3　并行混燃

丹麦 Avedøre 电站生物质并行混燃项目，采用了多燃料概念，即电站可灵活使用多种不同类型的燃料，如图 7-20 所示。该电站化石燃料燃烧部分采用了超超临界锅炉机组，主要设计燃料为天然气，也可燃烧煤炭、燃气、燃油等，锅炉负荷 430MW_e。另外设置一台 105MW_{th} 的生物质锅炉，设计燃烧秸秆，年处理秸秆 15 万吨，生产蒸汽产量为 40kg/s，蒸汽参数起初设计为 583℃/310bar，后因为过热器

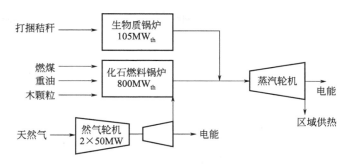

图 7-20 Avedøre 电站多燃料概念生物质并行混燃流程

的腐蚀问题而将蒸汽温度调整为 540℃。在电站中，生物质锅炉、化石燃料锅炉、蒸汽轮机、燃气轮机以及热量回收等都集成为一个系统，生物质锅炉的水/蒸汽循环与化石燃料锅炉的水汽循环集成，两台锅炉产生的蒸汽送入同一个蒸汽轮机发电机组。项目从 2001 年年底开始商业运行，发电效率 48% 以上，而且可以热电联产模式运行，同时为周边区域供热。

为了避免秸秆类生物质燃料直接燃烧对于锅炉和排放系统的影响，特别是采用高蒸汽参数时设备的高温腐蚀问题，丹麦 Enstedvaerket 电站采用了不同的并行混燃方式，如图 7-21 所示。该电站采用了秸秆燃烧和木屑燃烧两台锅炉，秸秆锅炉生产 470℃蒸汽，送入木屑锅炉过热到 542℃，然后过热蒸汽再送入电站 3 号机组的高压

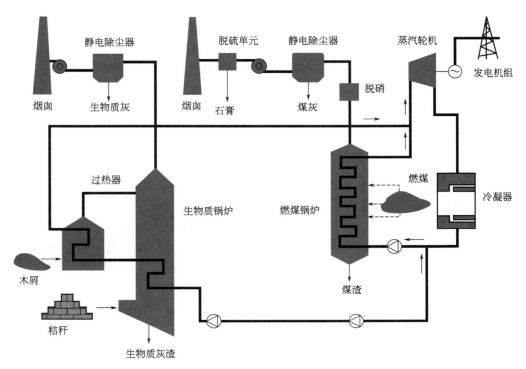

图 7-21 丹麦 Enstedvaerket 电站生物质并联混燃工艺流程

蒸汽系统（210bar），与燃煤锅炉生产的高压蒸汽一起进入蒸汽轮机系统。该项目1998年交付商业化运行，每年消耗秸秆12万吨，木屑3万吨，生物质锅炉总热负荷88MW，约相当于汽轮发电机组总热输入的6.6%，电站净发电效率40%。这种并联混燃方式可以有效解决秸秆类原料燃烧时的一些技术难点问题。

7.6.3 生物质混燃对于燃煤系统的影响

对于传统的燃煤电站，生物质混燃发电的突出优势就是污染物减排和二氧化碳减排。生物质混燃发电已经经历了近20年的发展，在欧洲、美国和澳大利亚等地已进入商业化阶段。生物质混燃被认为是最为经济、迅速地实现生物质对燃煤替代的有效方式，其可以利用现有燃煤电站的基础设施，避免新建生物质电站的高昂的投资成本，而且燃料供应灵活、稳定性高，投资少，见效快。生物质混燃对于燃煤电站的改造主要是需要增加额外的生物质原料储存和输送、处理设施，还需要对燃煤锅炉系统进行部分改造。有研究表明，生物质混燃为燃煤电厂节约了生产成本，减少了温室气体排放并降低了电厂烟气净化的成本，经济效益、环境效益和社会效益均是积极的[56,57]。

目前运行的生物质混燃项目，所采用的混燃比都比较低，一般都在10%以内，所以生物质的加入对于燃煤锅炉系统运行和排放等的影响都比较小。但是随着生物质混燃比例的增加，以及采用农作物秸秆、生活垃圾、污泥以及速生能源作物等含有特殊成分的原料时，混燃对于原有燃煤系统的影响可能会相应增长。

7.6.3.1 混燃对燃煤锅炉运行的影响

生物质与燃煤的性质差异很大，主要是生物质挥发分含量高，热值低，水分含量和灰分含量变化很大，而且灰分中含有较高含量的碱金属和氯化物等，这些因素都可能随着生物质混燃比例的增大而对锅炉系统产生影响。生物质挥发分含量高，因而在与燃煤的混燃中，可能导致气相燃烧的增强和气相燃烧区气流扰动的增加，提高燃煤颗粒悬浮燃烧区的温度并延长停留时间，因此可以促进燃煤颗粒的稳定着火和充分燃烧，从而降低飞灰和底灰中的未燃烧碳含量和未完全燃烧热损失。生物质原料一般水分含量要远高于燃煤，因此燃烧高水分含量的生物质原料，在混燃比例较大时，将对燃煤锅炉系统的燃烧过程稳定性以及锅炉出力产生不利影响。

一些生物质原料中含有较高含量的碱金属、氯化物等组分，而且灰熔点较低，在与燃煤混燃中，生物质燃烧烟气中携带的生物质灰分、碱性物质以及含氯物质等，将加剧锅炉受热面的积灰腐蚀等问题，对于尾部烟道中布置的脱硫脱硝装置的运行也可产生影响。生物质灰分的特点，导致原有燃煤系统的颗粒物捕集装置的效率受到影响，较高的碱金属和磷酸盐含量可能会对燃煤系统SCR脱硝装置的性能产生负面影响。生物质灰与燃煤灰混合在一起，将使燃烧炉内结渣倾向大为增加，特别是在流化床燃烧装置中，可能引起床料聚团倾向增大，甚至可能导致床层烧结而流化失败，这些都限制了生物质的混燃比例，在混燃特别是直接混燃中需要考虑。

生物质燃料的热值低，一般相当于燃煤的1/2~2/3，因此单位热量输出所产生的烟气量大，这将显著影响锅炉内烟气的流动和换热情况，而且还可能增加烟气对于细小颗粒物的携带作用，从而影响锅炉受热面的机械磨损和电化学腐蚀等问题，在采用高混燃比例时更是需要考虑其影响。

在生物质与燃煤的直接混燃中，需要将生物质原料单独处理粉碎或者与燃煤一起粉碎，因为生物质热值低，所以混燃比例较高时可能对制粉系统产生较大压力，而且一般生物质原料的研磨性能较差，随着混燃比例的增加磨煤机的电耗将显著增加。生物质粉在与燃煤在燃烧器或锅炉中共同燃烧，由于水分、热值、挥发分等的不同，可能会对燃烧稳定性、换热、锅炉效率以及锅炉积灰、腐蚀等问题产生影响，特别是燃烧稳定性，会随着生物质燃料喷入方式、颗粒特点以及混燃比例的变化而受到一定的影响，需要适当调整燃烧组织。

在间接混燃方式下，直接混燃系统的一些生物质引发的问题可以在独立的生物质气化器中得以部分解决，而不会对燃煤燃烧产生影响。生物质气化器可以采取相对较低的气化温度以及还原性的反应气氛，来避免床层结渣、腐蚀等问题，而将易于处理的生物质燃气送入锅炉进行混燃。生物质燃气在锅炉上部的气相燃烧，一般是有利于燃煤的充分燃烧和污染物排放抑制的，但是也可能会对燃烧火焰稳定性、燃煤飞灰燃尽等产生影响，而且燃气燃烧也会影响下游的换热和烟气净化。

7.6.3.2　混燃对灰渣利用的影响

传统的燃煤电站灰分的利用方式主要是用于添加到水泥、混凝土等建材生产中。生物质燃烧所产生的灰分与燃煤灰分成分存在较大差异，并可能富集特定组分，在直接混燃方式下，生物质灰分和燃煤灰将混合在一起，可能会对灰分的利用产生影响。随着生物质利用规模的扩大，生物质灰分的利用也逐渐受到重视，研究人员进行了很多生物质灰渣在建筑行业中应用的研究和测试工作，结果表明，生物质与燃煤混合灰渣利用的可能性，取决于生物质的来源、生物质灰的组成特点以及生物质灰在混合灰渣中的比例等[18,56]。

据研究，生物质灰渣中碱金属物质、氯化合物以及一些特定的金属化合物组分可能会对其添加生产的混凝土性能产生影响，但关于该影响是正面的还是负面的，仍然存在较多争议。在较低的混燃比例条件下，混合灰渣进入燃煤灰渣利用领域不会有太大问题。北欧国家针对木质生物质原料产生的灰渣进行了较多研究，测试结果表明，当采用木质生物质原料进行混燃所产生的飞灰用于混凝土添加料时，其对混凝土的特性没有表现出明显的负面效果。在采用草本生物质原料时，生物质灰中碱、氯和其他特性可能会影响很多重要的混凝土特性。

目前，欧美国家都在试图拓展生物质灰的利用进入燃煤灰渣的利用领域，例如欧盟 EN450"混凝土用粉煤灰"标准为飞灰在混凝土中应用进行了规范，该标准还将适用范围向生物质灰进行了扩展，规定混燃飞灰可以适用该标准，但要求混燃中燃煤比例不低于 80%，而生物质废弃物产生的灰分则不能超过 10%，而且标准还要求进行一系列的测试以证明其环境相容性并满足粉煤灰利用的相关地方规定。

7.6.3.3 混燃对污染物排放的影响

生物质混燃对于燃煤系统大气污染物排放的影响主要在于颗粒物、硫氧化物SO_x、氮氧化物NO_x以及VOCs（挥发性有机化合物）等方面。燃烧烟气中CO、VOCs的排放水平的变化主要取决于燃烧过程质量，在混燃状态下如果能良好地组织燃烧，则其排放水平变化不明显。

电站系统颗粒排放除了与燃烧工况有关之外，除尘装置的性能也是一个重要方面。生物质与燃煤混燃，总体来说会因为生物质中灰分含量要远低于燃煤而降低总的飞灰量，但是由于生物质高挥发分以及生物质灰分的独特组成特点，导致生物质飞灰中含有较大比例的微细颗粒或气溶胶类物质，因此混合飞灰中将出现较大比例的非常细的颗粒物质，而这对于现有的燃煤电站除尘装置可能是个挑战。当采用静电除尘器时将影响除尘效率，而当采用袋式除尘器时这些较细的颗粒物又容易导致布袋的堵塞和清灰困难，并导致系统阻力增大。例如，在对丹麦Midkraft电站70MW$_e$抛煤机炉和Vestkraft电站150MW$_e$煤粉炉中进行秸秆混燃的测试中发现，随着秸秆混燃比例的增加，颗粒物排放明显增加，秸秆所产生的灰分都以飞灰形式离开燃烧器，因此增加了颗粒物排放，同时秸秆等一些草本类生物质中氯含量较高，混燃中增加了锅炉的氯输入，导致氯化物排放的增加，可能会影响锅炉积灰腐蚀等问题[18,58]。

生物质原料一般含硫量要远低于燃煤，因此混燃中利用生物质替代部分燃煤将降低硫氧化物的排放，而且排放减少量通常与生物质的混燃比例呈线性关系，当与高硫燃煤混燃时，生物质中的碱性灰分还可能捕捉部分燃烧产生的SO_2。此外，燃煤电站原有的脱硫系统对于生物质燃烧排放的氯化氢等物质也具有良好的脱除作用。

生物质中氮含量一般都低于1%，因此燃烧中NO_x排放将低于燃煤，研究测试发现生物质混燃将有利于降低燃煤电站的NO_x排放。一般情况下生物质中的燃料氮通常以NH_3形式随挥发分释放出来，因此有利于将燃烧产生的NO_x进行还原，从而实现降低NO_x生成。生物质中较高的挥发分含量，在与燃煤混燃中还可能起到再燃燃料的作用，从而进一步降低燃料氮转化为NO_x的可能性。但是，生物质混燃对于采用选择性催化还原SCR系统进行NO_x脱除的系统可能产生较大影响，原因是SCR系统性能主要取决于催化剂的活性，而生物质燃烧释放出较高浓度的碱金属化合物，经过烟气侧冷凝，将可能引起催化剂中毒速度提高，导致催化剂材料寿命缩短，因而对脱硝性能产生负面影响。因此，对于生物质混燃电站来说，开发具有较高碱金属和磷化合物容忍度的脱硝催化剂也是未来的重要需求，以延长催化剂寿命并降低脱硝成本。

参考文献

[1] Demirbas A. Combustion characteristics of different biomass fuels. Progress in Energy and Combustion Science, 2004, 30(2): 219-230.

[2] 刘荣厚，张大雷，牛卫生. 生物质热化学转换技术. 北京：化学工业出版社，2006.

[3] 孙立，张晓东. 生物质发电产业化技术. 北京：化学工业出版社，2011.

[4] Thomas Nussbaumer. Combustion and Co-combustion of Biomass: Fundamentals, Technologies, and Primary Measures for Emission Reduction. Energy & Fuels, 2003, 17(6): 1510-1521.

[5] J Werther, M Saenger, E U Hartge, et al. Combustion of agricultural residues. Progress in Energy and Combustion Science, 2000, 26(1): 1-27.

[6] Martin Kaltschmitt, Hans Hartmann. Energie aus Biomasse: Grundlagen, Techniken und Verfahren. Berlin Heidelberg: Springer, 2001.

[7] 徐通模，惠世恩. 燃烧学. 第2版. 北京：机械工业出版社，2017.

[8] 冯俊凯，沈幼庭，杨瑞昌. 锅炉原理及计算. 第3版. 北京：科学出版社，2003.

[9] Natarajan E, Nordin A, Rao A N. Overview of combustion and gasification of rice husk in fluidized bed reactors. Biomass Bioenergy, 1998, 14(5/6): 533-546.

[10] Bhattacharya S C. State of the art of biomass combustion. Energy Sources, 1998, 20(2): 113-135.

[11] 金定安，房立民. 工业锅炉原理. 西安：西安交通大学出版社，1995.

[12] 刘建禹，翟国勋，陈荣耀. 生物质燃料直接燃烧过程特性的分析. 东北农业大学学报，2001，32(3): 290-294.

[13] 岑可法，倪明江，骆仲泱. 循环流化床锅炉理论设计与运行. 北京：中国电力出版社，1998.

[14] 朱皑强，芮新红. 循环流化床锅炉设备及系统. 北京：中国电力出版社，2008.

[15] 牛勇，张立华. 循环流化床锅炉设备. 北京：中国电力出版社，2007.

[16] 吕俊复，张建胜，岳光溪. 循环流化床锅炉运行与检修. 北京：中国水利水电出版社，2003.

[17] 姜凤有. 工业除尘设备设计、制作、安装与管理. 北京：冶金工业出版社，2007.

[18] Sjaak Van Loo, Koppejan Jaap. The Handbook of Biomass Combustion and Co-firing. New York: Earthscan, 2010.

[19] S De, M Assadi. Impact of cofiring biomass with coal in power plants—A techno-economic assessment. Biomass and Bioenergy, 2009, 33(2): 283-293.

[20] 柳志平. 基于能值理论的生物质混煤发电/热电联产系统评价. 保定：华北电力大学，2015.

[21] 赵永民. 热力发电厂. 北京：中国电力出版社，1996.

[22] 王风雷. 生物质能发电燃料输送系统研究. 中国电力，2008，41(9): 73-75.

[23] 中国电力科学研究生物质能研究室. 生物质能及其发电技术. 北京：中国电力出版社，2008.

[24] 檀勤良. 生物质能发电环境效益分析及其燃料供应模式. 北京：石油工业出版社，2014.

[25] Chungen Yin, Lasse Rosendahl, Søren K Kær, et al. Mathematical modelling and experimental study of biomass combustion in a thermal 108MW grate-fired boiler. Energy Fuels, 2008, 22(2): 1380-1390.

[26] 包绍麟，李诗媛，吕清刚，等. 130t/h 生物质直燃循环流化床锅炉设计与运行. 工业锅炉，2013，2: 19-22.

[27] 程明一. 热力发电厂. 北京：中国电力出版社，1998.

[28] 肖艳萍，谭绍琼，周田. 发电厂变电站电气设备. 北京：中国电力出版社，2008.

[29] 王新军，李亮，宋立明，等. 汽轮机原理，西安：西安交通大学出版社，2014.

[30] 李廉明，王鲁生，李秋萍，等. 生物质直燃发电供汽过程中的污染物排放分析. 中国设备工程，2017, 9: 32-34.

[31] 宋景慧，湛志钢，马晓茜. 生物质燃烧发电技术. 北京：中国电力出版社，2013.

[32] 刘志彬. 低碳经济下生物质发电产业发展与对策研究——基于河北等省的调研. 北京：知识产权出版社，2016.

[33] Thomas R Miles, J R Larry, L Baxter. Bioler deposits from firing Biomass fuels. Biomass and Bioenergy, 1996, 10(2-3): 125-138.

[34] 廖翠萍. 生物质热解气化过程碱金属及其它主要灰形成元素、微量元素的迁移转化规律及机理研究. 上海：华东理工大学，2005.

[35] H P Nielsen, L L Baxter, G Sclippab, et al. Deposition of potassium salts on heat transfer surface on straw-fired boilers: a pilot study. Fuel, 2000, 79(2): 131-139.

[36] H P Nielsen, F J Frandsen, K Dam-Johansen, et al. The implications of chlorine-associated corrosion on the operation of biomass-fired boilers. Progress in Energy and Combustion Science, 2000, 26(3): 283-293.

[37] Martti Aho, Eduardo Ferrer. Importance of coal ash composition in protecting the boiler against chlorine deposition during combustion of chlorine-rich biomass. Fuel, 2005, 84(2-3): 201-212.

[38] M J Fernández Llorente, R Escalada Cuadrado, J M Murillo Laplaza, et al. Combustion in bubbling fluidized bed with bed material of limestone to reduce the biomass ash agglomeration and sintering. Fuel, 2006, 85(14-15): 2081-2092.

[39] Liang Wang, Johan E Hustad, Øyvind Skreiberg, et al. A Critical Review on Additives to Reduce Ash Related Operation Problems in Biomass Combustion Applications. Energy Procedia, 2012, 20: 20-29.

[40] K E Coleman, N J Simms, P J Kilgallon, et al. Corrosion in Biomass Combustion Systems. Materials Science Forum, 2008, 595-598: 377-386.

[41] Yuuzou Kawahara. An Overview on Corrosion-Resistant Coating Technologies in Biomass/Waste-to-Energy Plants in Recent Decades. Coatings, 2016, 6(3): 34-57.

[42] Scott Q Turn, Charles M Kinoshita, Darren M Ishimura. Removal of inorganic constituents of biomass feed stocks by mechanical dewatering and leaching. Biomass and Bioenergy, 1997, 12(4): 241-252.

[43] D C Dayton, B M Jenkins, S Q Turn, et al. Release of inorganic constituents from leached biomass during thermal conversion. Energy Fuels, 1999, 13(4): 860-870.

[44] Wilen C, Stahlberg P, Sipila K, et al. Pelletization and combustion of straw//Energy from biomass and wastes X, London: Elsevier Applied Science, 1987: 469-483.

[45] Marcus Öhman, Anders Nordin, Bengt-Johan Skrifvars, et al. Bed Agglomeration Characteristics during Fluidized Bed Combustion of Biomass Fuels. Energy Fuels, 2000, 14(1): 169-178.

[46] Malte Bartels, Weigang Lin, John Nijenhuis, et al. Agglomeration in fluidized beds at high temperatures: Mechanisms, detection and prevention. Progress in Energy and Combustion Science, 2008, 34(5): 633-666.

[47] Akio Yasuhara, Takeo Katami, Takayuki Shibamoto. Formation of PCDDs, PCDFs, and Coplanar PCBs from Incineration of Various Woods in the Presence of Chlorides. Environmental Science and Technology, 2003, 37(8): 1563-1567.

[48] J Pagels, M Strand, J Rissler, et al. Characteristics of aerosol particles formed during

[49] Habib Gazala, Venkataraman Chandra, C Bond Tami, et al. Chemical, microphysical and optical properties of primary particles from the combustion of biomass fuels. Environmental science & technology, 2008, 42(23): 8829-8834.

[50] 唐敬麟, 张禄虎. 除尘装置系统及设备设计选用手册. 北京: 化学工业出版社, 2004.

[51] 蒋文举. 烟气脱硫脱硝技术手册. 第2版. 北京: 化学工业出版社, 2012.

[52] Ehsan Houshfar, Terese Løvås, Øyvind Skreiberg. Experimental Investigation on NO_x Reduction by Primary Measures in Biomass Combustion: Straw, Peat, Sewage Sludge, Forest Residues and Wood Pellets. Energies, 2012, 5(2): 270-290.

[53] Ehsan Houshfar, Øyvind Skreiberg, Terese Løvås, et al. Effect of Excess Air Ratio and Temperature on NO_x Emission from Grate Combustion of Biomass in the Staged Air Combustion Scenario. Energy Fuels, 2011, 25(10): 4643-4654.

[54] Jan R Pels, Danielle S De Nie, Jacob H A Kiel. Utilization of ashes from biomass combustion and gasification. 14th European Biomass Conference & Exhibition, Paris, 2005.

[55] Christof Lanzerstorfer. Chemical composition and physical properties of filter fly ashes from eight grate-fired biomass combustion plants. Journal of Environmental Sciences, 2015, 30: 191-197.

[56] Evan Hughes. Biomass co-firing: economics, policy and opportunities. Biomass and Bioenergy, 2000, 19(6): 457-465.

[57] Sara Nienow, Kevin T McNamara, Andrew R Gillespie. Assessing plantation biomass for co-firing with coal in northern Indiana: a linear programming approach. Biomass and Bioenergy, 2000, 18(2): 125-135.

[58] 陈冠益, 马文超, 颜蓓蓓. 生物质废物资源综合利用技术. 北京: 化学工业出版社, 2015.

附录 《火电厂大气污染物排放标准》
(GB 13223—2011)
(节选)

《火电厂大气污染物排放标准》中关于污染物排放控制要求如下。

1. 自2014年7月1日起，现有火力发电锅炉及燃气轮机组执行附表1规定的烟尘、二氧化硫、氮氧化物和烟气黑度排放限值。

2. 自2012年1月1日起，新建火力发电锅炉及燃气轮机组执行附表1规定的烟尘、二氧化硫、氮氧化物和烟气黑度排放限值。

3. 自2015年1月1日起，燃煤锅炉执行表1规定的汞及其化合物污染物排放限值。

附表1 火力发电锅炉及燃气轮机组大气污染物排放浓度限值

单位：mg/m³（烟气黑度除外）

序号	燃料和热能转化设施类型	污染物项目	适用条件	限值	污染物排放监控位置
1	燃煤锅炉	烟尘	全部	30	烟囱或烟道
		二氧化硫	新建锅炉	100 200①	
			现有锅炉	200 400①	
		氮氧化物(以NO_2计)	全部	100 200②	
		汞及其化合物	全部	0.03	
2	以油为燃料的锅炉或燃气轮机组	烟尘	全部	30	
		二氧化硫	新建锅炉及燃气轮机组	100	
			现有锅炉及燃气轮机组	200	
		氮氧化物(以NO_2计)	新建燃油锅炉	100	
			现有燃油锅炉	200	
			燃气轮机组	120	
3	以气体为燃料的锅炉或燃气轮机组	烟尘	天然气锅炉及燃气轮机组	5	
			其他气体燃料锅炉及燃气轮机组	10	
		二氧化硫	天然气锅炉及燃气轮机组	35	
			其他气体燃料锅炉及燃气轮机组	100	

续表

序号	燃料和热能转化设施类型	污染物项目	适用条件	限值	污染物排放监控位置
3	以气体为燃料的锅炉或燃气轮机组	氮氧化物（以 NO_2 计）	天然气锅炉	100	烟囱或烟道
			其他气体燃料锅炉	200	
			天然气燃气轮机组	50	
			其他气体燃料燃气轮机组	120	
4	燃煤锅炉，以油、气体为燃料的锅炉或燃气轮机组	烟气黑度（林格曼黑度）/级	全部	1	烟囱排放口

① 位于广西壮族自治区、重庆市、四川省和贵州省的火力发电锅炉执行该限值。
② 采用 W 型火焰炉膛的火力发电锅炉，现有循环流化床火力发电锅炉，以及 2003 年 12 月 31 日前建成投产或通过建设项目环境影响报告书审批的火力发电锅炉执行该限值。

4. 重点地区的火力发电锅炉及燃气轮机组执行附表 2 规定的大气污染物特别排放限值。执行大气污染物特别排放限值的具体地域范围、实施时间，由国务院环境保护行政主管部门规定。

附表 2 大气污染物特别排放限值

单位：mg/m³（烟气黑度除外）

序号	燃料和热能转化设施类型	污染物项目	适用条件	限值	污染物排放监控位置
1	燃煤锅炉	烟尘	全部	20	烟囱或烟道
		二氧化硫	全部	50	
		氮氧化物（以 NO_2 计）	全部	100	
		汞及其化合物	全部	0.03	
2	以油为燃料的锅炉或燃气轮机组	烟尘	全部	20	
		二氧化硫	全部	50	
		氮氧化物（以 NO_2 计）	燃油锅炉	100	
			燃气轮机组	120	
3	以气体为燃料的锅炉或燃气轮机组	烟尘	全部	5	
		二氧化硫	全部	35	
		氮氧化物（NO_2 计）	燃气锅炉	100	
			燃气轮机组	50	
4	燃煤锅炉，以油、气体为燃料的锅炉或燃气轮机组	烟气黑度（林格曼黑度）/级	全部	1	烟囱排放口

索　引

B

半干式净化　228
半干式脱硫　215
保热系数　183
并联混燃　232，233
并行混燃　238

C

餐厨垃圾　103，131
常速热解　8
超临界法　80
超临界液化　8
成型燃料　36
城市固体废弃物　24，28，128，131
城市垃圾　15，28，104
城市垃圾焚烧发电　104
重金属　107
除尘器　185
储气柜　158
畜禽粪便　130
畜禽养殖场　159
畜禽养殖粪污　9
床料聚团　221
磁选　117
催化裂解　72

D

大气污染物　223
袋式除尘器　114，215，226
当量比　44
等熵膨胀　202
底灰　240
堆肥　168，230
惰性填料　154

E

二次裂解　47
二次能源载体　78
二次燃烧室　111
二次污染　71
二噁英　103

F

飞灰　50，113，124，187，194，212，217，226，240
分级燃烧技术　229
焚烧灰渣　116
焚烧炉　106，108，121
粉煤灰　116
辐射热　191
辐射源　191

G

干发酵　135
干法化学脱硫　152
干法净化　228
干馏气化　43
干式净化　115
干燥　105
高温催化裂解　93
高温热解　71，72
工业废弃物　15
工业有机废水　9
鼓泡流化床　51，54，56，66，216
鼓泡流化床气化炉　50
鼓泡流化床燃烧　196
固定床　43，67，176，184
固定床气化　12
固定床气化发电　64
固定床气化炉　45，51，52，64，68
固定床燃烧　11
固定炉排炉　186
固定枪两相流喷雾法　228
固定倾斜炉排　187
固化剂　116
固化稳定化　116
固体成型燃料　6
固体废弃物　11，103，124，201
固体氧化物燃料电池　91
固体滞留期　137
锅炉热效率　182
过量空气系数　180

H

海洋生物质　25
焓　180，182
黑烟　105
化石能源　4，18
化石燃料　2，4，220
化石燃料锅炉　239
化学淬火　63
化学需氧量　132
环境污染物　11
环境影响评价　223
灰分　31
挥发分　173，175，189，216，229
挥发性固体　131
挥发性有机化合物　151
回转窑焚烧炉　108，110
回转窑热解气化　12
回转窑式气化熔融技术　112
回转圆筒干燥机　34

活性炭吸附 118
活性污泥法 118

J

机械炉排焚烧炉 108
机械旋转喷雾法 228
碱金属 220
碱性燃料电池 88，89
间接混燃 232，233，236
间歇式反应器 82
建筑垃圾 32
焦炭 229
焦油 47
接触氧化法 118
秸秆 3，19，29，204，212，
　　215，220，235，242
秸秆发电 14
秸秆混燃 235
秸秆燃烧炉 184
静电除尘器 114，226

K

颗粒聚团 220
颗粒物 103，113
可持续能源 2
可生物降解性 132
可再生能源 2，3
可再生能源发电 17
可再生能源法 17
空气分级 229
空气气化 43
快速热解 8

L

垃圾焚烧场 112
垃圾焚烧发电 11，15，16，
　　102，120
垃圾焚烧发电厂 117
垃圾焚烧发电系统 108
垃圾焚烧飞灰 116
垃圾焚烧炉 104，108
垃圾气化熔融技术 112

垃圾燃烧发电 31
垃圾渗滤液 117
冷凝干燥 151
沥青固化法 116
链条炉 189
链条炉排炉 186
裂解 59
林业加工剩余物 11
林业生物质 24，27
磷酸型燃料电池 89
流化床 176，184，184，195，
　　200，216
流化床反应器 82
流化床焚烧炉 108，109，
　　110，123
流化床干燥机 34
流化床锅炉 196，200，207
流化床气化 12，12
流化床气化炉 49，55
流化床燃烧 11，31，196，225
流化床生物质锅炉 207
炉拱 191，192
炉排炉 108
炉排面积热负荷 188
炉排生物质燃烧锅炉 226
炉膛容积热负荷 188

M

慢速热解 7
膜分离技术 85
膜式储气柜 168
木质纤维素 3，9，173

N

内循环厌氧处理技术 167
农林废弃物 4，16，73，78，
　　176，187，
　　201，212，215
农林生物质 16
农林生物质热电联产 18
农林业废弃物 172
农业废弃物 9，185，197，

　　203，220
农业生物质 24，26，28
农作物秸秆 11，129，172，
　　184，188，212，226，240

P

抛煤机炉 186
膨胀颗粒污泥床 141，142
膨胀颗粒污泥床反应器 142
批式发酵 135
破碎预处理 106

Q

气化法 80
气化炉 64，236，237
气化熔融焚烧 111
气化熔融焚烧炉 111
气化熔融技术 112
气流床 62
气流床气化 63
气溶胶 225，226，242
气体内燃机 69
汽轮机 209
青储 128
氢能发电 78
清洁能源 78

R

燃料电池 13，78，79，88，
　　93，94
燃料电池发电 95
燃料分级 229
燃料风 215
燃料乙醇 9
燃煤灰 241
燃气发电 40
燃气轮机 239
热电冷联产系统 167
热电联产 95
热分解 105
热化学法制氢 79
热解 7，41，57，59

热解法　80
热解气化　70
热解油重整法　80
热力学　180
热平衡　182
热压成型　36
容积负荷率　137

S

塞流式发酵　135
塞流式厌氧反应器　139
筛分　117
上流式厌氧污泥床反应器　141
渗滤液　168
升流式厌氧固体反应器　139，140
升流式厌氧滤器　142
生化需氧量　132
生活垃圾　104，105，240
生活有机垃圾　9
生命周期　3，11
生态环境　9
生态农场　159
生物柴油　10
生物法制氢　79
生物降解　136
生物酶法　10
生物燃气　50
生物脱硫　154
生物洗涤脱硫　155
生物油　84
生物质　2，8，24，47，70，93，129，173，186，203，212
生物质超临界法制氢　83
生物质超临界气化　83
生物质成型燃料　6，36，222
生物质发电　13，14，15，16，19，172，205，209，212，214，215
生物质发热量　175
生物质废弃物　6，66，241
生物质富氢燃气　95

生物质鼓泡流化床　55
生物质锅炉　185，218，219，230，233，239
生物质灰分　219，241
生物质灰渣　230
生物质挥发分　189，240
生物质混燃　5，240，242
生物质混燃发电　14，231，233，240
生物质焦炭　233
生物质流化床　220
生物质流化床气化　49
生物质能　2，10，17，20
生物质能发电　10
生物质能资源　3
生物质气化　6，7，11，12，40，43，64，80，94
生物质气化发电　40，70，72
生物质气化器　71，241
生物质气化燃气　69
生物质气化制氢　80
生物质燃料　11，93，173，174，175，184，187，191，200，203，205
生物质燃气　52，94，233，238，241
生物质燃烧　184，201，219，228
生物质燃烧技术　5
生物质燃烧器　232
生物质热化学制氢　80
生物质热化学转化　93
生物质热解　82
生物质热解气化　72，82
生物质热解油重整制氢　84
生物质热解制氢　82
生物质循环流化床　199
生物质循环流化床气化炉　67
生物质压缩成型　35
生物质直接燃烧　11
生物质直燃发电　14，16，203，214，217，231

生物质直燃锅炉　217，220
生物质直燃技术　172
生物质制氢　13，79，84，85，88，94，96
生物质制氢燃料电池　96
生物质资源　2，70，95，215
湿法化学脱硫　153
湿法净化　228
湿式氧化脱硫　154
湿压成型　36
市政污泥　103
双流化床　61
双流化床气化　81
双流化床气化反应器　95
双流化床气化炉　59
水冷振动炉排　195
水冷振动炉排锅炉　214
水泥固化法　116

T

炭化成型　36
填埋气　148，149
烃类化合物　177
土壤改良剂　230
湍流度　105，106

W

往复炉排　187
往复炉排炉　186，192，193
危险废物　116
微生物发酵　9
微生物滞留期　137
卫生填埋场　119
温室气体　3，10，14，240
稳定塘　136
污泥　240
污泥床　133
污泥负荷率　137
污染物减排　240

X

吸附干燥　151，152

吸收干燥 151，152
悬浮固体 131，132
悬浮燃烧 31
悬浮燃烧技术 184
悬浮燃烧器 185
旋风分离器 198
旋转磁极式发电机 162
旋转电枢式发电机 162
旋转炉排炉 186
选择性催化还原 229
选择性非催化还原 229
循环灰 60
循环流化床 51，51，56，80，185，197，201，214，226，228
循环流化床锅炉 197，198，199，214，216
循环流化床气化 236
循环流化床燃烧 196
循环流化床燃烧锅炉 11

Y

烟尘 107
烟气 217
烟气净化 122，215

厌氧发酵 31，87，128，133，144
厌氧发酵技术 12
厌氧反应器 136，138
厌氧过滤 133
厌氧接触法 139
厌氧接触工艺反应器 138
厌氧滤器 142
氧气气化 43，44
药剂稳定化 116
液化 8
一次风 121，190，215
移动床 176
移动床反应器 82
移动炉排 187
有机废弃物 3，26，129
有机负荷 146
有机生活垃圾 26
有机污染物 107
余热回收换热器 163
预处理 37，63

Z

沼气 9，15，161

沼气发电 12
沼气发电工 160
沼气发电技术 159，165
沼气发动机 163
沼气发酵 167
沼气工程 9，136，144
沼气脱硫 152
振动炉排 187，194
振动炉排炉 186，193
蒸汽轮机 239
直接混燃 232，234
直燃发电 11
质子交换膜燃料电池 89

其他

"3R"原则 102
BOD 132
CFB技术 67
COD 132
SS 132
TS 131
VS 131